高职高专“十三五”规划教材

化工仪表安装工程技术

于秀丽　李双喜　主　编
陈　琛　杜青青　副主编
丁　炜　主　审

化学工业出版社
·北京·

内 容 提 要

本书由七个模块组成，主要内容为化工仪表安装工程基础知识、压力检测仪表安装、液位检测仪表安装、流量检测仪表安装、温度检测仪表安装、执行器安装、集散控制系统安装。充分体现了职业教育的特点，突出实践性、实用性和先进性，着重职业技能的培养。

本书可作为高等职业教育、继续教育等院校生产过程自动化技术专业的教材，也可作为石油化工、轻工、炼油、冶金、电力等企业的职业技能培训教材，还可作为中职院校师生和工程技术人员的参考书。

图书在版编目（CIP）数据

化工仪表安装工程技术/于秀丽，李双喜主编. —北京：化学工业出版社，2020.7（2023.1 重印）

ISBN 978-7-122-36891-1

Ⅰ.①化… Ⅱ.①于…②李… Ⅲ.①化工仪表-安装-高等职业教育-教材 Ⅳ.①TQ050.7

中国版本图书馆 CIP 数据核字（2020）第 083833 号

责任编辑：廉 静　　文字编辑：赵 越

责任校对：王 静　　装帧设计：王晓宇

出版发行：化学工业出版社（北京市东城区青年湖南街 13 号 邮政编码 100011）

印　　装：北京科印技术咨询服务有限公司数码印刷分部

787mm×1092mm 1/16 印张 16¼ 字数 425 千字 2023 年 1 月北京第 1 版第 2 次印刷

购书咨询：010-64518888　　售后服务：010-64518899

网　　址：http://www.cip.com.cn

凡购买本书，如有缺损质量问题，本社销售中心负责调换。

定　　价：49.00 元

版权所有 违者必究

前言

本书依据化工仪表维修工职业标准中的知识及技能内容要求，紧紧围绕高职高专职业教育高技能应用型人才培养目标，内容上突出实践性、实用性和先进性，理论知识以够用为宜，突出实践能力培养。采用“理实一体化”教学方式，通过模块项目教学法，将化工仪表安装工程技术的理论教学与实践教学有机地结合在一起，从感性认识入手，加大直观教学的力度，将理论教学过程融于技能训练中，在技能训练中加深对理论知识的理解和掌握，激发学生的学习兴趣和积极性，提高学生的动脑和动手能力。使学生真正掌握过程控制系统的组成、工作原理和调试方法，实现学校所学的知识与工厂实际的有机结合，为学生走上工作岗位后迅速掌握工厂的控制系统奠定基础。

全书共分为七个模块，模块一主要介绍化工仪表安装工程基本概念、识读仪表施工图、HSE风险评估；模块二主要介绍弹簧管压力表安装、压力变送器安装；模块三主要介绍差压式液位计安装、浮筒液位计安装及雷达液位计安装；模块四主要介绍差压式流量计安装、电磁流量计安装、涡街流量计安装、转子流量计安装和腰轮流量计安装；模块五主要介绍热电偶安装和热电阻安装；模块六主要介绍气动薄膜调节阀安装、电动调节阀安装和电磁阀安装；模块七主要介绍JX-300XP的安装和CENTUM CS3000的安装。

本书由兰州石化职业技术学院于秀丽和中海壳牌石油化工有限公司李双喜担任主编，兰州石化职业技术学院丁炜担任主审。其中，模块一由李双喜编写；模块二~模块四由于秀丽编写；模块五项目一由西安志高罗茨风机技术有限责任公司吴建生编写；模块五项目二由兰州石化职业技术学院常勇编写；模块六由兰州石化职业技术学院陈琛编写；模块七由兰州石化职业技术学院杜青青编写。于秀丽负责拟订大纲并统稿。

本书的编写得到了中海壳牌石油化工有限公司、兰州石化职业技术学院和中国石油兰州石化公司等单位的大力支持和帮助，在编写过程中参考了相关书籍和文献资料。在此，笔者特向为本书的编写提供帮助的人和相关书籍与资料的作者致以诚挚的谢意!

由于笔者水平有限，书中难免存在不妥之处，恳请读者批评指正。

编者

2020年7月

目录

模块一　化工仪表安装工程基础知识

模块二　压力检测仪表安装

模块三　液位检测仪表安装

模块四　流量检测仪表安装

模块五　温度检测仪表安装

模块六　执行器安装

模块七　集散控制系统安装

参考文献

模块一
化工仪表安装工程基础知识

自动化仪表要完成检测或调节任务，其各个部件必须组成一个回路或一个系统。仪表安装就是把各个独立的部件即仪表、管线、电缆、附属设备等按设计要求组成回路或系统完成检测或调节任务。也就是说，仪表安装根据设计要求完成仪表与仪表之间、仪表与工艺管道、现场仪表与中央控制室、现场控制室之间的种种连接。这种连接可以用管道（如测量管道、气动管道、伴热管道等）连接，也可以用电缆（包括电线和补偿导线）连接，通常是两种连接的组合和并存。

项目一　化工仪表安装工程基本概念

一、学习目标

1. 知识目标

① 初步掌握化工仪表安装工程的概念；
② 掌握仪表施工程序；
③ 熟悉仪表常用安装材料。

2. 能力目标

① 具备认知化工仪表安装工程概念的能力；
② 初步具备理解仪表施工每一个阶段特点的能力；
③ 具备仪表常用安装材料的认知能力。

二、理实一体化教学任务

理实一体化教学任务参见表 1-1。

表 1-1　理实一体化教学任务

任务	内　容
任务一	探讨化工仪表安装工程在建设工程中的地位和特点
任务二	分析化工仪表安装工程的几个阶段
任务三	认知仪表常用安装材料

三、理实一体化教学内容

（一）对化工仪表安装工程的初步认识

1. 化工仪表安装工程在建设工程中的地位

一个新建设工程一般由以下几部分组成。

① 土建工程：建筑工艺设备基础和道路；

② 工艺工程：工艺设备安装（包括动力设备安装和工艺管道安装）、工艺管道安装（包括工艺介质管道安装和供水、供气管道安装）；

③ 电气工程：生产供电系统安装、照明系统安装；

④ 仪表工程：仪表安装、仪表试验（包括单台仪表标准和调整、回路、系统试验）；

⑤ 辅助工程：水暖、保温、探伤、车辆运输。

化工生产中所有的反应都是在密封容器、反应器等工艺设备和管道中进行的，而且许多是在高温、高压状态下进行的，不少介质还具有易燃易爆和腐蚀性质，无法用肉眼观察，更不能用手感触，只能通过仪表来检测工艺生产压力、流量、物性和温度参数，而且可以把检测到的参数记录下来。仪表在这里起到人眼的作用，同时将检测到的信号传递给控制装置进行分析比较，再将分析比较结果传递给执行机构，执行调节和控制，从而完成生产的自动化。所以自动化仪表称为现代化生产的“眼睛”和“神经中枢”，仪表工程是任何化工自动化生产建设工程中不可缺少的一个重要组成部分。随着科学技术的发展，生产自动化程度的提高，仪表工程投资在整个工程总投资中所占的比例也在逐步提高。同时，仪表工程在整个建设工程中的地位也在逐步提高，从而引起各个方面的高度重视。

2. 仪表施工的特点

(1) 无定型设计，无固定施工模式

由于建筑单位（乙方）承建工程项目不同，如承建化肥厂、化纤厂、炼油厂和制药厂等，设计单位也不同，有化工设计院、石油设计院和国外设计院，新建的厂房、工艺设备、工艺管道和工艺流程各不相同，采用仪表的类型和厂家也不同。所以，没有固定设计，也就没有固定的施工模式。每个工程项目，仪表工程施工应根据施工设计和施工方案进行组织，对复杂、关键的安装和试验工作应编制施工技术方案。

仪表工程主要依据是施工图和《自动化仪表工程施工及验收规范》(GB 50093—2002)。在设计图纸上，标明仪表管线的走向、控制点的位置和标高，每一块表的具体位置，有时要根据现场具体情况决定。要求施工人员必须具有仪表工作原理、使用方法、注意事项等方面的基础知识，了解它们对工艺的要求，这样才能领会仪表安装中技术要求和设计意图。施工现场情况是多变的，仪表工要随时了解土建、电气及工艺设备、管道等工程进度，以便相互协调，相互配合施工。例如：土建工程预留楼板穿孔时，应配合其核对尺寸，确定位置是否符合仪表设计图纸的要求；土建打地坪之前，应将仪表的预埋管、预埋件安装固定好等，要根据现场实际情况，灵活掌握仪表施工的时机。

(2) 施工综合性强

从施工开始到工程结束，仪表工程施工要与其他工种密切配合。例如：制作支架、焊接管子，要与电焊工、气焊工配合；控制阀、节流装置法兰安装要与管工配合；烟道蝶阀安装要与铆工配合；阀门试压要与钳工配合；盘面喷漆、防腐保温要与油工、保温工配合；搬运起吊较重设备要与起重工配合；联锁动作试验要与电工配合等。

为了在施工中能得心应手，仪表工不仅应掌握本工种安装知识和技能，还应掌握有关工

种基本技术，如焊工、电工、管工、钳工、起重工和油漆工等工种的一般工艺知识和技能

（3）与工艺联系密切

仪表测量调节控制都是为工艺生产服务的。仪表的取源部件、节流装置，有的流量测量仪表、执行器等直接安装在工艺设备上或管道上。现在，有些部分是工艺直接安装的，仪表工要树立以工艺为主的思想。当仪表安装与工艺安装发生矛盾时，应服从工艺。例如仪表的管道与工艺管道在安装时发生矛盾，仪表应主动修改（小管让大管）。但是，如果发现工艺安装对仪表测量准确性有影响时，仪表施工人员应主动向设计部门提出，然后根据设计"变更联络签"进行修改。

（4）施工工期短，施工工期晚

仪表安装现场施工，一般要在工艺设备安装完90%以上，工艺管道安装60%～70%左右时才能进行。而且要求仪表安装工作在工艺试压和单体试车前基本结束，并配合工艺进行试车投运。

由于工期晚、时间短，所以，在进入现场施工前要充分做好准备，认真熟悉图纸和有关技术文件，组织好施工力量，做好施工（材料）物资准备工作，合理制订施工进度。施工中严格把握各环节的施工质量关，避免返工现象，保证施工进度按计划进行，不影响工艺设备、管道的试压和试车投运。

3. 仪表施工对仪表安装工的要求

仪表从单元组合仪表、集散控制系统到现场总线控制系统，仪表的造价越来越高，精度等级越来越高，安装质量要求也越来越高。这样，对仪表安装工人的文化素质、技术水平提出了越来越高的要求。出色的仪表安装工应具有的特点：刻苦钻研，细心好学，认真肯干，有令人佩服的"本领"；他们还应掌握钳工、管工、电工、焊工、起重工等有关工种的操作技能。总之，对仪表安装工的要求有以下几点。

（1）严格按施工图和施工验收规范进行施工

仪表施工图纸是仪表工程施工的依据，施工验收规范是施工的标准。仪表安装工必须学会看图。不会看施工图的仪表工，干活时等于"睁眼瞎"，没有一点主动权，只能听别人指挥。所以在进行现场施工之前，应该看懂、看透所承担工号的施工图纸，否则就无法施工。

施工中必须按照施工图和施工验收规范要求严格进行施工，否则开通投入运行时将出现各种问题，如：

① 不看图纸，开穿墙孔位置与工艺管道"打架"，造成返工。

② 气源管不吹扫，接通仪表后，杂质进入气动表内堵塞气路，仪表无法指示；气源管安装后不试漏，到处漏气，造成仪表误差加大。

③ 穿线管内有毛刺，穿线时，划破导线的绝缘层，造成动力电源、信号短路或接地。

④ 阀门或测量管不试压，加压后出现破裂或泄漏。

⑤ 防爆仪表接线口没有密封好，安装后又不容易检查出来，留下事故隐患。

⑥ 未仔细核对电缆根数，接线时才发现少线，要开槽盒盖板或挖电缆沟重放，造成返工。

（2）勤学苦练，掌握过硬基本技能

由于仪表工程是一项综合工作，需要仪表安装工具有多种工种的操作技能，如电工、钳工、焊工、管工、起重工等工种的基本技能，这些工种的基本技能和基本工艺知识，平时需勤学苦练才能掌握。同时，仪表也是不断发展的，更新速度非常快，也需要仪表工不断更新自己的知识，及时跟上仪表发展的步伐。

（3）安全施工意识强

由于施工现场人员多，各工种交叉作业多，高空作业多，现场比较杂乱，所以更需要重

视安全。安全生产各种规定都是用血的教训换来的，如进入现场要戴安全帽；高空作业要系安全带；使用钻床严禁戴手套；电气设备接地要可靠；禁火区动用电气焊，要办动火证，都必须引起高度重视，自始至终牢记安全生产。只有树立了安全生产的意识，才能在施工中确保人身和设备的安全。

国家劳动保护部门对安全工作有许多规定，各行业、各工种也有其具体的规定。新工人入厂时要进行三级教育——厂级、队级和班组安全知识的教育。每周一施工队要召开安全会，仪表安装工人必须认真学习安全知识，警钟长鸣，随时随地注意安全生产，确保施工安全。

(4) 质量第一，高度责任感

建设单位（如炼油厂、化工厂）称为甲方，基建单位（化建公司）称为乙方，乙方建筑安装，甲方使用。

基建单位（乙方）应该本着对用户负责、对国家财产高度负责的原则，同时为了顺利试车投运、顺利交工生产，必须精心施工。每一步工作都应确保施工质量，为下一步施工打好基础，马虎施工，不负责任，不仅给今后甲方生产埋下安全隐患，给操作和维修造成不便，而且会给自己下一步施工带来麻烦，例如：

① 仪表一次单体校准时不准确，二次联校误差增加，一次校准时发现问题不记录，也不及时解决，二次联校时，几块仪表连在一起就更难查找问题。

② 仪表管道焊接前、焊接后不检查，结果出现堵塞或漏气现象，二次联校时就无法进行，系统无法开通投入运行。

③ 仪表盘底座、固定孔位置开得不准确，表盘就不能顺利固定就位。

④ 配管时，尺寸量得不准确，连接不符合要求，有可能造成泄漏，而且不美观。

⑤ 编号标记挂错位置，造成接线错误，使仪表误动作。

仪表有的部件虽然小巧，但是生产的神经中枢出不得半点差错，不可轻视。例如：一次元件安装不符合技术要求，有可能会造成很大的检测误差；又如在高压设备上施工，任何马虎或不按规程办事，都会产生事故隐患，甚至会产生重大事故。所以施工时要高标准、严要求、确保安装质量。衡量仪表工程施工质量好坏，可用十六个字作为标准：安全可靠、测量准确、维护方便、整齐美观。

（二）仪表安装程序

自动化仪表系统按其功能可分为三大类型：检测系统、自动调节系统和信号联锁系统。从安装角度来说，信号联锁系统往往寓于检测系统和自动调节系统之中。因此安装系统只有检测系统和自动调节系统两大类型。

不管是检测系统还是自动调节系统，除仪表本身的安装外，还包括与这两大系统有关的许多附加装置的制作、安装。除此之外，仪表为工艺服务这一特性决定着它与工艺设备、工艺管道、土建、电气、防腐、保温及非标制作等各专业之间的关系。它的安装必须与上述各专业密切配合。而这种配合，往往是自控专业需要主动，甚至为顾全大局，需要作出局部让步，才能最终完成自控安装任务。

仪表安装程序可分为三个阶段，即施工准备阶段→施工阶段→试车交工阶段。

1. 施工准备阶段

施工准备是安装的一个重要阶段，它的工作充分与否，直接影响施工的进展如何乃至仪表试工任务的完成与否。

施工准备包括资料准备、技术准备。

（1）资料准备

资料准备是指安装资料的准备。安装资料包括施工图、常用的标准图、自控安装图册、《工业自动化仪表安装工程施工验收规范》和质量验评标准以及有关手册等。

施工图是施工的依据，也是交工验收的依据，还是编制施工图预算和工程结算的依据。一套完整的仪表施工图，应该包括的内容：图纸目录；设计说明书；仪表设备汇总表；仪表一览表；安装材料汇总表；仪表加工件汇总表、仪表加工件（按工号）一览表；电气材料汇总表；仪表盘正面布置图；仪表盘背面接线图；供电系统图；电缆敷设图；槽板（桥架）定向图；信号联锁原理图；供电原理图；电气控制原理图；调节系统原理图、检测系统原理图；设备平面图、一次点位置图；调节阀、节流装置计算书及数据表；仪表系统接地；复用图纸；带控制点工艺流程图；设计单位企业标准和安装图册。

上述图纸是对常规仪表而言，集散控制系统没有仪表盘，而多了端子柜、输入输出装置、单元控制装置、报警联锁装置等。

施工验收规范是施工中必须要达到和遵守的技术要求和工艺纪律。执行什么规范需在开工前，同建设单位商定妥当。通常国家标准《自动化仪表工程施工及验收规范》（GB 50093—2013）是设计、施工、建设三方面都接受的标准。但有些部门、企业还有自行的验收标准，这些开工前必须确定。

（2）技术准备

技术准备是在资料准备的基础上进行的。具体地说，要做下列技术准备工作。

① 参与施工组织设计的编制。施工组织设计是施工单位拟建工程项目，全面安排施工准备，规划、部署施工活动的指导性技术经济文件。编制施工组织设计已成施工准备工作不可缺少的内容，并已形成一项制度。

② 施工方案的编制。施工方案按其内容的重要性决定了它的审批权限。一个完整的自控技术方案，应包括如下内容：

- 编制依据；
- 工程概况，包括说明、特点、主要的实物量；
- 主要施工工序和施工方法；
- 质量要求及质量保证措施；
- 安全技术措施；
- 进度网络计划或统筹图；
- 资源安排，包括劳动力及施工工机具、标准仪器一览表；
- 交工资料表格。

主要施工工序和施工方法是方案的核心，质量要求及质量保证措施是方案的基础，这些都是技术方案的重点。

③ 两个会审。自控专业的技术准备工作，还包括两个重要的图纸会审：一个是由建设单位牵头，以设计单位为主，施工单位参加的设计图纸会审，主要解决设计存在的问题，特别是设备、材料是否缺项和提供的图纸、作业指导书是否齐全；另一个图纸会审由施工单位自行组织，通常由技术总负责人（总工程师）牵头，主管工程技术的部门具体组织，各专业技术负责人和各施工队技术人员参加。自控专业在这个会审中解决的重点是其他专业可能会影响仪表施工的问题。这些问题要尽可能地提出来，在施工以前解决。

④ 施工技术准备的三个交底。这三个交底分别是设计技术交底、施工技术方案交底和工序交底。

设计技术交底在施工准备初期进行。由建设单位组织，施工单位参加，设计单位向这两个单位作设计交底。一般由设计技术负责人主讲，然后按专业分别对口交底。设计交底的主要目的是介绍设计指导思想、设计意图和设计特点。施工单位参加的目的是更好地了解设计，为以后施工中可能产生的种种问题的解决提供一个明确的指导思想。

施工技术方案交底是由施工单位中项目组织、工程技术负责人向处在一线的施工技术人员及相关部门所作的技术交底。重点是对一特定的工程项目，准备采用的主要施工方法，使用的主要施工机具，施工总进度的具体安排，质量指标、安全指标、效益指标的交底。

工序交底一般在施工中进行。严格地说不是施工准备的内容。这是一个以施工员主讲，具体实施施工人员参加的交底。要针对某一具体工序，向施工人员讲清楚工序衔接、施工要领、达到要求的设想。也就是说，要告诉工人应该怎么干，不应该怎么干，要交代清楚质量要求及执行规范的具体条款，此外还要交代清楚安全要求。这个交底可以是文字的也可以是口头的，但必须要有记录、有签字。

⑤ 划分单位工程和质量评定。划分单位工程是施工准备的一个重要内容。具体操作是按项目要求，按建设单位的目标把所施工的项目划分成单项工程、单位工程、分部工程和分项工程。

单位工程划分完后，技术部门与质量管理部门要一起编制“质量控制点一览表”。按分项工程、分部工程和单位工程的顺序，把每一工序质量检查都列出来，按重要性分为A、B、C三类。C类为班组自检。B类在自检基础上，项目部质量专职检查员要检查认可，A类是在专职质检员认可基础上，通知建设单位质量处，要有甲方认可。检查前要发质量共检单，作为交工资料的一个内容。

2.施工阶段

仪表工程的施工周期很长。在土建施工期间就要主动配合，要明确预埋件、预留孔的位置、数量、标高、坐标、大小尺寸等。在设备安装、管道安装时，要随时关心工艺安装的进度，主要是确定仪表一次点的位置。

仪表施工的重要环节一般是在工艺管道施工量完成70%时，这时装置已初具规模，几乎全部工种都在现场，会出现深度的交叉作业。

施工过程中主要的工作有：

· 配合工艺安装取源部件（一次部件）；

· 在线仪表安装；

· 仪表盘、柜、箱、操作台安装就位；

· 仪表桥架、槽板安装，仪表管、线配制，支架制作安装，仪表管路吹扫、试压、试漏；

· 单体调试，系统联校；

· 配合工艺进行单体试车；

· 配合建设单位进行联动试车。

其安装顺序大致如下：

① 仪表控制室仪表盘的安装与现场一次点的安装。仪表控制室的安装工作有仪表盘基础槽钢的制作、仪表盘的安装、操作台的安装，核对土建预留孔和预埋件的数量和位置，考虑各种管路、槽板进出仪表控制室的位置和方法。

② 进行工艺管道、工艺设备上一次点的配合安装，复核非标设备制作时仪表一次点的位置、数量、方位、标高以及开孔大小能否符合安装需要。

③ 对出库仪表进行一次校验。这项工作进行时间较为灵活，可以早到施工准备期，也可以晚到系统调校前。

④ 在现场要考虑仪表各种管路的标高，以及固定它的支架形式和支架制作安装，保温箱、保护箱底座制作，接丝盒、箱的定位。

⑤ 现场仪表配线和安装包括保护箱、保温箱、接线箱的安装，仪表槽板、桥架安装，保护管、导压管、气动管的敷设，控制室仪表安装，电缆敷设和配线、校接线。

⑥ 仪表管路吹扫和试压。现场仪表安装完毕，现场仪表管路施工完毕，配合工艺管道进行吹扫、试压。为此节流装置不能安装孔板，调节阀在吹扫时必须拆下，用相同长度的短节代替，用临时法兰连接。

⑦ 二次联校。安装基本结束，与建设单位和设计单位一起进行装置的三查四定，检查是否完成设计变更的全部内容。控制室进行二次联校、模拟试验，包括报警和联锁回路。

3. 试车交工阶段

工艺设备安装就位，工艺管道试压、吹扫完毕，工程即进入单体试车阶段。

试车由单体试车、联动试车和化工试车三个阶段组成。

单体试车阶段，传动设备试运转时，主要应用一些检测仪表，并且大都是就地指示仪表，如泵出口压力指示、轴承温度指示等。大型转动设备试车时，仪表配合复杂些，除就地指示仪表外，信号、报警、联锁系统也要投入，有些还通过就地仪表盘或智能仪表、控制器进行控制。重要的压缩机还要进行抗喘振、轴位移控制。单体试车由施工单位负责，建设单位参加。

联动试车是在单体试车成功的基础上进行的。整个装置的动设备、静设备、管道都连接起来。有时用水作介质，称为水联动，打通流程。这个阶段原则上所有自控系统都要投入运行。就地批示仪表全部投入，控制室仪表（或 DCS）也大部分投入。自控系统先手动，系统平衡时，转入自动。除个别液位系统外，全部流量系统、液位系统、压力系统、温度系统都投入运行。联动试车以建设单位为主，施工单位为辅。按规范规定，联动试车仪表正常运行 72h 后施工单位将系统和仪表交给建设单位。

化工试车（也可叫作投料试车）是在联动试车通过的基础上进行的。顺利通过联动试车后，有些容器完成惰性气体置换后即具备了正式生产的条件。

投料是试车的关键。仪表工应全力配合。建设单位的仪表工已经接替施工单位的仪表工进入，随着化工试车的进行，自控系统逐个投入，直到全部仪表投入正常运行。

投料以后，施工单位仪表工仅作为协作人员参加化工试车，具体操作和排除可能发生的故障，全由建设单位的仪表工来完成。

仪表系统交给建设单位，这是交工的主要内容，也称为硬件。与此同时，也要把交工资料交给建设单位，这是软件。原则上交工资料要与工程同时交给建设单位，但一般是在工程交工后一个月内把资料上交完毕。

（三）仪表试验和工程交接验收

按照《石油化工仪表工程施工技术规程》（SH/T 3521—2013）的要求，仪表安装前的校准和实验要在室内进行，所以仪表施工承包商必须设立仪表校验室和配备校验设备。

校验设备包括但不限于以下的仪器：绝缘测试仪、压力校准仪、标准压力表、万用表、温度校验仪、电阻箱、过程信号校验仪、振动探头校验仪、475 手操器等。

校验步骤和要求完全遵循《石油化工仪表工程施工技术规程》（SH/T 3521—2013）的相关条款。

按照《石油化工建设工程项目施工过程中技术文件规定》（SH/T 3543—2007），所有仪表的校验都要逐台做好调校记录，规范性记录表格见《石油化工建设工程项目施工过程中技术文件规定》(SH/T 3543—2007)的附录F。

1.仪表试验

(1)单台仪表校准和试验

① 一般规定。

·仪表校准和试验的项目、方法、条件应符合产品技术文件和设计文件规定要求，并使用制造厂提供的专用工具和试验设备进行校准和试验。

·标准仪器仪表应具备有效的计量检定合格证明，其基本误差的绝对值不宜超过被校准仪表基本误差绝对值的1/3。

·单台仪表校准点应在全量程范围内均匀选取5点。回路试验时，应不少于3点。

·仪表试验用的电源电压应稳定。交流电源和60V以上的直流电源电压波动不超过10%。60V以下的直流电源电压波动不超过5%。

·气源压力应稳定、清洁、干燥，露点比最低温度低10℃以上。

·校准和试验应在室内进行。试验室应具备：室内清洁、安静、光线充足、无振动、无电磁干扰；室温在10～35℃范围内；有上下水设施。

·对于施工现场不具备校准条件的仪表，可对检定合格证明的有效性进行验证。

·设计文件规定禁油和脱脂的仪表，必须按其规定进行校准和试验。

② 单台仪表校准和试验要求。

·指示显示仪表的校准和试验项目要求：面板清洁，刻度和字迹清晰；指针在全刻度范围内移动灵活、平稳，示值误差、回程应符合仪表准确度规定；在规定工作条件下倾斜或轻敲表壳后，指针移动不超过仪表准确度的规定。

·指针式记录仪表的校准和试验要求：指针在全标度范围内的示值误差和回程误差应符合仪表准确度的规定；记录机构的划线或打印点应清晰，打印纸移动正常；记录纸上打印的号码或颜色应与切换开关及接线端子上标示的编号一致。

·变送器、转换器、积算仪表、分析仪表、显示仪表、单元组合仪表、组装式仪表校准和试验，均应按产品的技术文件和设计文件规定要求去做。

·温度检测仪表的校准试验点不应少于2点。直接显示温度计的示值误差应符合仪表准确度的规定。热电偶和热电阻可在常温下对元件进行检测，可不进行热电性能试验。

·浮筒式液位计可采用干校法或湿校法校准。干校挂重质量的确定以及湿校试验介质密度的换算，均应符合产品设计使用状态的要求。

·贮罐液位计、料面计可在安装完成后直接模拟物位进行就地校准。

·称重仪表及其传感器可在安装完成后均匀加载标准重量进行就地校准。

·测量位移、振动等机械量的仪表，可使用专用试验设备进行校准和试验。

·对于流量检测仪表，现场无条件校准和试验，应对制造厂的产品合格证和有效的检定证明进行验证，并保留产品合格证作为交工资料。

·数字式显示仪表的示值应清晰、稳定，在测量范围内其示值误差应符合仪表准确度的规定。

·控制仪表的显示部分应按照上面对显示仪表的要求进行校准，仪表的控制点误差，比例、积分、微分作用，信号处理及各项控制、操作性能，均应按照产品技术文件的规定和设计文件要求进行检查、校准、调整和试验，并进行有关组态模式设置和控制参数预整定，并填写相关的记录。

·调节阀和执行机构的试验应符合要求：阀体压力试验和阀座密封试验等项目，可对制造厂出具的产品合格证明和试验报告进行验证，对事故切断阀应进行阀座密封试验，其结果应符合产品技术文件的规定；膜头、缸体泄漏性试验合格，行程试验合格；事故切断阀和设计规定了全行程动作的阀门必须进行全行程时间试验；执行机构在试验时要按设计文件规定调整到工作状态。

• 单台仪表校准和试验合格后，应及时填写校准和试验相关记录表格，并保存好作为交工资料；仪表上应有仪表位号和合格标志；需要加封印和漆封的部位校准和试验合格后，应及时加封印和漆封。

（2）仪表电源设备试验

① 仪表电源设备安装要求。

• 仪表电源设备安装前按要求检查其外观和技术性能：固定和接线用的紧固件、接线端子应完好无缺，无污物和锈蚀；继电器、接触器和开关的触点，应接触可靠，动作灵活，无锈蚀、损坏；防爆电气设备及其附件的填料函、密封垫圈应完整、密封可靠；设备所带的附件齐全；设备的电气绝缘性能、熔断器的容量、输出电压值应符合产品技术文件的规定。

• 检查、清洗或安装仪表电源设备时，不应损伤设备的内部接线、触点和绝缘，有密封可调部件不可随意启封，必须启封时，应重新密封并填写相应记录。

• 就地仪表供电箱的箱体中心距操作地面的高度应为 1.2～1.5m，成排安装时要注意排列整齐、美观。其规格型号要符合设计文件规定。金属供电箱应有明显接地标志，接地线连接应牢固可靠。

• 仪表电源设备安装要牢固、整齐、美观，设备信号、端子标志、操作标志等要完整无缺。避免将供电设备安装在高温、潮湿、多尘、有腐蚀、易燃、易爆、有振动及有可能干扰附近仪表等位置。如果不可避免时，应按设计文件要求采取必要的防护措施。

• 盘（柜、台）内安装电源设备及配电线路，两带电导体间，导电体与不带电裸露的导体间，电气间隙和爬电距离要符合下列要求：额定电压为 300～500V 的线路，电气间隙为 8mm，爬电距离为 10mm；额定电压为 60～300V 的线路，电气间隙为 5mm，爬电距离为 6mm；额定电压低于 60V 的线路，电气间隙和爬电距离均为 3mm。

• 强、弱电的端子应分开布置。

• 供电系统送电前，系统内所有开关都应置于断开位置，并应检查熔断器的容量。

• 仪表工程安装和试验期间，所有供电开关和仪表的通、断电应有显示或警示标志。

② 仪表电源设备试验。

• 首先用 500V 兆欧表测电源设备的带电部分，其与金属外壳之间的绝缘电阻不应小于 5MΩ。当产品另有规定时，应符合其说明书规定。

• 电源的整流和稳压性能试验，应符合产品技术文件和设计文件的规定。

• 不间断电源应进行自动切换性能试验，切换时间和切换电压值应符合产品技术文件和设计文件的规定。

（3）综合控制系统试验

综合控制系统试验是指控制室内仪表设备的试验，不包括现场部分。现在一般由供货厂方和建设单位为主，施工单位配合进行试验。试验要求如下。

① 试验必须在回路试验和系统试验前完成。

② 试验应在本系统安装完毕，供电、照明、空调等有关设施已投入运行的条件下进行。

③ 试验可按产品技术文件和设计文件的规定安排进行。

④ 其中硬件试验项目应有：接地系统检查和接地电阻测量；盘（柜、台）和仪表装置间绝缘电阻测量；电源设备和电源插卡各种输出电压的测量和调整；系统中全部设备和全部插卡的通电状态检查；通过直接信号显示和软件诊断程序对装置内的插卡、控制和通信设

备、操作站、计算机及其外部设备等进行状态检查；输入、输出插卡的校准和试验，系统中单独的显示、记录、控制、报警等仪表设备的单台校准和试验。

⑤ 其中软件试验项目有：系统显示、处理、操作、控制、报警、诊断、通信、冗余、打印、拷贝等基本功能的检查试验；控制方案、控制和联锁程序的检查。

(4) 回路试验和系统试验

为了将各种故障在系统投入运行前排除，在开通投入运行之前必须进行回路试验和系统试验。试验前必须具备的条件：回路中的仪表设备、装置和仪表线路、仪表管道安装完毕；组成回路的各仪表的单台试验和校准已经完成；仪表配线和配管经检查确认正确完整，配件、附件齐全；回路的电源、气源和液压源已正常供给并符合仪表运行的要求。

试验前准备：为了顺利进行试验，试验工作应受到足够的重视和做好充分的准备。其中包括人员配备、工器具准备和各种技术资料准备。

① 人员配备。由于回路试验和系统试验工作十分重要且复杂，进程中会出现各种难以预测的情况，所以对参加试验的工作人员应有一定的要求。

• 试验人员应具有独立工作的能力，对可能出现的各种问题应有能力解决，会使用各种标准仪器。

• 对全厂各控制回路较熟悉，工艺流程较清楚，具有较熟练的仪表校准和调整及安装工作技能。

• 头脑冷静，处理问题准确、迅速、果断。

② 工器具准备。试验所需工器具有各类导线、无线对讲机、万用表、毫安表、手持终端、U形管、各种接头、定值器、标准电阻箱、电桥和信号源等。某些非标准系列的设备及工器具应在一次检验时准备齐全。

③ 技术资料准备。为保证试验的顺利进行，试验前应根据现场情况和回路复杂程度，按回路和信号类型合理安排。在试验前应准备好有关的图、表、规范等技术资料，做好试验记录准备工作，按资料对各种系统进行必要的复查。

• 图纸分类：对各工作所需图纸均应进行分类，做到各取所需、不丢不乱，对各控制器的正反作用列表查清，一次性预置。

• 送电前的检查：为使仪表正常工作，联校前应对照图纸进行检查，其中包括绝缘检查、线路检查、气源检查等。

对电动仪表，应检查仪表电源电压是否与设计相符，各保险器是否接触良好、导线接头是否牢固、接地是否合格等。

对气动仪表，应检查气源压力、各阀门位置、气源干燥程度、纯度等，如气源中水分较大，应放空一段时间；如果杂质含量多，则应净化后再使用。

试验要求：

① 综合控制系统可先在控制室内以与就地线路相连的输入输出端为界进行回路试验，然后再与就地仪表连接进行整个回路的试验。

② 检测回路的试验要求：在检测回路的信号输入端模拟输入被测变量的标准信号，回路显示仪表部分的示值误差，不应超过回路内各单台仪表允许基本误差平方和的平方根值；温度检测回路可断开检测元件的接线，在检测元件输出端向回路输入电阻值或毫伏值模拟信号；现场不具备模拟被测变量信号的回路，应在其可模拟输入信号的最前端输入相关模拟信号进行回路试验。

③ 控制回路的试验要求：检查控制器和执行器的作用方向是否符合设计规定；通过控制器或操作站的输出向执行器发送控制信号，执行器执行机构的全行程动作方向和位置应正

确，执行器带有定位器时应同时试验；当控制器或操作站上有执行器的开度和起点、终点信号显示时，应同时检查执行器开度和起点、终点是否符合设计规定。

④ 程序控制和联锁系统的试验要求：系统试验中应与相关的专业配合，共同确认程序运行和联锁保护条件及功能的正确性，并对试验过程中相关设备和装置的运行状态、安全防护采取必要的措施；程序控制系统和联锁系统有关装置的硬件和软件功能试验已经完成，系统相关的回路试验已经完成，才能进行该项试验；系统中的各有关仪表和部件的动作设定值，应根据设计文件规定进行整定；联锁点多、程序复杂的系统，可分项、分段逐步进行试验后，再进行整体检查试验；程序控制系统的试验应按程序设计的步骤逐步检查、试验，其条件判定、逻辑关系、动作时间和输出状态等均应符合设计文件规定；在进行系统功能试验时，可采用已试验整定合格的仪表和检测报警开关的报警输出接点直接发出模拟条件信号。

⑤ 报警系统的试验要求：系统中有报警信号的仪表设备，如各种检测报警开关、仪表的报警输出部件和接点，要根据设计文件规定的设定值进行整定；在报警回路的信号发生端模拟输入信号，检查报警灯光、音箱和屏幕显示是否正确报警点整定后应在调整器件上加封记；检查报警的消音、复位和记录功能是否正确。

试验必须填写有关记录，有的要作为交工资料。

2. 工程交接验收

在设计文件范围内仪表工程的取源部件，仪表设备和装置，仪表管道，仪表线路，仪表供电、供气、供液系统，均已按设计文件和正在施行施工规范的规定安装完毕，仪表单台设备的校准和试验合格后，仪表工程回路试验和系统试验已完成，即可进行“三查四定”。

（1）三查四定

“三查四定”是交工前必须做的一个施工工序，由设计单位、施工单位、建设单位和监理公司的人员对每一个系统进行全面仔细的检查，一查施工质量是否符合《自动化仪表工程施工及验收规范》（GB 50093—2002）规定，施工内容是否符合图纸要求；二查是否有不安全因素和质量隐患；三查是否还有未完成项目。对查出的问题必须四定，即“定责任”“定时间”“定措施”“定人员”。

“三查四定”工作完成后，建设单位应对施工单位所施工的工程进行接管。从施工阶段进入开通投入运行阶段时，装置由施工单位负责转到由建设单位负责。由于工程进入紧张的开通投入运行阶段，建设单位人员大量介入，如果工程保管权还在施工单位，会影响开通投入运行工作的正常进行，会产生一些矛盾，又不具备正式交工条件，因此要有一个“中间交接”阶段。这一阶段是一个特殊的阶段，是建设、施工单位人员携手共同进行开通投入运行的阶段。“中间交接”具体时间、形式双方共同商定解决，“中间交接”双方要签字，要承担责任。只有经过“中间交接”的装置，建设单位才有权使用。

（2）系统开通投入运行及安全要求

仪表工程的回路试验和系统试验完毕，并符合设计文件和正在执行的施工规范的规定，即可开通投入运行。开通投入运行是一个多环节、多工种、复杂的过程，稍不小心，就会出现各种事故，多为人为事故，造成国家财力、物力损失或人身事故。因此，在开通投入运行过程中安全生产应摆在第一位。

仪表设备的安全：

① 开通投入运行工程中所损坏的仪表多为人为造成，因此必须非常熟悉标准表和被试表的性能、使用方法等。

② 在对被试表进行检定时，应注意电源的接线方法，接线应准确无误。

③ 开通投入运行工程中，精力应高度集中，不允许做分散注意力的事情。

④ 使用标准仪器前，应将测试选择开关置于合适位置，防止过荷烧坏。

⑤ 标准仪表不准任何人随意破坏铅封和蜡封。

⑥ 重要岗位的仪表、阀门等，应挂红字白底的禁动牌。

⑦ 强腐蚀场所，如发现泄漏，应及时处理，以免损坏仪表。

⑧ 如发现仪表被水浸、腐蚀、烧焦等，应停电检查，不允许带电操作。

⑨ 强制停车按钮应加装防护盖板，任何人不得随意按动。

⑩ 不允许在盘后电源箱加接临时线，以免发生短路，造成全厂停车事故。

人身安全防护：

① 进入现场，必须做好必要的防护，如防腐蚀、防烧伤、防电击等安全教育。

② 工作人员必须随身带试电笔，对有问题的仪表等应确定无电后再进行故障处理。

③ 对各种裸露的电线头、电缆头等，切勿随意用手触摸，以免触电。

④ 易燃易爆场所的仪表，不得在未断电时启盖测量，不可以铁器敲击，以免产生火花。

⑤ 对测高温高压介质的仪表，不应随意拆卸，以免击伤或烫伤。

⑥ 拆卸腐蚀性介质管道时，应防止喷溅，并需有两人以上在场。

(3) 交接验收

仪表工程连续48h开通投入运行正常后，即具备交接验收条件，应办理交接验收手续。交接验收时，应提交下列文件：

① 工程竣工图。

② 设计修改文件和材料代用文件。

③ 隐蔽工程记录。

④ 安装和质量检查记录。

⑤ 绝缘电阻测量记录。

⑥ 接地电阻测量记录。

⑦ 仪表管道脱脂、压力试验记录。

⑧ 仪表设备和材料的产品质量合格证明。

⑨ 仪表校准和试验记录。

⑩ 回路试验和系统试验记录。

⑪ 仪表设备交接清单。

⑫ 未完工程项目明细表。

因客观条件限制未能全部完成的工程，可办理工程交接验收手续，未完工程的施工安排，应按合同的规定进行。

施工单位可留少数施工人员进行保运，协助建设单位解决有关生产中出现的问题；另一方面，整理完善交接验收文件。至此，仪表工程施工已全部结束。

（四）仪表安装常用材料

1. 仪表安装常用管材

仪表管道（又称管路、管线）很多，可分为四类，即导压管、气动管路、电气保护管和伴热管。

(1) 导压管

导压管又称脉冲管，是直接与工艺介质相接的一种管道，是仪表安装使用最多、要求最高、最复杂的一种管道。所以导压管及管件的选用应按被测介质的物性、温度、压力等级和所处环境条件等因素综合考虑，由于导压管直接接触工艺介质，所以管子的材质及规格的选择与被测介质的物理性质、化学性质和操作条件有关。总的要求是导压管工作在有压或常压条件下，必须具有一定的强度和密封，因此这类管道应该选用无缝钢管。在中低压介质中，常用的导压管为 ϕ14mm×2mm 无缝钢管，这是使用最多的一种管子。有时也用 ϕ18mm×3mm 或 ϕ18mm×2mm。在超过 10MPa 的高压操作条件下，多采用 ϕ14mm×4mm 或 ϕ18mm×5mm 或 ϕ22mm×4mm 无缝合金钢管。

导压管的选用必须满足工艺要求和设计要求，代用必须取得设计同意。

(2) 气动管路

气动管路也称气源管或气动信号管路。通常，它的介质是压缩空气。压缩空气经过处理，是干燥、无油、无机械杂物的干净压缩空气（有时也用氮气），它的工作压力为 0.5～0.6MPa。气源总管通常由工艺管道专业作为外管的一种，安装到每一个装置的入口，进装置由仪表专业负责。通常工艺外管的气源管多为 *DN*100mm，即 4in 管道，个别情况为 *DN*50mm，即 2in 管道。一般为无缝钢管。而进装置的仪表专业敷设的气动管路则应为 *DN*25mm，即 1in 的镀锌焊接钢管（旧称镀锌水煤气管）。一般主管为 *DN*25mm，即 1in，支管为 *DN*20mm(3/4in) 和 *DN*15mm(1/2in) 的镀锌焊接钢管。与气动调节阀相连接的则是紫铜管、被覆铜管（紫铜管外面有一塑料保护层）或不锈钢管，多采用 ϕ6mm×1mm，特殊情况下，如大头调节阀、直径较大的气缸阀，以及切换时间短且传输距离长的控制装置，为减少滞后时间可先用 ϕ8mm×1mm 或 ϕ10mm×1mm 的紫铜管和尼龙的 ϕ6mm×1mm 或 ϕ8mm×1mm 管。在大量采用气动仪表的场合使用管缆，多是 ϕ6mm×1mm 的被覆管缆和尼龙管缆。

(3) 电气保护管

电气保护管也是仪表安装用得较多的一种管子，它用来保护电缆、电线和补偿导线。为美观，多采用镀锌的有缝管，即电气管，有时也采用镀锌焊接钢管。专用的电气管管壁较薄，其规格如表 1-2 所示。镀锌焊接钢管的规格如表 1-3 所示。

表 1-2　电气管的规格

公称直径 *DN*	in	1/2	5/8	3/4	1	1¼	1½	2
	mm	15	18	20	25	32	40	45
外径/mm		12.7	15.87	19.05	25.4	31.75	38.1	50.8
壁厚/mm		1.6	1.6	1.8	1.8	1.8	1.8	2.0
内径/mm		9.5	12.67	15.45	21.6	528.15	34.5	46.8
米重/(kg/mm)		0.451	0.562	0.765	1.035	1.335	1.8611	2.40

表 1-3　镀锌焊接钢管的规格

公称直径 *DN*	in	1/2	3/4	1	1¼	1½	2	2½	3	4
	mm	15	20	25	32	40	50	70	80	100
外径/mm		21.25	26.75	33.5	42.25	48	60	75.5	88.5	114
壁厚/mm		2.75	2.75	3.25	3.25	3.5	3.5	3.75	4.0	4.0
内径/mm		15.75	21.25	27	35.75	41	53	68	80.5	106
米重/(kg/mm)		1.44	2.01	2.91	3.77	4.58	6.16	7.88	9.81	13.44

电气保护管与仪表连接处采用金属软管，又称蛇皮管，是用条形镀锌铁皮卷制成螺旋形而成。为了更好地在腐蚀性介质（空气）中使用，在蛇皮管外面包上一层耐腐蚀塑料，金属软管因此易名为金属挠性管，也就是我们所说的防爆软管，一般长度有 700mm 和 1000mm 两种规格，需要再长的可在订货时注明所需长度。为了工作方便，可以用成盘的软管及软管

接头根据现场实际所需裁至相应的长度，现场制作。

保护管的选用要从材质和管径两个方面考虑。材质取决于环境条件，即周围介质特性，一般腐蚀性可选择金属保护管，强酸性环境只能用硬聚氯乙烯管。而管径则由所保护的电缆、电线的芯和外径来决定，一般可套用经验公式，见表 1-4。配管时，要注意保护管内径和管内穿的电缆数。通常电缆的直径之和不能超过保护管内径的一半。

表 1-4　保护管直径选用经验公式

导线种类	保护管内导线(电缆)根数		
	2	3	4
橡胶绝缘电线	$0.32D^2 \geqslant d_1^2+d_2^2$	$0.42D^2 \geqslant d_1^2+d_2^2+d_3^2$	$0.40D^2 \geqslant n_1d_1^2+n_2d_2^2+n_3d_3^2+\cdots$
乙烯绝缘电线	$0.26D^2 \geqslant d_1^2+d_2^2$	$0.34D^2 \geqslant d_1^2+d_2^2+d_3^2$	$0.32D^2 \geqslant n_1d_1^2+n_2d_2^2+n_3d_3^2+\cdots$

注：D 为电气保护管内径，mm；d_1、d_2、d_3 为电线外径，mm；n_1、n_2、n_3 为相同直径对应的电线根数。

(4) 伴热管

伴热管简称伴管。伴热对象是导压管、调节阀、工艺管道或工艺设备上直接安装的仪表及保温箱，它的介质是 0.2～0.4MPa 的低压蒸汽。伴管比较单一，其材质是 20 钢或紫铜，其规格对 20 钢来说多为 ϕ14mm×2mm 无缝钢管或 ϕ18mm×3mm 无缝钢管，对紫铜来说，多为 ϕ8mm×1mm 紫铜管，有时也选用 ϕ10mm×1mm 的紫铜管。

2. 仪表电缆

仪表电缆分控制系统电缆、动力系统电缆和专用电缆。

控制系统包括控制、测量部分，用于传递控制和检测的电流信号，如常规电动单元组合仪表，也包括传递热电偶、热电阻的信号。它们共同的特点是输送电信号较弱，都是毫伏级的，因此负荷电流小。为此对整个回路的线路电阻要求较高，线路电阻过低，会降低测量精度。

动力系统是指仪表电源及其控制系统，它不同于电气专业的电力系统。仪表的电源都是市电，并且多用 220V AC，极少场合采用 380V AC。这种系统对电缆要求不高，只要考虑电路的电流不超过电流额定值，不超过总负荷值即可，不必考虑线路电阻。

专用电缆也很普遍，如 DCS 专用电缆、放射性检测系统专用电缆、巡回检测系统专用电缆等，它们大多数是屏蔽电缆，有时采用同轴电缆。专用电缆有些是检测设备配备的，有些需现场配备。

此外，在自控安装中，大量使用绝缘电线和补偿导线。

(1) 仪表用绝缘导线

仪表用绝缘导线常用的有橡胶绝缘电线和聚氯乙烯绝缘电线两种，其中聚氯乙烯绝缘电线使用广泛，特别是盘内配线，多采用这种电线。

常用的绝缘电线如表 1-5 所示。

橡胶铜芯软线仅作电动工具连接线用，工程上不使用此线。

表 1-5　常用的绝缘电线

型号	名称	主要用途
BXF	铜芯橡胶电线	作交流 500V、直流 100V 电力用线
BXR	铜芯橡胶软线	同 BXF,但要求柔软电线时用
BV	铜芯聚氯乙烯绝缘电线	同 BXF,也可作仪表盘配线用
BVR	铜芯聚氯乙烯绝缘软线	同 BXR

续表

型号	名称	主要用途
VR	铜芯聚氯乙烯绝缘软线	作交流 250V 以上的移动式日用电器及仪表连线
KVVR	多芯聚氯乙烯绝缘护套软线	作交流 550V 以下的电器仪表连线

（2）仪表用电缆

仪表用电缆除专用电缆外分控制电缆和动力电缆两种。仪表用电负荷较小，动力电缆比较细。铜芯电缆有 $1.0mm^2$、$1.5mm^2$、$2.5mm^2$、$4.0mm^2$ 四种，铝芯电缆有 $1.5mm^2$、$2.5mm^2$、$4.0mm^2$、$6.0mm^2$ 四种。仪表外部供电（如控制室供电）由电气专业考虑，电缆也由电气专业计算负荷和选用。

控制电缆有 2 芯、3 芯、4 芯、5 芯、6 芯、8 芯、10 芯、14 芯、19 芯、24 芯、30 芯和 37 芯 12 种规格。DDZ-Ⅲ型仪表采用 2 芯电缆，热电阻采用三线制连接，使用 3 芯和 6 芯电缆。

（3）屏蔽电线和屏蔽电缆

仪表工作在强电、强磁场环境的可能性很大，有时受电波干扰，要使用屏蔽电线或屏蔽电缆。

电线电缆的屏蔽形式按结构可分为对屏蔽、分组屏蔽及总屏蔽；按屏蔽材料及加工工艺可分为铜线编织屏蔽，铝/塑复合带、铜/延长合带或铜绕包屏蔽等。

当电缆既有分屏蔽又有总屏蔽时，可采用同一种形式，也可采用不同形式，如分屏蔽采用铝/复合带绕包屏蔽，总屏蔽采用铜带绕包屏蔽等。

（4）补偿导线

补偿导线是热电偶连接线，是为补偿热电偶冷端因环境温度的变化而产生的电势差。不同型号和分度号的热电偶要使用与分度号一致的补偿导线，否则，不但得不到补偿，反而会产生更大的误差。补偿导线在连接时要注意极性，必须与热电偶极性一致，严禁接反。

补偿导线在冷端（0℃）与环境温度变化范围内（一般考虑 50℃或 100℃）的电热性质应与热电偶本身的电热性质相一致才能起到冷端补偿的效果，只是热电偶的材质较严格，费用昂贵，而补偿导线相对要便宜得多。热电偶的补偿导线只是把冷端变化的温度引至控制室，实质是在环境温度下延长热电偶到温度较为恒定的控制室。

3. 型钢

在现场仪表安装中，主要使用的型钢包括角钢（俗称角铁）、槽钢、钢板等，其他的还有工字钢、圆钢、扁钢，但在仪表中使用较少，在这里不做介绍。

角钢，按结构形式分有等边角钢和不等边角钢，按材质分为碳钢和镀锌钢两种，一般等边角钢的表示方法为∠30×30×3，表示角钢边宽为 30mm，厚度为 3mm，∠40×40×4 或∠45×45×4 的含义以此类推。需求以“m”来表示，每根角钢长度为 6m。

槽钢，一般只有碳钢材质，其表示方法通常为［8、［10、［12，分别称为 $8^{\#}$、$10^{\#}$、$12^{\#}$ 槽钢，其宽度分别为 80mm、100mm、120mm。需求以“m”来表示，每根槽钢的长度为 6m。

钢板，按材质分为碳钢和镀锌钢两种，其规格一般以钢板的厚度来表示。需求以“m^2”来表示。

4. 阀门

阀门种类繁多，作用各异。了解各种阀门的基本特点和阀门类别、驱动方式、连接形式、密封面材料、公称压力、公称直径及阀体材料等基本情况，便于更好地选用阀门。

阀门种类有很多，如闸阀、截止阀、节流阀、球阀、蝶阀、隔膜阀、止回阀、安全阀、减压阀、疏水阀等，在仪表中常用的阀门有闸阀、截止阀、球阀。

(1) 阀门的型号编制方法说明

阀门的型号编制方法如图 1-1 所示。

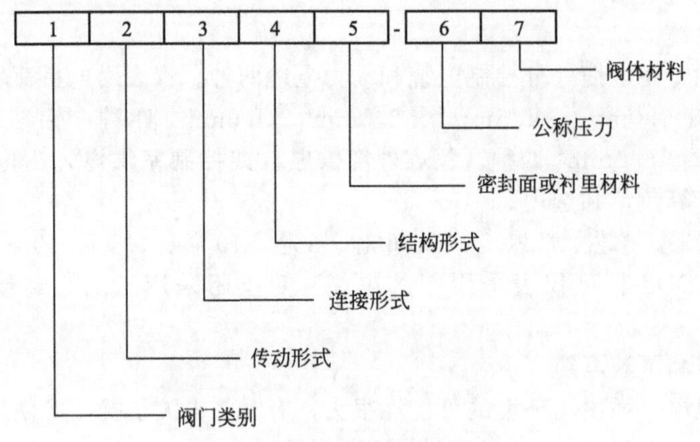

图 1-1　阀门的型号编制方法

第一单元为阀门类别，用汉语拼音表示，如表 1-6 所示。

表 1-6　阀门类别

类型	代号	类型	代号	类型	代号
闸阀	Z	蝶阀	D	安全阀	A
截止阀	J	隔膜阀	G	减压阀	Y
节流阀	L	旋塞阀	X	疏水阀	S
球阀	Q	止回阀	H	柱塞阀	U

第二单元为传动形式，用阿拉伯数字表示，如表 1-7 所示。

表 1-7　传动形式

传动形式	代号	传动形式	代号
电磁动	0	伞齿轮	5
电磁-液动	1	气动	6
电-液动	2	液动	7
涡轮	3	气-液动	8
正齿轮	4	电动	9

第三单元为连接形式，用阿拉伯数字表示，如表 1-8 所示。

表 1-8　连接形式

连接形式	代号	连接形式	代号
内螺纹	1	对夹	7
外螺纹	2	卡箍	8
法兰	4	卡套	9
焊接	6		

第四单元为结构形式，用阿拉伯数字表示，不同的阀门表示方法不同，如表 1-9～表 1-11 所示。

表 1-9　截止阀与节流阀的结构形式及其代号

截止阀与节流阀的结构形式		代号
直通式		1
角式		4
直流式(Y 型)		5
平衡	直通	6
	角式	7

表 1-10　球阀的结构形式及其代号

球阀结构形式			代号
浮动	直通式		1
	L 形	三通式	4
	T 形		5
固定直通式			7

表 1-11　闸阀的结构形式及其代号

闸阀结构形式				代号
明杆	楔式	弹性闸板		1
		刚性	单闸板	2
			双闸板	3
	平行式		单闸板	4
			双闸板	
暗杆楔式		单闸板		5
		双闸板		6

第五单元为阀座密封面或衬里材料，用汉语拼音表示，如表 1-12 所示。

表 1-12　阀座密封面或衬里材料

阀座密封面或衬里材料	代号	阀座密封面或衬里材料	代号
铜合金	T	渗氮钢	D
橡胶	X	硬质合金	Y
尼龙塑料	N	衬胶	J
氟塑料	F	衬铅	Q
锡基轴承合金(巴氏合金)	B	搪瓷	C
合金钢	H	渗硼钢	P

第六单元为公称压力 PN，单位为 0.1MPa。

第七单元为阀体材料，用汉语拼音字母表示，如表 1-13 所示。

表 1-13　阀体材料

阀体材料	代号	阀体材料	代号
灰铸铁	Z	Cr5Mo	I
可锻铸铁	K	1Cr18Ni9Ti	P
球墨铸铁	Q	Cr18Ni12Mo2Ti	R
铜及铜合金	T	12CrMoV	V
WCB	C		

(2) 常用阀门的选用

① 闸阀。闸阀可按阀杆上螺纹位置分为明杆式和暗杆式两类。从闸板的结构特点又可分为楔式、平行式两类。

楔式闸阀的密封面与垂直中心成一角度，并大多制成单闸板。平行式闸阀的密封面与垂直中心平行，并大多制成双闸板。

闸阀的密封性能较截止阀好，流体阻力小，具有一定调节性能，可根据阀杆升降高低调节启闭程度，缺点是结构较截止阀复杂，封面易磨损，不易修理。闸阀除适用于蒸汽、油品等介质外，还适用于含有颗粒状固体及黏度较大的介质，并适用于作放空阀和低真空系统的阀门。

② 截止阀。截止阀与闸阀相比，其调节性能好，密封性能差，结构简单，制造维修方便，流体阻力较大，价格便宜。适用于蒸汽等介质，不宜用于黏度大、含有颗粒、易结晶的介质，也不宜作放空阀及低真空系统阀门。

③ 节流阀。节流阀的外形尺寸小，重量轻，调节性能较截止阀和针形阀好，但调节精度不高，介质流速较大时，易冲蚀密封面。适用于温度较低、压力较高的介质，以及需要调节流量和压力的部位，不适用于黏度大和含有固体颗粒的介质，不宜作隔断阀。

④ 止回阀。止回阀按结构可分为升降式和旋启式两种。升降式止回阀较旋启式止回阀的密封性好，流体阻力大，卧式的宜装在水平管线上，立式的应装在垂直管线上。旋启式止回阀不宜制成小口径阀门，可以水平、垂直或倾斜安装。如装在直管线上，介质流向应由下至上。

止回阀一般适用于清净介质，不宜用于含固体颗粒和黏度较大的介质。

⑤ 球阀。球阀结构简单，开关迅速，操作方便。它体积小，重量轻，零部件少，流体阻力小，结构比闸阀、截止阀简单，密封面比旋塞阀易加工且不易控制。适用于低温、高压及黏度大的介质，不能作调节流量用。目前，因密封材料尚未解决，不能用于温度较高的介质。

⑥ 旋塞阀。旋塞阀的结构简单，开关迅速，操作方便。它流体阻力小，零部件少且重量轻。适用于温度较低、黏度较大的介质和要求开关迅速的场合。一般不适用于蒸汽和温度较高的介质。

⑦ 蝶阀。蝶阀与相同公称压力等级的平等式闸板阀比较，其尺寸小、重量轻、开关迅速，具有一定的调节性能，适合于制成较大口径阀门，用于温度小于 80℃、压力小于 1MPa 的原油、油品及水等介质。

⑧ 隔膜阀。阀的启闭件是一块橡胶隔膜，位于阀体与阀盖之间。隔膜中间突出部分固定在阀杆上，阀体内衬有橡胶，由于介质不进入阀盖内腔，因此无需填料箱。

隔膜阀结构简单、密封性能好，便于维修，流体阻力小，适用于温度小于 200℃、压力小于 1MPa 的油品、水、酸性介质和含浮物的介质，不适用于有机溶剂和强氧化剂的介质。

综上所述，仪表取源部件上使用的根部阀一般采用球阀，气源部分也多使用球阀和闸阀。有酸性腐蚀介质的切断阀选用隔膜阀。蒸汽检测系统一般选用闸阀和截止阀。排污阀、放气阀、放空阀一般选用球阀和旋塞阀。

阀门使用在管路上，按其管路及检测需要可分为三类：第一类是气动管路用阀，这类阀以截止阀为主，也使用球阀；第二类是测量管路用阀，包括取源、切断、放空、排污和调节，也多使用截止阀和球阀；第三类是检测和控制所需的阀组。

(3) 气动管路用阀

气动管路是指气动单元组合仪表的气源回路、测量回路、调节回路以及电动单元组合仪表中气动调节阀控制回路及其所需气源部分。仪表用阀多采用截止阀和球阀。这类阀的作用是切断或导通气动管路通道。这类阀的特点是密封性能好、外形小巧美观、结构简单、价格便宜。这类阀门也可作为气源的取压阀、排污阀和放空阀。

(4) 仪表测量管路用阀

这类阀门是仪表安装专业使用量最大的阀门，它包括全部取源用的根部阀和切断阀，配合差压变送器、压力变送器的排污阀、放气阀和放空阀、蒸汽伴热系统用阀等。为满足不同工艺介质的要求，对阀门的公称压力、适用温度、管路连接方式、耐腐蚀性能等都有不同的要求。

现场常用的根部阀一般都为承插焊式闸阀，普通碳钢材质，对于高温及腐蚀性较强的部位选用不锈钢或铬钼钢材质，压力等级为 16MPa。

(5) 仪表用阀组

阀组分为二阀组、三阀组及五阀组。这里不介绍二阀组。

三阀组是与差压变送器配套的，应用范围很广。它由高压阀、低压阀和平衡阀三个阀组成。高压阀接差压变送器正压室，低压阀接差压变送器负压室。它的作用是将差压变送器正、负压室与引压导压管导通或切断，或将正、负压室导通或切断。

五阀组能与各种差压变送器配套使用。它有与三阀组同样的作用，即将差压变送器正、负压室与引压点切断或导通，或将正、负压室切断或导通。它的特点是：可随时进行在线仪表的检查、校验、标定或排污、冲洗，减少安装施工的麻烦。五阀组由高压阀、低压阀、平衡阀及两个校验（排污）阀组成，结构紧凑，设计合理，采用球锥密封，密封性能可靠，使用寿命长。正常工作时，将两组校验阀和平衡阀关闭。若需校验仪表，只要将高、低压阀切断，打开平衡阀与两个校验阀，然后再关闭平衡阀即可对在线仪表进行校验。

项目二 识读仪表施工图

一、学习目标

1. 知识目标

① 掌握仪表施工图的基本知识；

② 掌握仪表施工图的识读方法。

2. 能力目标

① 具备对仪表施工图的基本知识的认知能力；

② 具备识读仪表施工图的能力。

二、理实一体化教学任务

理实一体化教学任务参见表 1-14。

表 1-14 理实一体化教学任务

任务	内容
任务一	探讨仪表施工图的种类和仪表安装图常用图形符号
任务二	识读仪表施工图

三、理实一体化教学内容

（一）仪表施工图的基本知识

1. 仪表施工图的种类

仪表施工图按施工内容可以分为仪表设备施工图、仪表电气线路施工图和仪表管路施工图三大类。按施工图表达方式可以分为文字形式、表格形式和图样形式三大类。

① 文字形式施工图：包括图纸目录、设计说明书以及调节阀和节流元件的计算书。

② 表格形式施工图：包括仪表设备清单、材料表、电缆管缆汇总表、仪表规格型号表以及电缆（管缆）接线（接管）表等。

③ 图样形式施工图：包括工艺流程图、各种平面布置图、各种仪表回路图、典型仪表安装图。

不同的设计单位，图样形式的施工图设计、编排、绘制形式也不尽相同。

2. 常用生产过程自动化安装工程图例符号

为了使施工图能够绘制方便、准确清晰、易于识读，对施工图中的仪表设备、材料均以相应的图形符号和文字代号表示。但是，我国尚无仪表专业统一的施工图图形符号和文字代号，通常都参照 GB 2625—1981、GB/T 4728—2018、GB/T 6567—2008 中的部分图形符号和文字代号。有的化工行业使用行业标准 HG/T 20505—2014。有的引进项目采用不同的国外标准。因此识图时应以相应的施工图说明和标注的图形符号为准。

（1）仪表安装常用图形符号

仪表安装常用图形符号见表 1-15。

表 1-15　仪表安装图常用图形符号

序号	名称	图形符号
1	压力表	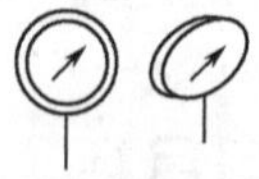
2	变送器(压力或差压)	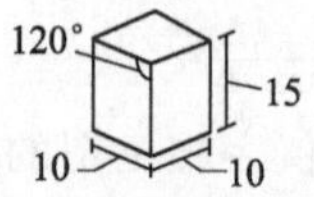
3	二阀组与变送器组合安装	
4	二阀组	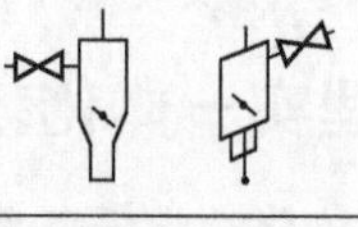
5	多路阀	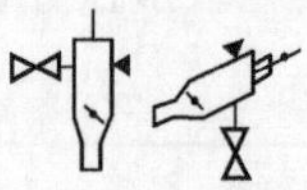
6	三阀组	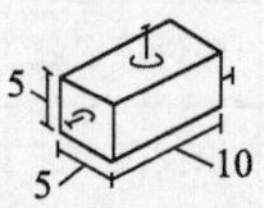

续表

序号	名称	图形符号
7	五阀组	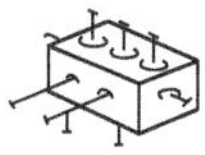
8	三阀组与变送器组合安装	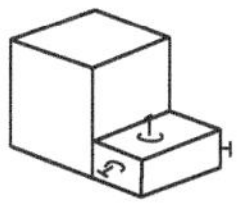
9	五阀组与变送器组合安装	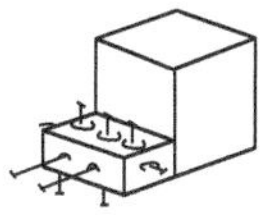
10	节流装置	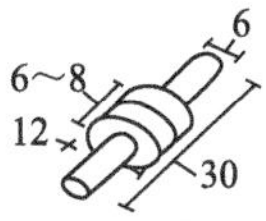
11	转子流量计	
12	空气过滤器减压阀	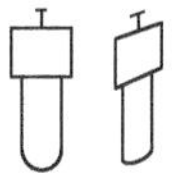
13	膜片隔离压力表	
14	变送器(压力或差压)	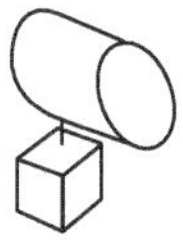
15	浮筒液面计	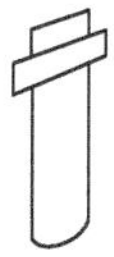
16	法兰式液面变送器	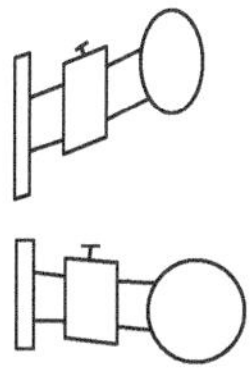
17	远传膜片密封差压变送器	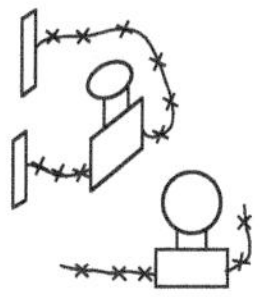
18	分析取样系统过滤器	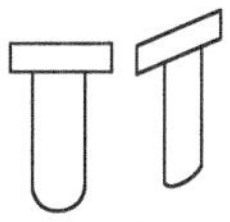
19	分析系统用减压器	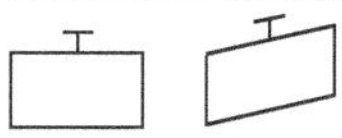

续表

序号	名称	图形符号
20	冷却罐	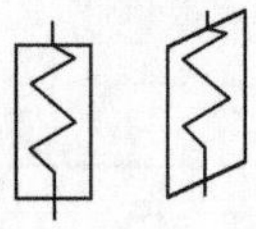
21	夹套式冷却器	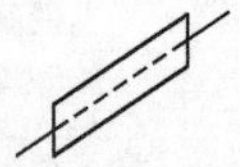
22	干燥瓶	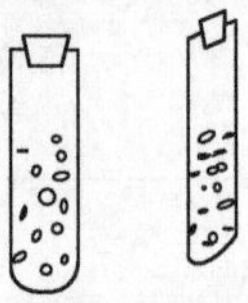
23	导压管或气动管线	
24	坡度	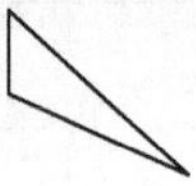
25	毛细管	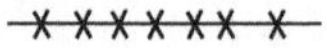
26	工艺设备或管道	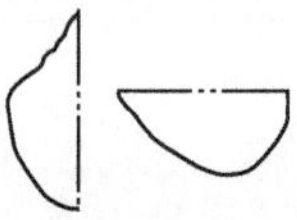
27	取源法兰接管	
28	取源管接头	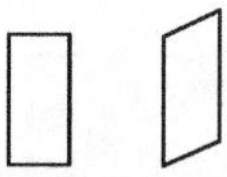
29	阀门	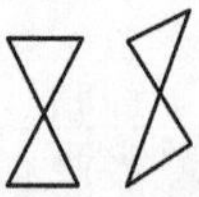
30	法兰	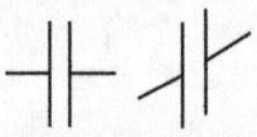
31	法兰连接阀门	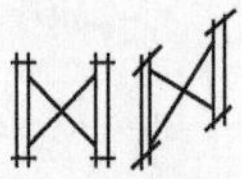
32	限流孔板	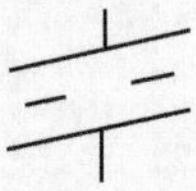
33	止回阀	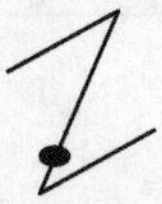
34	带垫片正反扣压力表接头	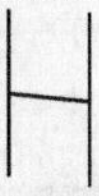

续表

序号	名称	图形符号
35	带垫片压力表接头	
36	冷凝弯	
37	冷凝圈	
38	焊接点	●
39	直通终端接头	
40	直通中间接头或活接头	
41	弯通中间接头	
42	三通中间接头	
43	直通穿板接头	
44	隔离容器	
45	角形阀	
46	带法兰角形阀	
47	冷凝容器	
48	分离容器	
49	弯通终端接头	
50	分工范围	
51	大小头异径接头,异径短节	
52	伴热管	

续表

序号	名称	图形符号
53	保温	
54	疏水器	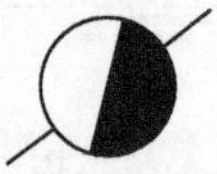
55	保温箱或保护箱	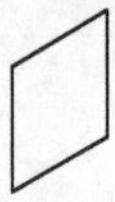
56	防爆密封接头	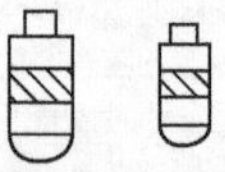
57	防水密封接头	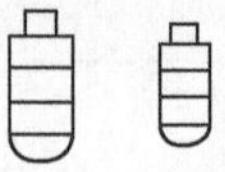
58	防爆铠装电缆密封接头 防水铠装电缆密封接头	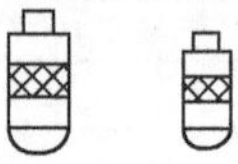
59	接管式防爆密封接头	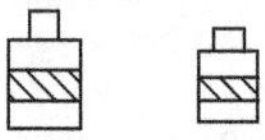
60	接管式防水密封接头	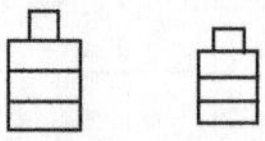
61	防爆密封接头挠性管	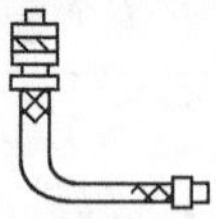
62	小型异径三通接头	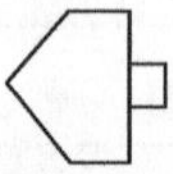

（2）DCS系统、逻辑控制器、计算机系统图形符号

DCS系统、逻辑控制器、计算机系统图形符号见表1-16。

表1-16　DCS系统、逻辑控制器、计算机系统图形符号

系统名称	图形符号	说明
集散系统共享显示或共享控制仪表，操作者通常是可存取的	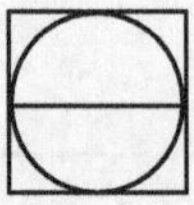	在监控室内进行图形显示，包括记录仪、报警点、指示器，具有：a. 共享显示；b. 共享显示和共享控制；c. 对通读线路的存取受限制；d. 操作员在通读线路上的操作员接口可以存取数据
	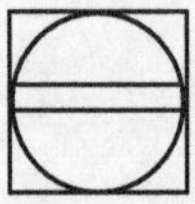	操作者辅助接口装置：a. 不装在主操作控制台上，采用安装盘或模拟荧光面板；b. 可以是一个备用控制器或手操台；c. 对通读线路的存取受限制；d. 操作员接口通过通信线路
	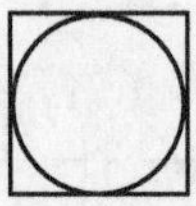	操作者不可存取数据情况：a. 无前面板的控制器，共享盲控制器；b. 共享显示器，在现场安装；c. 共享控制器中的计算、信号处理；d. 可装载通信线路上；e. 通常无监视手段运行；f. 可以由组态来改变

续表

系统名称	图形符号	说明
计算机系统用符号，组成计算机的各单元装置可以通过数据主链路与系统组成一体，也可以是单独设置的计算机	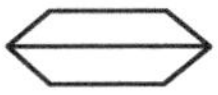	操作者通常是可存取的，用于图像显示指示器、控制器、记录器、报警点等
	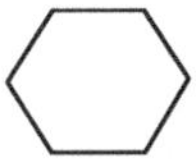	操作者通常不能利用输入输出部件进行存取，以下情况用该符号：a. 输入输出接口；b. 在计算机内进行的计算、信号处理；c. 可以看作是没有操作面板的盲控制器或是一个软件计算机模件
逻辑控制与顺序控制用符号		通用符号，用于没有定义的复杂的内部互联逻辑控制或顺序控制
		带有二进制或者顺序逻辑控制集散系统内，控制设备连接的逻辑控制器，用该符号表示：a. 程序标准化的可编程逻辑控制器或集散控制设备的数字逻辑控制整体；b. 操作者通常是不可存取的
	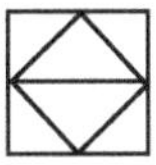	有二进制或者顺序逻辑功能的集散系统内部连接逻辑控制器：a. 插件式可编程逻辑控制器或集散系统控制设备的数字逻辑控制整体；b. 操作者正常情况下可存取
通用功能框图符号	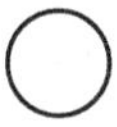	测量值
		手动信号处理
		自动信号处理
		最后的控制对象
共用符号通信链	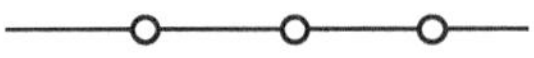	以下情况用通信链表示：a. 用来指示一个软件链路或由制造厂提供的系统各功能之间的链接；b. 所选择的链如果是隐含的，由相邻链接符号替代表示；c. 可以用来指示用户选择的通信链

(3) 常用参数和调节设备的文字代号

常用参数和调节设备的文字代号见表1-17。

表1-17　常用参数和调节设备的文字代号

字母	第一位字母		后继字母功能	字母	第一位字母		后继字母功能
	被控变量	修饰词			被控变量	修饰词	
A	分析		报警	H	手动		
B	喷嘴火焰		供选用	I	电流		指示
C	电导率		控制	J	功率	扫描	
D	密度	差		K	时间		手操器
E	电压		检测元件	L	物位		指示灯
F	流量	比		M	水分		
G	供选用		玻璃	N	供选用		供选用

续表

字母	第一位字母		后继字母功能	字母	第一位字母		后继字母功能
	被控变量	修饰词			被控变量	修饰词	
O	供选用		节流孔	U	多变量		多功能
P	压力、真空		实验点	V	黏度		阀、挡板
Q	数量	积算	积分、积算	W	质量或力		套管
R	放射性		记录、打印	X	未分类		未分类
S	速度、频率	安全	开关或联锁	Y	供选用		继动器
T	温度		传送	Z	位置		驱动、执行

3. 仪表位号的表示方法

(1) 仪表位号组成

在检测控制系统中，构成一个回路的每个仪表（或元件）都应有自己的仪表位号。仪表位号由字母代号组合、区域编号和回路编号三部分组成。字母代号组合中第一位字母表示被测变量，后继字母表示仪表的功能。区域编号可按照不同工段（区域）进行编制，一般用3～5位数字表示，回路编号则是将同一区域内同一仪表按回路不同编列，如图1-2所示。

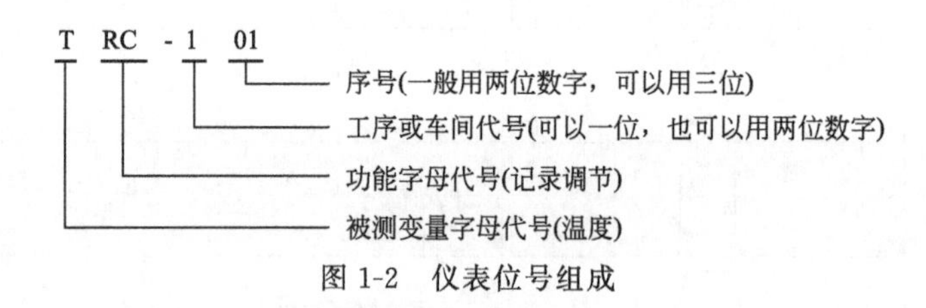

图1-2　仪表位号组成

(2) 分类与编号

仪表位号按被测变量分类。同一装置（或工段）的相同被测变量的仪表位号中数字编号是连续的，但允许中间有空号；不同被测变量的仪表位号不能连续编号。如果同一个仪表回路有两个以上具有相同功能的仪表，可以在仪表位号后面附加尾缀（大写英文字母）加以区别。例如，PT-202A、PT-202B表示同一回路里的两台变送器，PV-201A、PV-201B表示同一回路里的两台控制阀。当一台仪表由两个或多个回路共用时，应标注各回路的仪表位号，例如一台双笔记录仪记录流量和压力时，仪表位号为FR-121/PR-131，若记录两个回路的流量时，仪表位号应为FR-101/FR-102或FR-101/102。

(二) 仪表施工图的识读

仪表工程的施工应严格按照设计施工图和仪表安装使用说明书的规定进行。因此只有通过识读仪表设计施工图，才能了解设计人员的设计意图，并进行仪表工程施工。

1. 图纸目录的识读方法

通过识读图纸目录，了解设计单位、工程名称、地点及工程编号。应学会使用图纸目录查阅具体图册或某一张图纸的方法。

2. 设计说明书的识读方法

通过识读设计说明书，全面了解设计思想、工作特点、仪表和控制设备型号、施工技术要求、施工标准规范和与其他专业的配合及界限划分。另外，还可以通过识读设计说明书了解设计所使用的文字符号和图形符号的出处。

3. 仪表工艺流程图的识读方法

工艺流程图是用来表达一个系统或一个装置生产过程概况的示意图。它只是定性地说明物料介质的运行程序。仪表工艺流程图主要内容如下。

① 设备示意图。带位号、名称和接管口的各种设备示意图。

② 管路流程线。带编号、规格、阀门、管件及仪表控制点的各种管路流程线。

③ 标注。设备位号、名称、管线编号、控制点符号、必要的尺寸及数据等。

④ 图例。图形符号、字母代号及其他的标注说明索引等。

⑤ 标题栏。图名、图号、设计项目、设计阶段、设计时间及会签栏。

仪表工艺流程图的识读步骤如下：

① 先看标题栏，并浏览工艺流程和文字说明。

② 对照设计施工图的有关说明和图内文字要求，按照物料介质的作用，先识读主流程线，后识读副流程线；识读时先从物料介质来源的起始处，按物料介质的流向，依次详细到终了部位。

③ 在识读流程图的基础上，具体掌握仪表设备的种类、数量、分布情况，以及在各个环节中的作用。

识读时要了解工艺流程概况，如熟悉工艺设备及功能，了解介质名称及流向，分析工艺流程，熟悉、分析控制方案，了解控制系统等。识读仪表工艺流程图，还需综合工艺、设备、机器、管道、电气等多方面专业知识。

4. 仪表供电系统图的识读

仪表及自动化装置的供电包括模拟仪表系统、DCS、PLC、监控计算机、自动分析仪表、安全联锁系统和工业电视系统等。仪表辅助设施的供电包括仪表盘（柜）内照明、仪表及测量线路电伴热系统以及其他自动化监控系统。

在仪表供电系统图中，用方框图表示出供电设备（如不间断电源 UPS、电源箱、总供电箱、分供电箱和供电箱等）之间的连接系统，标注出供电设备的位号、型号、输入与输出的电源种类、等级和容量以及输入的电源来源等。如图 1-3 所示。

仪表供电系统图 1-3 中的设备和材料见表 1-18。

表 1-18　供电系统图中的设备和材料

序号	位号或符号	名称	型号	数量	备注
1	0SB AC	总供电箱	FBI-116	1	
2	1SB AC	供电箱	FBI-116	1	
3	3SB AC	供电箱	FBI-116	1	
4	6SB AC	供电箱	FBI-116	1	
5	8SB AC	供电箱	PBI-116	1	
6	4SB DC	供电箱	FBI-116	1	
7	2SB DC	供电箱	FBI-110	1	
8	5SB DC	供电箱	FBI-110	1	
9	7SB DC	供电箱	FBI-110	1	
10	9SB DC	供电箱	FBI-110	1	
11	IEB	电源箱	5223-0040	1	
12		电力电线 2×15	BVV	600m	

续表

序号	位号或符号	名称	型号	数量	备注
13		电力电线 2×15	VV		

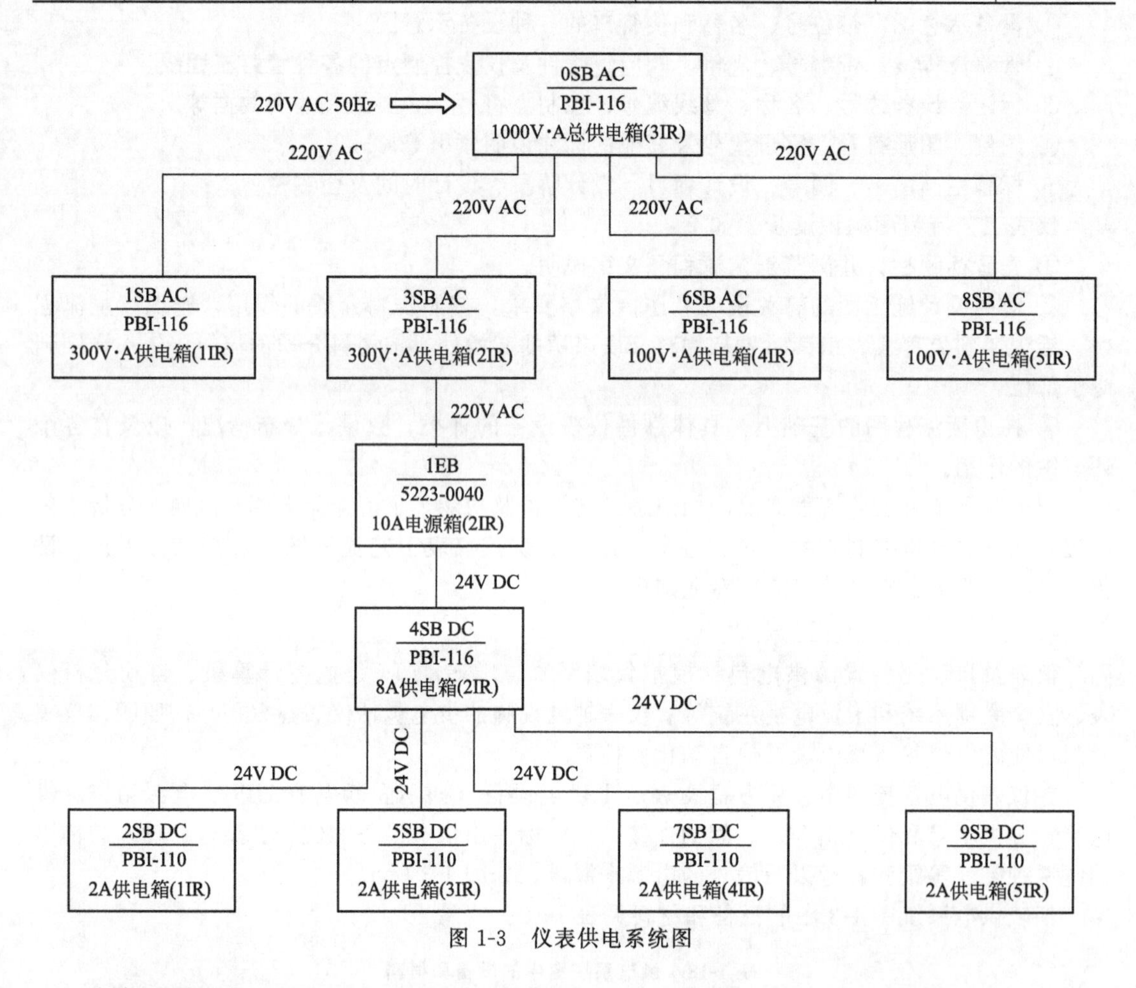

图 1-3　仪表供电系统图

注意以下几点：

① 按仪表用电的总容量选择符合要求的空气开关或闸刀开关（含熔断丝）。

② 按仪表供电回路选择好各自的开关（含熔断丝）。

③ 由外面引入的电源线和到各仪表的供电，统一由配电盘下面部分端子板引出。

5. 平面布置图的识读方法

平面布置图是依据工艺流程图，并参照工艺配管图和工艺设备安装图画出来的确定仪表设备、管路、线路安装位置的图样。它包括仪表设备平面布置图、仪表电缆桥架敷设平面布置图、仪表管路敷设平面布置图。

平面布置图的识读不可能按照流程线来识读，因为一个系统中的仪表可能出现在不同的图幅中，不同系统的仪表也可能出现在同一图幅中。识读平面布置图时，先阅读标题栏和图内文字说明，然后再按建筑物轴线顺序识读全部图幅中的仪表设备或以控制室为中心识读电缆桥架、电缆、管缆、管路的走向。识读时还应特别注意预埋件、预埋管的埋设部位，以便配合土建施工。

通过对平面布置图的识别，应掌握如下的内容：

① 所有现场安装仪表的具体安装位置、规格、型号、数量，以及各种仪表盘、箱、柜和操作台上的仪表排列位置等。

② 所有电缆桥架的敷设路径、敷设方式、始点、终点、分支、标高、标宽、转向以及电缆的敷设路径。

③ 所有仪表管路、管缆的敷设路径、敷设方式、始点、终点、分支、坡度、转角以及管材、管件、管路附件的规格、型号、材质、数量等。

（1）控制室电缆、管缆平面图

控制室电缆、管缆平面图包括现场仪表到接线箱（供电箱）、接线箱（供电箱）到电缆桥架和现场仪表到电缆桥架之间的配线平面位置，电缆（管缆）桥架的安装位置、标高和尺寸，电缆（管缆）桥架安装支架与吊架位置和间距，以及电缆（管缆）在桥架中的排列和电缆（管缆）编号等。控制室电缆、管缆平面图如图 1-4 所示。

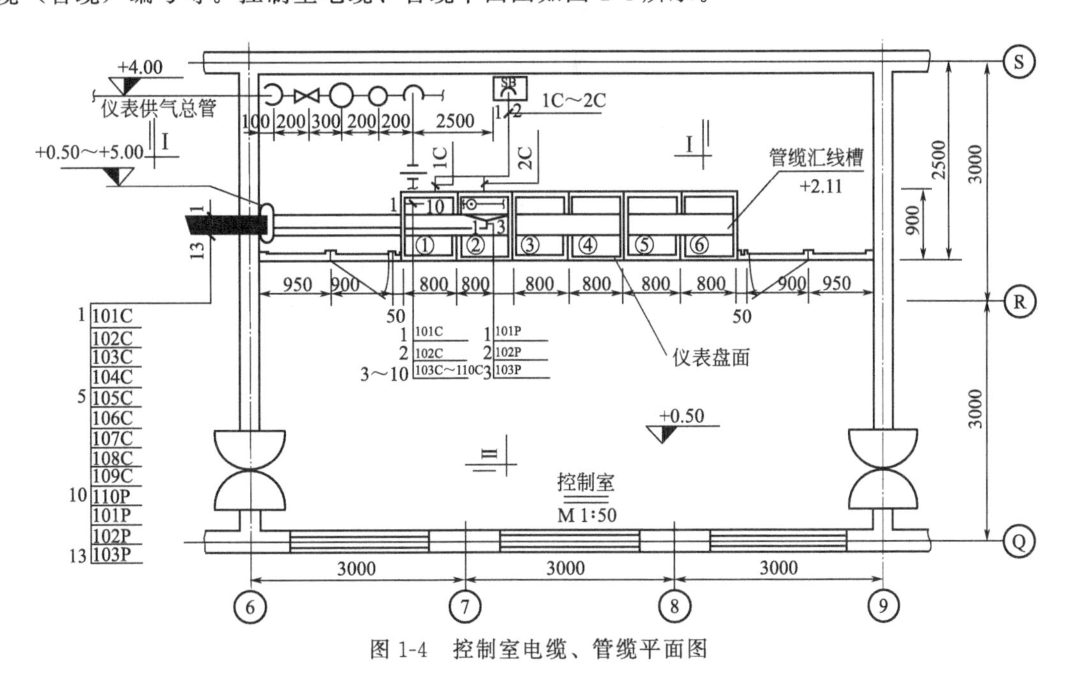

图 1-4 控制室电缆、管缆平面图

（2）控制室外部电缆、管缆平面敷设图

控制室外部电缆、管缆平面敷设图如图 1-5 所示。

6. 仪表回路图的识读方法

（1）仪表回路图概述

仪表回路图也叫控制回路图或仪表信号系统图。它是以工艺流程图、仪表清单、仪表规格书为基础，采用直接连线法，将一个系统回路中的所有仪表、自动化控制设备和部件的连接关系表达出来的图纸。其特点是它把安装、施工、检验、投运和维护等所需的全部信息方便地表达在一张按一定规格绘制的图纸上，使回路信息具有完整性和准确性，便于使用仪表回路图的各类人员之间的交流和理解。

通过对仪表回路图的识读，可以了解仪表回路由哪些检测、控制仪表组成，以及测量控制仪表的作用和回路控制原理。在此基础上识读端子接线图或仪表接管图，掌握全部仪表信号配线、配管关系。

（2）仪表回路图的识读

识读仪表回路图及接线配管图的步骤如下。

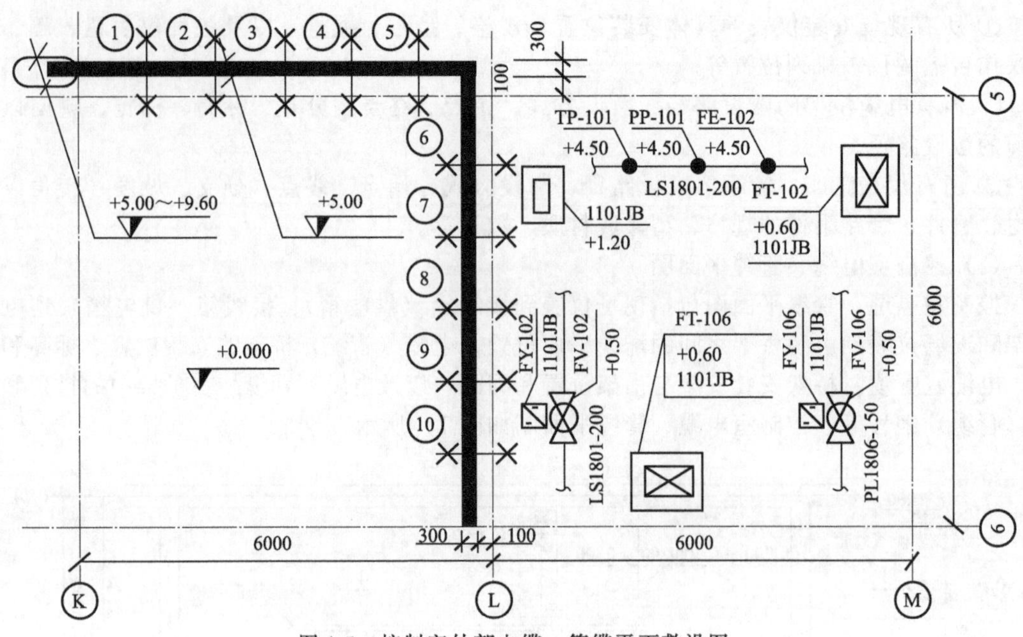

图 1-5　控制室外部电缆、管缆平面敷设图

① 先看仪表回路图，再看相应的接线配管图。通过识读仪表回路图，弄清检测参数类别、组成控制回路的全部测量仪表类型、信号传递路径、多测量控制仪表的作用与相互关系。要先识读从变送器或检测仪表到二次仪表和二次仪表到调节阀等连接关系，然后再识读与其他回路之间的连接关系以及与电气专业的连接关系。图 1-6 为 DCS 仪表回路图。

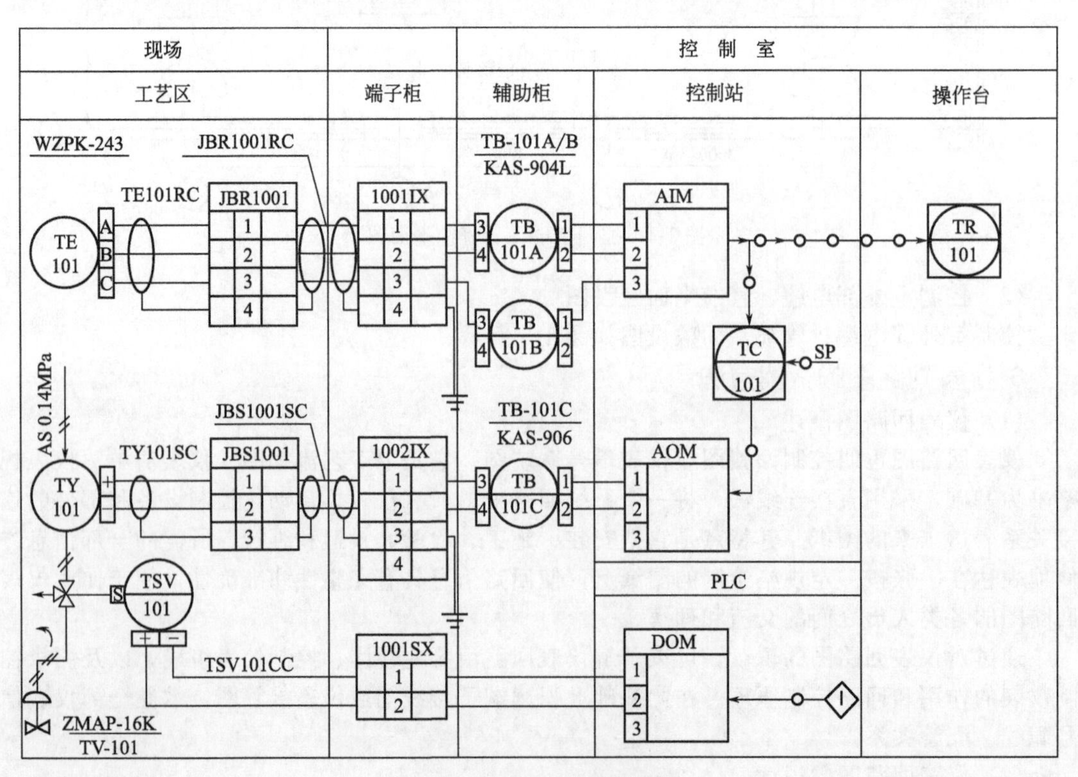

图 1-6　DCS 仪表回路图

② 识读仪表端子接线图。通过识读仪表端子接线图进一步弄清各检测、控制仪表的相互关系。先重点弄清从变送器或检测仪表到二次仪表和二次仪表到调节阀等详细接线情况，然后查清其他各单元之间的详细接线情况，同时以仪表回路图为依据，再参照仪表说明书，核实仪表回路图的正确性。仪表端子接线图如图 1-7 所示。

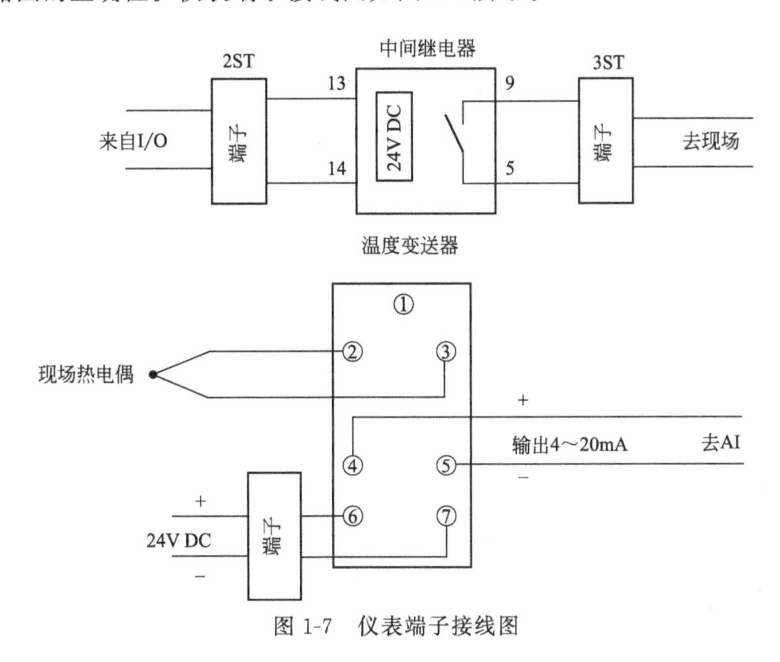

图 1-7 仪表端子接线图

仪表回路图中设备和元件的标记和标志由图形符号和文字符号组合而成，且与管道仪表流程图一致。

7. 典型仪表安装图的识读

典型仪表安装图是仪表安装标准图和通用图的复用图样。它是根据仪表工程施工的内容，将标准图集中与本次仪表工程有密切联系的那部分内容重点编辑而成的图册。典型仪表安装图可以为仪表安装用的零部件加工提供图纸依据，如查阅有关标准的结构形状、尺寸大小及加工制作要求。

识读典型仪表安装图主要掌握以下几点：

① 结合技术要求和有关标准规范，明确安装方式及要求。

② 弄清全部安装用材料的数量、材质、规格以及配件的数量、规格等。

③ 根据详图中给出的零部件图号或标准号查阅、识读相应的图纸。

图 1-8 为差压信号管路安装示意图。

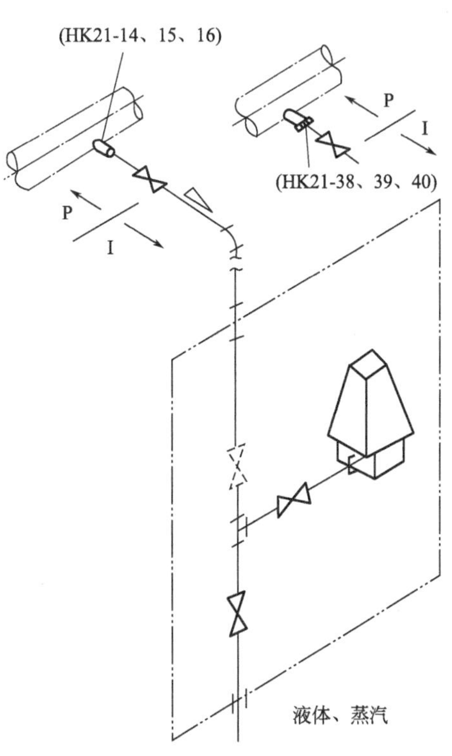

图 1-8 差压信号管路安装示意图

在识读仪表工程施工图纸时，应将各类图纸相互对照一起识读。其中每张图纸都相互关联、相互依托、相互诠释。

项目三　HSE 风险评估

一、学习目标

1. 知识目标

① 掌握 HSE 的概念；

② 初步掌握 HSE 管理体系及其理念；

③ 掌握建立 HSE 管理体系的指导原则、HSE 管理体系的建立与实施方法。

2. 能力目标

① 具备认知 HSE 概念的能力；

② 具备认知 HSE 管理体系的基本要素的能力；

③ 初步具备 HSE 管理体系的建立与实施的能力。

二、理实一体化教学任务

理实一体化教学任务参见表 1-19。

表 1-19　理实一体化教学任务

任务	内　　容
任务一	探讨化工仪表安装工程在建设工程中的地位和特点
任务二	分析 HSE 管理体系的基本要素和 HSE 管理体系的结构特点
任务三	HSE 管理体系的建立与实施

三、理实一体化教学内容

（一）HSE 基本知识

1. HSE 概念

HSE 是健康（Health）、安全（Safety）和环境（Environment）管理体系的简称，HSE 管理体系包括组织实施健康、安全与环境管理的组织机构、职责、做法、程序、过程和资源等要素，这些要素通过先进、科学、系统的运行模式有机地融合在一起，相互关联、相互作用，形成动态管理体系。

HSE 管理体系要求组织进行风险分析，确定其自身活动可能发生的危害和后果，从而采取有效的防范手段和控制措施防止其发生，以便减少可能引起的人员伤害、财产损失和环境污染。它强调预防和持续改进，具有高度自我约束、自我完善、自我激励机制，因此是一种现代化的管理模式，是现代企业制度之一。

HSE 管理体系是三位一体管理体系。H（健康）是指人身体上没有疾病，在心理上保持一种完好的状态；S（安全）是指在劳动生产过程中，努力改善劳动条件，克服不安全因素，使劳动生产在保证劳动者健康、企业财产不受损失、人民生命安全的前提下顺利进行；E（环境）是指与人类密切相关的、影响人类生活和生产活动的各种自然力量或作用的总和，它不仅包括各种自然因素的组合，还包括人类与自然因素间相互形成的生态关系的组合。由于安全、环境与健康的管理在实际工作过程中有着密不可分的联系，因此把健康（Health）、安全（Safety）和环境（Environment）形成一个整体的管理体系，是现代石油化工企业的必然。

2. HSE的发展历程

在工业发展初期，由于生产技术落后，人类只考虑对自然资源的盲目索取和破坏性开采，而没有从深层次意识到这种生产方式对人类所造成的负面影响。国际上的重大事故对安全工作的深化发展与完善起到了巨大的推动作用，引起了工业界的普遍关注，深深认识到石油、石化、化工行业是高风险的行业，必须更进一步采取有效措施和建立完善的安全、环境与健康管理系统，以减少或避免重大事故和重大环境污染事件的发生。

由于对安全、环境与健康的管理在原则和效果上彼此相似，在实际过程中，三者之间又有着密不可分的联系，因此有必要把安全、环境和健康纳入一个完整的管理体系。1991年，壳牌公司颁布健康、安全、环境（HSE）方针指南。同年，在荷兰海牙召开了第一届油气勘探、开发的健康、安全、环境（HSE）国际会议。1994年，在印度尼西亚的雅加达召开了油气开发专业的安全、环境与健康国际会议，HSE活动在全球范围内迅速展开。HSE管理体系是现代工业发展到一定阶段的必然产物，它的形成和发展是现代工业多年工作经验积累的成果。HSE作为一个新型的安全、环境与健康管理体系，得到了世界上许多现代大公司的共同认可，从而成为现代公司共同遵守的行为准则。

美国杜邦公司是当今西方世界200家大型化工公司中的第一大公司，该公司在海外50多个国家和地区中设有200多家子公司。杜邦公司推行HSE管理，企业经营管理和安全管理都达到国际一流水平。荷兰皇家石油公司/壳牌公司集团是世界上四大石油石化跨国公司之一。1984年该公司学习了美国杜邦公司先进的HSE管理经验，取得了非常明显的成效。英国BP-Amoco追求并实现出色的健康、安全和环保表现，对健康、安全和环保表现的承诺是该集团五大经营政策（道德行为、雇员、公共关系、HSE表现、控制和财务）之一。BP集团健康、安全与环境表现的承诺为：每一位BP的职员，无论身处何地，都有责任做好HSE工作；良好的HSE表现是事业成功的关键；目标是无事故、无害于员工健康、无损于环境。

（二）HSE管理体系

HSE管理体系的基本要素及相关部分分为三大块：核心和条件部分，循环链部分，辅助方法和工具部分。

1. 核心和条件部分

（1）领导和承诺：是HSE管理体系的核心，承诺是HSE管理的基本要求和动力，自上而下的承诺和企业HSE文化的培育是体系成功实施的基础。

（2）组织机构、资源和文件：良好的HSE表现所需的人员组织、资源和文件是体系实施和不断改进的支持条件。它有7个二级要素。这一部分虽然也参与循环，但通常具有相对的稳定性，是做好HSE工作必不可少的重要条件，通常由高层管理者或相关管理人员制定和决定。

2. 循环链部分

（1）方针和战略目标：对HSE管理的意向和原则的公开声明，体现了组织对HSE的共同意图、行动原则和追求。

（2）规划：具体的HSE行动计划，包括了计划变更和应急反应计划。该要素有5个二级要素。

（3）风险评估和管理：对HSE关键活动、过程和设施的风险的确定和评价，及风险控制措施的制定。该要素有6个二级要素。

（4）实施和监测：对 HSE 责任和活动的实施和监测，及必要时所采取的纠正措施。该要素有 6 个二级要素。

（5）评审和审核：对体系、过程、程序的表现、效果及适应性的定期评价。该要素有 2 个二级要素。

（6）纠正与改进：不作为单独要素列出，而是贯穿于循环过程的各要素中。

循环链是戴明循环模式的体现，企业的安全、健康和环境方针、目标通过这一过程来实现。除 HSE 方针和战略目标由高层领导制定外，其他内容通常以企业的作业单位或生产单位为主体来制定和运行。

3. 辅助方法和工具部分

辅助方法和工具是为有效实施管理体系而设计的一些分析、统计方法。由以上分析可以看出：

① 各要素有一定的相对独立性，分别构成了核心、基础条件、循环链的各个环节；

② 各要素又是密切相关的，任何一个要素的改变必须考虑到对其他要素的影响，以保证体系的一致性；

③ 各要素都有深刻的内涵，大部分有多个二级要素。

4. HSE 管理体系的结构特点

① 按戴明模式建立。HSE 管理体系是一个持续循环和不断改进的结构，即“计划—实施—检查—持续改进”的结构。

② 由若干个要素组成。关键要素有：领导和承诺，方针和战略目标，组织机构、资源和文件，风险评估和管理，规划，实施和监测，评审和审核等。

③ 各要素不是孤立的。这些要素中，领导和承诺是核心；方针和战略目标是方向；组织机构、资源和文件作为支持；规划、实施和监测、纠正与改进是循环链过程。

④ 在实践过程中，管理体系的要素和机构可以根据实际情况作适当调整。

5. 进行 HSE 管理的目的

① 满足政府对健康、安全和环境的法律、法规要求；

② 为企业提出的总方针、总目标以及各方面具体目标的实现提供保证；

③ 减少事故发生，保证员工的健康与安全，保护企业的财产不受损失；

④ 保护环境，满足可持续发展的要求；

⑤ 提高原材料和能源利用率，保护自然资源，增加经济效益；

⑥ 减少医疗、赔偿、财产损失费用，降低保险费用；

⑦ 满足公众的期望，保持良好的公共和社会关系；

⑧ 维护企业的名誉，增强市场竞争能力。

（三）HSE 管理体系的理念

HSE 管理体系所体现的管理理念是先进的，这也正是它值得在组织的管理中进行深入推行的原因，它主要体现了以下管理思想和理念。

1. 注重领导承诺的理念

组织对社会的承诺、对员工的承诺，领导对资源保证和法律责任的承诺，是 HSE 管理体系顺利实施的前提。领导承诺由以前的被动方式转变为主动方式，是管理思想的转变。承诺由组织最高管理者在体系建立前提出，在广泛征求意见的基础上，以正式文件（手册）的方式对外公开发布，以利于相关方面的监督。承诺要传递到组织内部和外部相关各方，并逐渐形成一种自主承诺、改善条件、提高管理水平的组织思维方式和文化。

2. 体现以人为本的理念

组织在开展各项工作和管理活动过程中，始终贯穿着以人为本的思想，在保护人的生命的前提下，使组织的各项工作得以顺利进行。人的生命和健康是无价的，工业生产过程中不能以牺牲人的生命和健康为代价来换取产品。

3. 体现预防为主、事故可以预防的理念

我国安全生产的方针是“安全第一，预防为主”。一些组织在贯彻这一方针的过程中并没有规范化和落到实处，而 HSE 管理体系始终贯穿了对各项工作事前预防的理念，贯穿了所有事故都可以预防的理念。美国杜邦公司的成功经验是：所有的工伤和职业病都是可以预防的；所有的事件及小事故或未遂事故均应进行详细调查，最重要的是通过有效的分析，找出真正的起因，指导今后的工作。事故的发生往往由人的不安全行为、机械设备的不良状态、环境因素和管理上的缺陷等引起。组织中虽然沿袭了一些好的做法，但没有系统化和规范化，缺乏连续性，而 HSE 管理体系系统地建立起了预防的机制，如果能切实推行，就能建立起长效机制。

4. 贯穿持续改进和可持续发展的理念

HSE 管理体系贯穿了持续改进和可持续发展的理念。也就是人们常说的“没有最好，只有更好”。体系建立了定期审核和评审的机制。每次审核要对不符合项目实施改进，不断完善。这样，使体系始终处于持续改进的趋势，不断改正不足，坚持和发扬好的做法，按 PDCA 循环模式运行，实现组织的可持续发展。

5. 体现全员参与的理念

安全工作是全员的工作，是全社会的工作。HSE 管理体系中就充分体现了全员参与的理念。在确定各岗位的职责时要求全员参与，在进行危害辨识时要求全员参与，在进行人员培训时要求全员参与，在进行审核时要求全员参与。通过广泛的参与，形成组织的 HSE 文化，使 HSE 理念深入到每一个员工的思想深处，并转化为每一个员工的日常行为。

（四）建立 HSE 管理体系的指导原则

1. 第一责任人的原则

随着生命和健康成为保障人权的重要内涵，HSE 管理在现代管理中的地位愈来愈突出，已成为国际石油石化工业发展战略之一。HSE 管理体系，强调最高管理者的承诺和责任，企业的最高管理者是 HSE 的第一责任者，对 HSE 应有形成文件的承诺，并确保这些承诺转变为人、财、物等资源的支持。各级企业管理者通过本岗位的 HSE 表率，树立行为榜样，不断强化和奖励正确的 HSE 行为。

2. 全员参与的原则

HSE 管理体系立足于全员参与，突出“以人为本”的思想。体系规定了各级组织和人员的 HSE 职责，强调集团公司内的各级组织和全体员工必须落实 HSE 职责。公司的每位员工，无论身处何处，都有责任把 HSE 事务做好，并通过审查考核，不断提高公司的 HSE 业绩。

3. 重在预防的原则

在集团公司的 HSE 管理体系中，风险评价和隐患治理、承包商和供应商管理、装置（设施）设计和建设、运行和维修、变更管理和应急管理这 5 个要素，着眼点在于预防事故的发生，并特别强调了企业的高层管理者对 HSE 必须从设计抓起，认真落实设计部门高层管理者的 HSE 责任。初步设计的安全环保篇要有 HSE 相关部门的会签批复，设计施工图纸应有 HSE 相关部门审查批准签章，强调了设计人员要具备 HSE 的相应资格。风险评价

是一个不间断的过程，是所有 HSE 要素的基础。

4. 以人为本的原则

HSE 管理体系强调了公司所有的生产经营活动都必须满足 HSE 管理的各项要求，突出了人的行为对集团公司的事业成功至关重要，建立培训系统并对人员技能及其能力进行评价，以保证 HSE 水平的提高。长庆油田分公司在员工培训方面实行两套班子，分开培训，分工明确，大大提高了员工的培训质量，对企业 HSE 管理的落实起到了很大的作用。

（五）HSE 管理体系的建立与实施

对于不同的组织，由于其组织特性和原有基础的差异，建立 HSE 管理体系的过程不会完全相同。但组织建立 HSE 管理体系的基本步骤一般是相同的。

1. HSE 管理体系建立的准备

建立 HSE 管理体系的各种前期准备工作，主要包括领导决策、成立体系建立组织机构、宣传和培训。

(1) 领导决策

建立 HSE 管理体系需要领导者的决策，特别是最高管理者的决策。只有在最高管理者认识到建立 HSE 管理体系必要性的基础上，组织才有可能在其决策下开展这方面的工作。另外，HSE 管理体系的建立，需要资源的投入，这就需要最高管理者对改善组织的健康、安全与环境行为做出承诺，从而使得 HSE 管理体系的实施与运行得到充足的资源。实践证明，高层管理者的决心与承诺不仅是组织能够启动 HSE 管理体系建设的内部动力，而且也是动员组织不同部门和全体员工积极投入 HSE 管理体系建设的重要保证。在此阶段，特别需要高层管理者：

① 明确 HSE 管理应为组织整个管理体系的优先事项之一，将健康、安全与环境管理纳入组织管理决策的重要议事日程中。

② 认识到建立 HSE 管理体系的目的和意义。

③ 理解实施 HSE 管理体系对组织成本效益、公众形象、HSE 管理、组织管理功能方式等方面的促进作用。

④ 承诺为建立 HSE 管理体系及有关活动提供必要的资源保证。

(2) 成立体系建立组织机构

当组织的最高管理者决定建立 HSE 管理体系后，首先要从组织上给予落实和保证，通常需要成立一套体系建立组织机构，一般包括：

① 成立领导小组；

② 任命管理者代表；

③ 组建工作小组。

此外，视组织的规模、特点的不同或 HSE 管理体系建立的需求和进展状况，还可以在相应层次上进行有关人员机构的组织安排。

(3) 宣传和培训

宣传和培训是 HSE 管理体系建立，转变传统观念，提高健康、安全与环境意识的重要基础。体系建立的组织机构在开展工作之前，首先应接受 HSE 管理体系标准及相关知识的培训。同时，当组织依据标准所建立的 HSE 管理体系文件正式发布后，需要对全员进行文件培训。另外，组织体系运行需要的内审员也要进行相应的培训。宣传培训的内容应主要围绕管理体系的建立来安排。根据组织推行管理体系工作的需要，宣传培训依照管理层次不同，内容要有所侧重。

2. 初始风险评价

初始风险评价（或称初始状态评审）是建立 HSE 管理体系的基础，其主要目的是了解组织健康、安全与环境管理现状，为组织建立 HSE 管理体系搜集信息并提供依据。

（1）初始风险评价的内容

根据建立 HSE 管理体系的需要，初始风险评价可包括如下内容：

① 明确适用的法律、法规及其要求，并评价组织的 HSE 行为与各类法律、法规等的符合性。

② 识别和评价组织活动、产品或服务过程中的环境因素、危险因素，特别是重大环境因素、危险因素。

③ 审查所有现行 HSE 相关活动与程序，评价其有效性。

④ 对以往事件、事故调查以及纠正、预防措施进行调查与评价。

⑤ 评价投入到 HSE 管理的现存资源的作用和效率。

⑥ 识别现有管理机制与标准之间的差距。

（2）初始风险评价的准备

初始风险评价应完成下列准备工作：

① 确定初始风险评价范围。

② 组成初始风险评价组。

③ 现场初始风险评价的准备工作内容：a. 收集和评估数据和信息；b. 初始风险评价方法的选择；c. 建立判别标准；d. 制订计划。

（3）初始风险评价的实施

① 收集信息。收集组织过去和现在的有关 HSE 管理状况的资料和信息等。如组织的 HSE 管理机构、人员职能分配与适用情况；组织的 HSE 管理规章；组织适用的国际公约以及国内法律、法规和标准及其执行情况；组织的 HSE 方针、目标及其贯彻情况；近年来组织的事故情况和原因分析等。

② 进行环境因素的识别与评价。确定环境因素是组织 HSE 管理的基础信息，组织应全面系统地分析，找出全部环境因素。识别环境因素的过程中，需要重点检查涉及以下问题的活动、过程中的环境因素，这些问题包括：向大气的排放、向水体的排放、废物管理、土地污染、原材料使用和自然资源的利用、对局部地区和社会有影响的环境问题以及一些特殊问题。进行环境影响评价需要考虑的基本因素包括：环境影响的规模范围、环境影响的程度大小、环境影响的持续时间、环境风险的概率。

③ 进行危险因素、危害因素的识别与评价。

a. 识别和评价的范围：组织在生产、运行、生活、服务、储存中可能产生的重要危险、危害因素；周围环境对本组织员工危险、危害因素及影响，其中包括自然灾害、地方病、传染病、易发病、气候危险、危害等。

b. 识别与评价的主要内容：组织的地理环境；组织内各生产单元的平面布置；各种建筑物结构；主要生产工艺流程；主要生产设备装置；粉尘、毒物、噪声、振动、辐射、高温、低温等危害作业的部位；管理设施、应急方案、辅助生产、生活卫生设施。

④ 危险、危害因素识别与评价的方法。危险、危害因素识别和评价的方法很多，每一种方法都有其目的性和应用范围。常见的评价方法有：安全检查表、类比法、预先危险性分析、危险度分析法、蒙德法、单元危险性快速划序法。总之，风险评价技术是一门复杂的、技术性很强的学科，其方法多种多样，参加人员需要具有一定的专业知识、理论水平。

（4）初始风险评价报告

① 初评信息的归类。完成初始状态的现场评价后，应认真全面地整理、分析和归纳初始状态评价所获取的大量信息。

② 编写初评报告。将初始状态评价所完成的工作，编制成初始状态评价报告，会更有利于 HSE 管理体系的建立与运行、保持。初始状态评价报告应篇幅适度、结构清晰。报告应涵盖初始评价的主要内容，并对改进有关事项提出建议。

在编制技术方案时要进行 HSE 风险评估，给出 HSE 风险评估及削减措施，建立 HSE 保障体系。图 1-9 是 HSE 保障体系构成图。

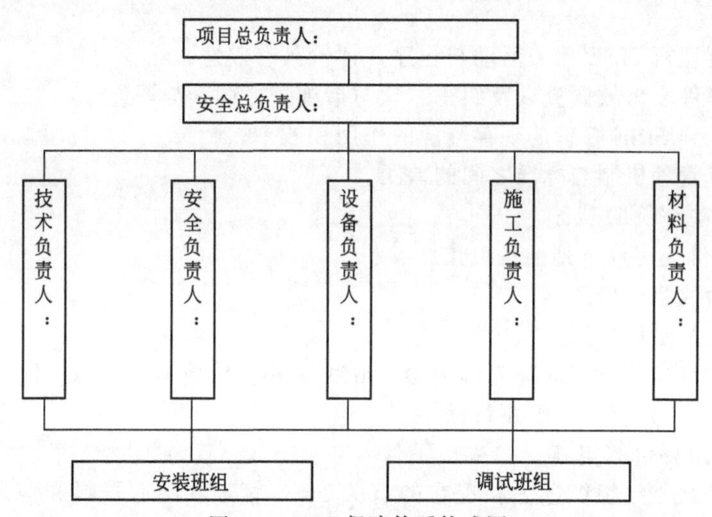

图 1-9　HSE 保障体系构成图

（5）质量控制流程

质量控制流程见图 1-10。

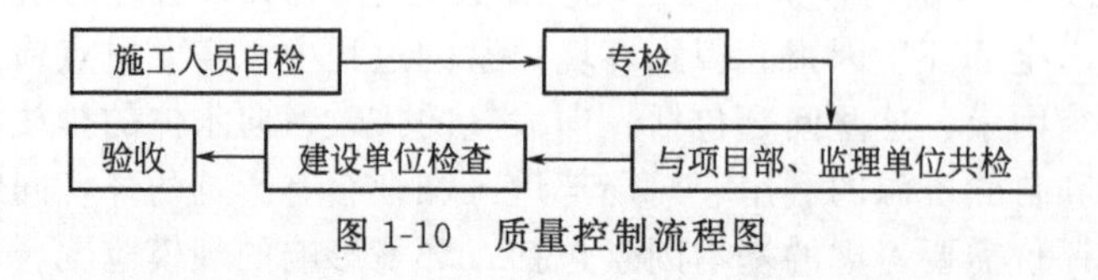

图 1-10　质量控制流程图

（六）某企业针对仪表施工技术方案所做的 HSE 保证体系案例

1. 施工现场 HSE 组织机构

HSE 组织机构如图 1-11 所示。

2. 安全目标

总体目标：死亡率为零、重伤率为零、月轻伤频率 0.2‰以下。

具体目标：安全管理人员持证率 100%，特殊工种持证上岗率 100%，施工现场各项设施合格率 100%，安全防护设施使用率 100%，劳动保护用品及防护用品合格率 100%，发放、使用率 100%。

3. 安全施工的具体措施

① 所有施工的人员必须经过安全教育并经安监部考试合格后方能进厂施工，同时必须按规定劳保着装入厂，在作业中按规定使用劳保用品。

② 进入施工现场后同属地安全部门积极联系，接受安全管理人员的现场安全教育，接

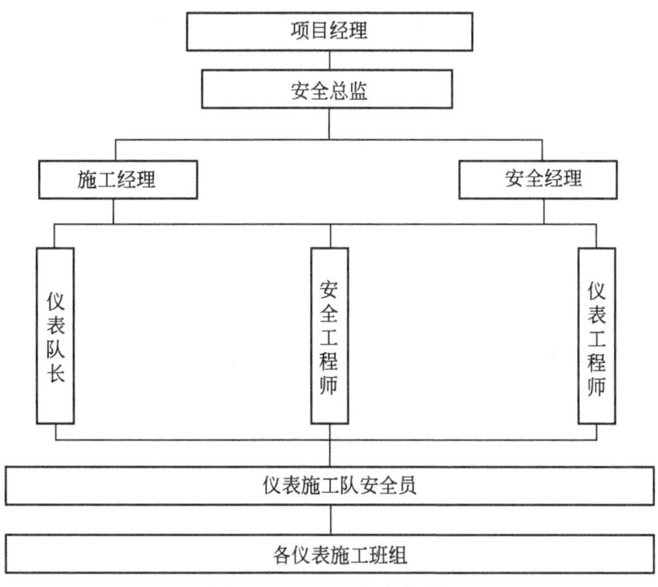

图 1-11　HSE 组织机构

受仪表技术人员的施工交底，充分了解和识别该施工现场的不安全因素。

③ 现场设专职安全员，安全员必须佩戴安全管理袖标。

④ 现场施工前，通知属地安全部门和其他相关部门（如项目部和监理部门等）进行施工现场安全条件确认验收，经验收合格后方可动工。

⑤ 开工后，根据安监部要求办理火票和电票，每天由专职安全员负责各种票证。

⑥ 动火时办理动火手续，动火点必须配备足够的灭火器材及看火人。

⑦ 做好警示标识，防止机械伤害、触电及火灾的发生。

⑧ 施工人员进场必须穿戴合格的劳动保护用品，严禁乱动生产设施、电气仪表和消防设施。

⑨ 高空作业必须要搭设脚手架，安装脚手架、跳板绑扎必须符合规定。

⑩ 严禁高处抛物，同时施工人员高空作业必须系挂安全带，防止高空坠落。

⑪ 电动工具要做好绝缘，防止漏电并安装合格的漏电保护器。

⑫ 大风、台风等恶劣天气施工措施：

• 雷雨天气不露天作业。

• 在预制厂、材料堆场、施工现场、办公区域的周边挖设临时排水沟，防止积水。

• 大风、台风天气应对防雨棚、彩板房拉设钢丝绳进行加固。

• 五级及以上大风天气禁止使用吊车。

• 未安装的仪表要入库，已经安装的仪表要做好防雨防撞击保护工作。

4. 风险因素识别及消除措施

① 风险因素识别见表 1-20。

表 1-20　主要风险因素识别

序号	施工内容	风险因素
1	电缆桥架高空组装	高空坠落、高空坠物
2	起重机吊装	起吊重物(如调节阀)撞伤人

续表

序号	施工内容	风险因素
3	仪表支架电焊焊接	触电、割伤
4	交叉作业	高空坠物、重物撞击

② 主要风险因素消除措施

a.起重吊装的风险消除措施：

·编制科学合理的吊装方法，并经监理和属地项目部批准后才能实施。

·吊装前进行技术方案和安全注意事项交底。

·吊装前应事先了解当地气象信息，当阵风风速大于 10m/s 时不得进行起吊作业。

·必须使用经测试合格的设备，绝不使用已损坏或有缺陷的起重设备。

·所有移动的起重设备，必须定期检查，时间间隔不得超过 6 个月。

·清理吊车旋转范围内的现场，人员不得在此范围内站立和工作。

·绝不超负荷使用吊装滑轮和吊装绳索。

·调整好吊钩在重物上的起吊点，以免吊起时重物摆动。

·起重吊索不断股、不套扣、不缠绕，不在吊绳上打结来缩短绳长。

·所有吊耳及吊点必须经联合检查合格后方可使用。

·吊车站位及行走路线地面需压实，必要时铺设路基。

·吊装时各岗位分工明确，指挥信号准确无误，严禁随意操作。

b.高处坠落风险消除措施：

·作业人员身体条件符合要求，无恐高症。

·作业人员着装符合工作要求。

·作业人员正确佩戴安全帽、安全带，对 2m 以上的作业安全带必须挂牢方可作业，禁止安全带下挂上用。

·作业点下方设警戒区，并有警戒标志。

·现场搭设的脚手架、防护围栏应符合要求。

·垂直分层作业中应有隔离设施。

·梯子和绳梯应符合要求。

·攀登或作业时要手抓牢、脚登稳，避免滑跌，重心失稳。

·夜间高处作业要有充足的照明，必要时安装临时照明灯具。

·特级高处作业配备防爆通信联络工具。

·严禁使用吊车、卷扬机运送作业人员。

c.触电风险消除措施：

·施工用电必须按规定手续申请临时用电证，非电气作业人员不得从事电气作业。

·施工用电线路采用绝缘良好的橡胶或塑料绝缘导线，施工现场不得架设裸体导线。

·凡与电源连接的电气设备，未经验电，一律视为有电。

·施工用电线路送电必须通知用电单位，严禁私自停送电。

·施工用电线路停电后，用电设备均应拉开电源开关，并挂上“严禁合闸”警告牌。

·施工用电配电板上的电源开关应根据电气设备容量而定。实行一闸一保一机制，严禁一闸多用（即 2 台或 2 台以上电动设备共享一台开关）。

·手持电动工具，应装设漏电保护器。

·线路架空或电缆埋地铺设应符合要求，电缆过路或载重车辆有可能碾压的地方必须加穿钢管保护。

d. 坠物伤害的风险消除措施：

- 作业区域下方设警戒区域，禁止区域内有人走动。
- 现场设专人监护。
- 作业人员佩戴好安全帽。
- 施工人员配备工具袋，施工工具和工件有防滑落措施。
- 采取正确的施工方法，作业人员不存在侥幸心理。
- 严禁向下抛投杂物。

思考题

1. 仪表施工的特点有哪些？
2. 仪表施工对仪表安装工有哪些要求？
3. 仪表安装程序可分为哪几个阶段？
4. 一份完整的仪表专业交工资料，应包括哪些内容？
5. 施工技术准备的三个交底指的是什么？
6. 自控专业的技术准备工作中的两个重要的图纸会审指的是什么？
7. 仪表管道分哪几类？
8. 仪表电缆分哪几种类型？
9. 仪表施工图按施工内容可以分为哪几类？
10. 图样形式施工图有哪几种形式？
11. 简述 HSE 概念。
12. HSE 管理体系有哪几个基本要素？
13. 建立 HSE 管理体系的指导原则是什么？
14. 如何实施初始风险评价？
15. “三查四定”的内容是什么？
16. 开通投入运行时，为什么要特别注意安全？
17. 交接验收条件是什么？
18. 交接验收要向建设单位提交哪些文件？

模块二
压力检测仪表安装

压力是工业生产中的重要参数，如高压容器的压力超过额定值时便是不安全的，必须进行测量和控制。在某些工业生产过程中，压力还直接影响产品的质量和生产效率，如生产合成氨时，氮和氢要在一定的压力下才能合成，而且压力的大小直接影响产量高低。此外，在一定的条件下，测量压力还可间接得出温度、流量和液位等参数。

项目一　弹簧管压力表安装

一、学习目标

1. 知识目标

① 熟悉弹簧管压力表的结构和工作原理；

② 掌握弹簧管压力表的选型方法及安装注意事项；

③ 掌握弹簧管压力表的故障判断方法；

④ 掌握弹簧管压力表的校验方法；

⑤ 掌握弹簧管压力表的安装方法。

2. 能力目标

① 具备选择弹簧管压力表的能力；

② 初步具备安装弹簧管压力表的能力；

③ 初步具备对弹簧管压力表的常见故障进行分析判断及处理的能力；

④ 具备校验弹簧管压力表的能力。

二、理实一体化教学任务

理实一体化教学任务参见表 2-1。

表 2-1　理实一体化教学任务

任务	内　容
任务一	认识弹簧管压力表
任务二	选择弹簧管压力表
任务三	分析判断弹簧管压力表常见故障

续表

任务	内　容
任务四	弹簧管压力表的校验
任务五	弹簧管压力表的安装与调试

三、理实一体化教学内容

（一）弹簧管压力表的结构及测量原理

1. 弹簧管压力表的结构

弹簧管压力表的外形及内部结构如图 2-1 所示。

图 2-1　弹簧管压力表外观及内部构造实物图

弹簧管压力表主要由一端面封闭（称自由端）并弯成圆弧形的扁圆（或椭圆）空心管子和一组传动放大机构（简称机芯，它包括拉杆、扇形齿轮、中心齿轮）及指示机构（包括指针、面板上的分度标尺）所组成。

弹簧管是弹性元件之一，它的横截面呈扁圆或椭圆形，弯成 270°，一端固定在管接头上，通入被测的压力信号，另一端是封闭的，不固定，为自由端。当 $p \geqslant 19.6\text{MPa}$ 时，弹簧管选用合金钢或不锈钢的材料。当 $p < 19.6\text{MPa}$ 时，选用磷青铜或黄铜的材料。选用压力表时，还必须注意被测介质的化学性质，例如测量氨气压力时，必须采用不锈钢弹簧管，测量氧气压力时，则严禁沾有油脂，否则将有爆炸危险。

2. 弹簧管压力表的工作原理

如图 2-2 所示，被测压力由接头 9 通入，迫使弹簧管 1 的自由端 B 向右上方扩张。自由端 B 的弹性变形位移通过拉杆 2 使扇形齿轮 3 做逆时针偏转，进而带动中心齿轮 4 做顺时针偏转，使与中心齿轮同轴的指针 5 也做顺时针偏转，从而在面板 6 的刻度标尺上显示出被测压力 p 的数值。由于自由端的位移与被测压力之间具有比例关系，因此弹簧管压力表的刻度标尺是线性的。

由于弹簧管受压后，自由端的位移量很小，因此，必须用一传动放大机构（机芯）将自由端的位移放大，以提高仪表的灵敏度。由图 2-2 可知，指针 5 的位移是经两次放大而实现的。第一次放大：扇形齿轮 3 因拉杆 2 的拉动绕支点旋转时，它的两个端点（2 与 3 上的质点）移动不了同的弧长，从而实现第一次放大；第二次放大：由于中心齿轮的节圆直径远小于扇形齿轮而实现。

游丝 7 用来克服因扇形齿轮和中心齿轮的间隙而产生的仪表变差。改变调整螺钉 8 的位置（即改变机械传动的放大系数），可以实现压力表量程的调整。

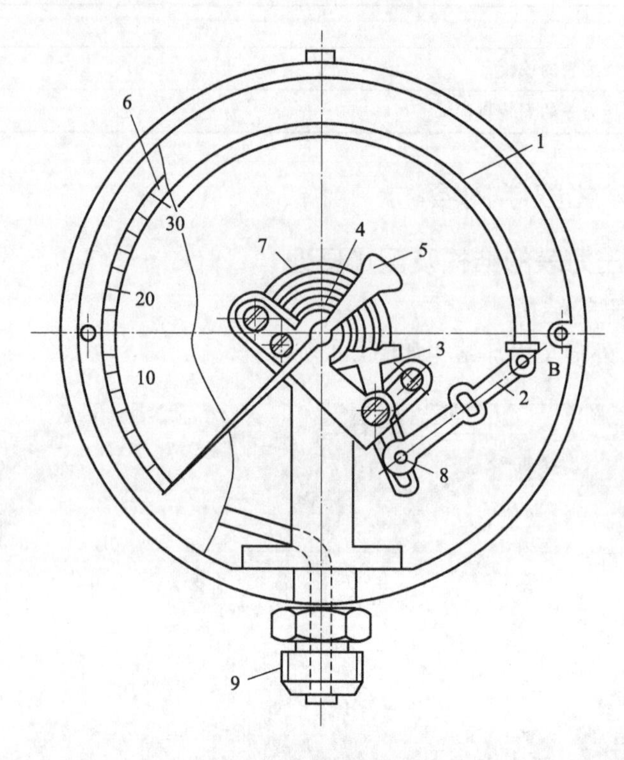

图 2-2　弹簧管压力表

1—弹簧管；2—拉杆；3—扇形齿轮；4—中心齿轮；5—指针；6—面板；7—游丝；8—调整螺钉；9—接头

（二）弹簧管压力表的选择及安装注意事项

1. 压力表的选择

压力表的选用应根据使用要求，针对具体情况做具体分析。在满足工艺技术要求的前提下，做到合理地选择种类、型号、量程和精度等级。有时还需考虑是否带有报警、远传变送等附加装置。

选用依据主要有：

① 工艺生产过程对压力测量的要求。例如，压力测量精度、被测压力的高低以及对附加装置的要求等。

② 被测介质的性质。例如，被测介质的温度高低、黏度大小、是否易燃易爆等。

③ 现场环境条件。例如，高温、腐蚀、潮湿、振动等。

除此以外，对弹性式压力表，为了保证弹性元件能在弹性变形的安全范围内可靠地工作，在选择压力表量程时，必须根据被测压力的性质（压力变化得快慢）留有足够的余地。一般在被测压力较稳定的情况下，最大压力值应不超过满量程的 3/4，在被测压力波动较大情况下，最大压力值应不超过满量程的 2/3。在测量高压时，最大压力值应不超过满量程的 1/2。为保证测量精度，被测压力的最小值应不低于满量程的 1/3。

2. 压力表安装注意事项

压力表的安装一般应考虑以下几个问题。

① 测压点的选择原则：

a. 测压点要选在被测介质做直线流动的直管段上，不可选在管路拐弯、分岔、死角或能形成旋涡的地方。

b. 测量流动介质时，导压管应与介质流动方向垂直，管口与器壁应平齐，并不能有毛刺。

c. 测量液体时，取压点应在管道下部，测量气体时，取压点应在管道上部。

② 引压管的敷设：

a. 引压管应粗细合适，一般内径为 6～10mm，长度应尽可能短，最长不得超过 50m。

b. 引压管水平安装时应保证有 1∶10～1∶20 的倾斜度，以利于积存于其中之液体或气体的排出。

c. 如果被测介质易冷凝或冻结，则必须加装伴热管、并进行保温。

d. 当测量液体压力时，在引压系统最高处应装设集气器；当测量气体压力时，在引压系统最低处应装设水分离器；当被测介质有可能产生沉淀物析出时，在仪表前应加装沉降器。

③ 压力表的安装：

a. 压力表应安装在能满足规定的使用环境条件和易于观察检修的地方。

b. 应尽量避免温度变化对仪表的影响，当测高温气体或蒸汽压力时，应加装冷凝器，如图 2-3 所示。

c. 测量有腐蚀性或黏度较大、有结晶、沉淀等介质压力时，应优选带隔离膜的压力表或远传膜片密封变送器，如图 2-4 所示。

④ 在有振动的情况下使用仪表，应加装减振器。

⑤ 当被测压力波动剧烈和频繁（如泵、压缩机的出口压力）时，应装缓冲器或阻尼器。

⑥ 压力表的连接处，应根据被测压力的高低和介质性质，选择适当的衬料作为密封垫片，以防泄漏。一般低于 80℃ 及 2MPa 时，用牛皮或橡胶垫片；350～450℃ 及 5MPa 以下用石棉或铝垫片，温度及压力更高（50MPa 以下）用退火紫铜或铝垫片。

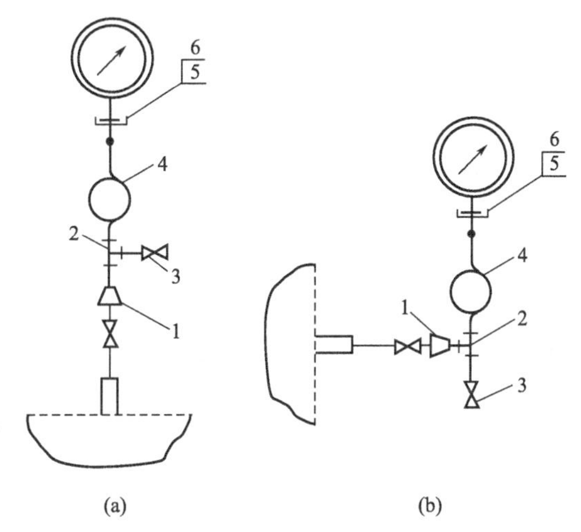

图 2-3　测量蒸汽时压力表安装示意图

1—对焊式异径活接头；2—对焊式三通接头；3—外螺纹截止阀；4—冷凝圈；5—对焊式压力表接头；6—垫片

测量氧气压力时，不能使用浸油垫片、有机化合物垫片；测量乙炔压力时，不得使用铜垫片。因它们均有发生爆炸的危险。

⑦ 取压口到压力表之间应装有切断阀，以备检修压力表时使用。切断阀应装设在靠近取压口的地方。需要进行现场校验和经常冲洗引压导管的地方，切断阀可改用三通开关。

⑧ 当被测压力较小，而压力表与取压口又不在同一高度，对由此高度差而引起的测量误差应按 $\Delta p = \pm H\rho g$ 进行修正。式中 H 为高度差，ρ 为导压管中介质的密度，g 为重力加速度。

⑨ 仪表必须垂直安装。如装在室外时还应加保护罩。

⑩ 为安全起见，测量高压的仪表除选用外壳有通气孔的外，安装时表壳应向墙壁或无人通过之处，以防发生意外。

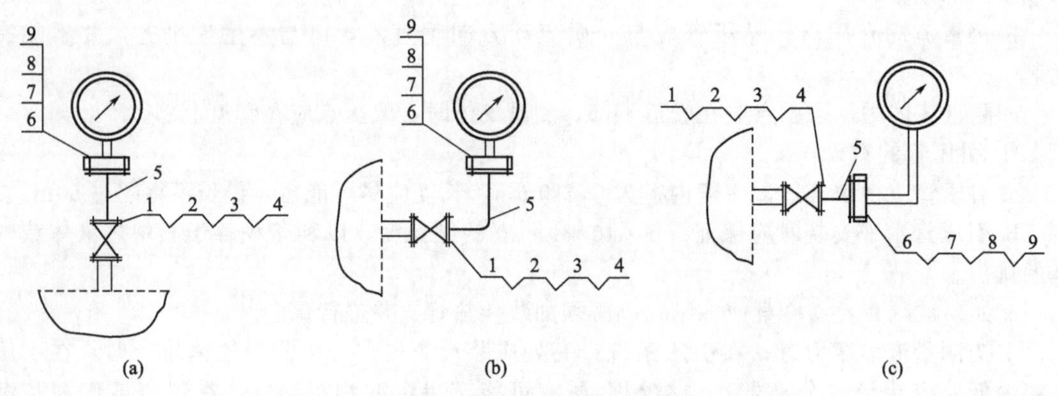

图 2-4 隔膜式压力表安装示意图

1,7—垫片；2,6—法兰；3,8—螺栓；4,9—螺母；5—无缝钢管

（三）弹簧管压力表常见故障现象及排除方法

1. 指针偏离零点，且示值的误差超过允许误差值

故障原因及排除方法：

① 弹簧管产生永久变形。这与负荷冲击过大有关。取下指针重新安装，并调校。必要时更换弹簧管。

② 固定传动机构或传动件的紧固螺钉松动。拧紧螺钉。

③ 扇形齿轮与齿轮轴的初始啮合过少或过多。适当改变初始啮合位置。

④ 在急剧脉动负荷的影响下，使指针在减压时与零位限止钉碰撞过剧，以致引起其指示端弯曲变形。整修或更换指针。

⑤ 机座上的孔道不畅通，有阻塞现象。加以清洗或疏通。

2. 在增减负荷过程中，当轻敲外壳后，指针摆动不止

故障原因及排除方法：

① 游丝的起始力矩过小。适当地将游丝放松或盘紧，以增加起始力矩。

② 长期使用于不良的环境中，或因游丝本身的耐腐蚀性不佳，使弹性逐渐消退，力矩减小。更换游丝。

③ 周围有高频振源。安装减振器。

3. 指针回转时滞钝，且有突跳现象

故障原因及排除方法：

① 传动件配合处存在积污或被锈蚀，造成传动不灵活。适当增大配合间隙或在该处滴少许仪表油或钟表油。

② 机座上的孔道略有阻塞。加以清洗或疏通。

③ 轮轴与轮径不同心。做轮轴矫正。

④ 拉杆两端上的小孔与相连接的零件配合不良。予以校正，直至保持灵活为止。

4. 在增减负荷过程中，轻敲外壳后，示值的变化量远超允许误差值

故障原因及排除方法：

① 齿轮被局部磨损。改变齿轮的啮合位置或更换齿轮。

② 传动机构中的轴或支承孔被磨损。调整或更换。

③ 轮轴与轮径不同心。做轮轴矫正。

④ 游丝的内圈或外圈固定端脱落。将其重新固定好。

5. 指针有抖动

故障原因及排除方法：

① 齿轮积污。用汽油或酒精清洗。

② 指针轴弯曲。校直指针轴。

③ 扇形齿轮倾斜。矫正扇形齿轮平面。

④ 被测介质压力波动大。关小阀门。

⑤ 压力表安装位置有振源。加装减振器。

6. 指针失灵，即在负荷作用下，指针不产生相应的动作

故障原因及排除方法：

① 自由端与拉杆间的销钉或螺钉脱落。重新装上。

② 机座上的孔道被严重阻塞。加以清洗或疏通，必要时拆卸弹簧管进行清洗。

③ 中心齿轮与扇形齿轮之间的传动阻力大。增加齿轮夹板上下间隙，在支柱上加垫片。

（四）弹簧管压力表的校验

弹簧管压力表校验连接如图 2-5 所示。

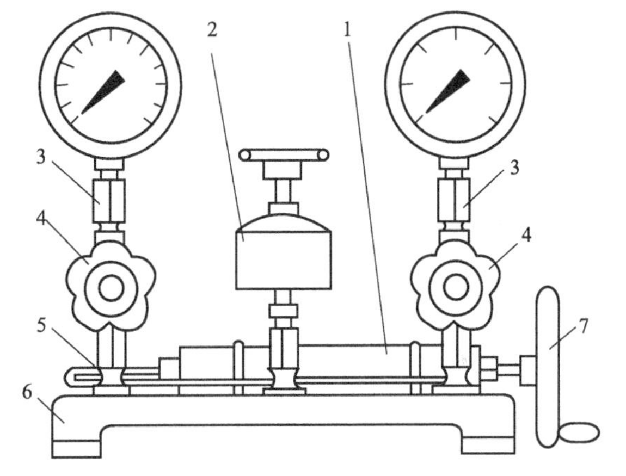

图 2-5　弹簧管压力表校验连接图

1—手摇泵；2—油杯；3—螺母；4—针阀；5—导压管；6—底座；7—手轮

1. 校验内容

选择一只精度为 1.5 级的普通弹簧管压力表作被校表，用“标准表比较法”鉴定它的基本误差、变差和零位偏差，对指针偏转的平稳性（要求指针在偏转过程中不得有停滞或跳动）及轻敲表壳位移量（不得超过允许绝对误差的一半）也应进行检查。在全标尺范围内，总的校验点一般不得少于五点。

2. 校验步骤（要领）

（1） 准备

把压力表校验器平放在便于操作的工作台上。

（2） 注入工作液

工作液一般应根据被校表的测量范围和种类而定。被校表的测量上限在 5.9MPa 以上者，用蓖麻油；反之，可用无酸变压器油；当被校表为氧表时，则应用甘油与酒精混合液。

为使工作液顺利注入压力表校验器，须先开针阀 4、手轮 7，把手摇泵活塞推到底部，旋开油杯阀，揭开油杯盖，将工作液注满油杯 2。关闭针阀 4，反方向转动手轮 7，将工作液吸入手摇泵内（此时油杯内仍应有适量工作液），上油杯盖，装上油杯阀。

（3） 排除传压系统内的空气

关闭油杯阀，打开针阀 4，适当摇动手轮 7，直至两压力表接头处有工作液即将溢出时，关闭针阀 4，打开油杯阀，反向旋转手轮 7，给手摇泵补足工作液，再关闭油杯阀。

（4） 校验

将标准压力表和被校压力表分别装在压力表校验器左右两个接头螺母 3 上，打开针阀 4，用手摇泵 1 加压即可进行压力表的校验。

校验时，先检查零位偏差，如合格，则可在被校表测量范围的35%、50%、75%三处做线性刻度校验，如合格，即可校验各校验点，并在刻度上限做耐压检定3min（精密压力表为5min，弹性元件重新焊接后为10min）。每个校验点应分别在轻敲表壳前后进行两次读数，然后记录各校验点处被校表的指示值（以轻敲表壳后的示值为准）和标准表的示值及轻敲位移量。以同样方式做反行程校验和记录。

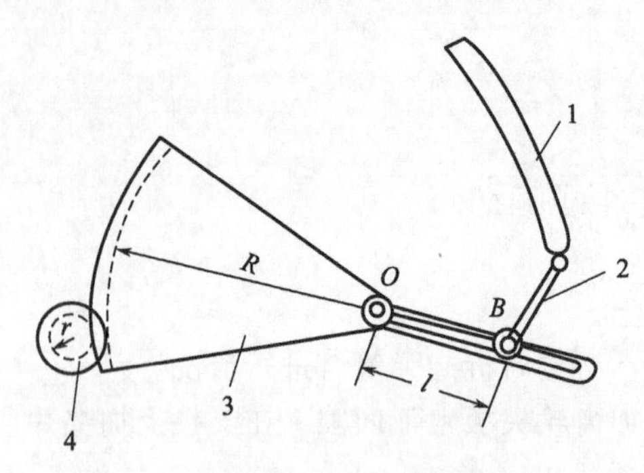

图2-6　弹簧管压力表量程调整示意图

1—弹簧管；2—拉杆；3—扇形齿轮；4—中心齿轮

(5) 零点、量程调整

① 零点的调整。当弹簧管压力表未输入被测压力时，其指针应对准表盘零位刻度线，否则，可用特制的取针器将指针取下对准零位刻度线，重新固定。对有零位限制钉的表，一般要升压在第一个有数字的刻度线处取、装指针，以进行零位调整。

② 量程的调整。如果压力表的零点已调准，当测量上限时其示值超差，则应进行量程调整。其做法是调整扇形齿轮与拉杆的连接位置，以改变图2-6中OB的长短，即可调量程。要结合零位调整反复数次才能奏效。

3. 数据处理

(1) 记录

原始数据填入表2-2。

表2-2　原始数据记录参考表

被校表示值							
标准表示值	正行程	轻敲表壳前					
		轻敲表壳后					
		轻敲位移					
	反行程	轻敲表壳前					
		轻敲表壳后					
		轻敲位移					
基本误差/%							
变差/%							
精度							

(2) 误差运算

计算被校表的引用误差、变差，画出压力表的校正曲线，判断被校表是否合格（定级）。

（五）弹簧管压力表的安装与调试

1. 压力表取源部件的安装

(1) 压力表取源部件的安装条件

压力表取源部件有两类：一类是取压短节，也就是一段短管，用来焊接管道上的取压点和取压阀门；另一类是外螺纹短节，即一端有外螺纹，一般是G1/2，一端没有螺纹。在管道上确定取压点后，把没有螺纹的一端焊在管道上的压力点（已开孔），有螺纹的一端便直接拧上内螺纹截止阀（一次阀）即可。

不管采用哪一种形式取压，压力取源部件安装必须符合下列条件。

① 取压部件的安装位置应选在介质流速稳定的地方。

② 压力取源部件与温度取源部件在同一管段上时，压力取源部件应在温度取源部件的上游侧。

③ 压力取源部件在施焊时要注意端部不能超出工艺设备或工艺管道的内壁。

④ 测量带有灰尘、固体颗粒或沉淀物等混浊介质的压力时，取源部件应倾斜向上安装。在水平工艺管道上应顺流束成锐角安装。

⑤ 当测量温度高于 60℃的液体、蒸汽或可凝性气体的压力时，就地安装压力表的取源部件应加装环形弯或 U 形冷凝弯。

（2）就地安装弹簧管压力表

水平管道上的取压口一般从顶部或侧面引出，以便于安装。安装压力表，导压管引远时，水平和倾斜管道上取压的方位要求如下：流体为液体时，在管道的下半部，与管道水平中心成 45°的夹角范围内，切忌在底部取压，防止杂质堵塞取压口；流体为蒸汽或气体时，一般为管道的上半部，与管道水平中心线成 0°～45°的夹角范围内，尽量避免在管道顶部取压，防止介质中有气泡产生，影响测量。

（3）导压管（也称引压管）

安装压力表的导压管应尽可能短，并且弯头尽可能少。

① 导压管管径的选择：就地压力表一般选用 ϕ18mm×3mm 或 ϕ4mm×2mm 的无缝钢管。压力表环形弯或冷凝弯优先选用 ϕ18mm×3mm 无缝钢管。引远的导压管通常选用 ϕ14mm×2mm 无缝钢管。压力高于 22MPa 的高压管道应采用 ϕ14mm×4mm 或 ϕ14mm×5mm 的优质无缝钢管。在压力低于 16MPa 的管道上，导压管有时也采用 ϕ18mm×3mm 无缝钢管，但它冷煨很难一次成型，一般不常用。对于低压或微压的粉尘气体，常采用 1in（1in＝0.0254m）水煤气管作为导压管。

② 导压管水平敷设时，必须要有一定的坡度。一般情况下，要保持 1∶10～1∶20 的坡度。在特殊情况下，坡度可达 1∶50。管内介质为气体时，在管路的最低位置要有排液装置（通常安装排污阀）。管内介质为液体时，在管路的最高点设有排气装置（通常情况下安装一个排气阀，也有的安装气体收集器）。

（4）隔离法测量压力

腐蚀性、黏稠的介质的压力采用隔离法测量，分为吹气法和冲液法两种。吹气法进行隔离，用于测量腐蚀性介质或带有固体颗粒悬浮液的压力。冲液法进行隔离，适用于黏稠液体以及含有固体颗粒的悬浮液。

采用隔离法测量压力的管路中，在管路的最低位置应有排液的装置。灌注隔离液有两种方法。一种是利用压缩空气引至专用的隔离液罐，从管路最低处的排污阀注入，以利管路内空气的排出，直至灌满顶部放置阀为止。这种方法特别适用于变送器远离取压点安装的情况。另一种方法是变送器就近取压点安装时，隔离液从隔离容器顶部丝墙处进行灌注。为易于排净管路内的气泡，第一种方法为好。

（5）垫片的选择

各类压力表及压力变送器的垫片通常采用聚四氟乙烯垫片，也可采用耐油橡胶石棉板制作的垫片。蒸汽、水、空气等不是腐蚀性的介质，垫片的材料可选普通的石棉橡胶板。

(6) 接头螺纹

普通常规压力表（Y-100及以上规格）的接头螺纹与压力变送器接头一样，是M20×1.5螺纹。

(7) 阀门及压垫式管接头

用于测量工作压力低于50kPa，且介质无毒害及无特殊要求的取压装置，可以不安装切断阀门；压垫式管接头又称之为压力表底座，它起到连接阀门与压力表的作用。

(8) 焊接要求

取压短节的焊接、导压管的焊接，其技术要求完全与同一介质的工艺管道焊接要求一样(包括焊接材料、无损检测及焊工的资格)。

(9) 安装位置

就地弹簧管压力表的安装位置必须便于观察。泵出口的压力表必须安装在出口阀门前。

2. 弹簧管压力表的调试

(1) 标准压力试验台

根据压力表测量范围的大小，选择与其相配的标准压力模块对其进行校验，比如压力表测量范围是0～1MPa，所选择标准压力模块的范围应该在0～1.2MPa。校验范围满足是测量范围的1.2倍左右的要求，所调校的压力表精确度较高，误差小，对生产工艺参数的测量直观、精准。

(2) 就地压力表的调试

① 调试准备：工具、材料的准备，如扳手、硅油、布、管连接头、垫片、标准压力表等。

② 调试前检查：压力表量程的确认，标准压力模块的确认。

③ 调试步骤：

a. 用布清理标准压力试验台，使其台面清洁、无灰尘。

b. 连接管连接头，加垫片后用扳手紧死。

c. 安装被调校压力表至标准压力试验台的被校验侧，安装标准压力表至标准压力试验台的校验侧，检查标准压力模块的连接，加垫片后用扳手紧死。

d. 往标准压力试验台的注油罐内轻轻注硅油，打开阀门，检查是否有漏油现象，如有硅油渗漏，重新加垫片后用扳手紧死。

e. 调校开始轻轻摇丝杠，使油均匀注满管路内，观察压力上升的情况，继续加压，对比被调校压力表和标准压力表的刻度指示，记录两块压力表相同值时的上升刻度指示，加压至满量程；轻轻泄压，记录两块压力表相同值时的下降刻度指示，直至泄压为零；分别对比各相同值间的上升与下降误差值是否超出仪表的允许误差值，如超出允许误差值，可向左或向右轻轻调整被调校压力表的调整螺钉，粗调整完毕后，再次轻轻加压至满量程，记录两块压力表相同值时的上升刻度指示；轻轻泄压，记录两块压力表相同值时的下降刻度指示，直至泄压为零；再次分别对比各相同值间的上升与下降误差值是否超出仪表的允许误差值，如超出允许误差值，可向左或向右轻轻调整被调校压力表的调整螺钉，反复几次调整至允许误差值内，调校完毕并作好调校记录。

f. 调校完的压力表便可安装到施工现场。

④ 需要特别注意的问题：

a. 压力表受压后，自由端的位移变形，被校压力表需轻轻加压或轻轻泄压。

b. 调整螺钉时，切记要轻轻向左或向右调整，动作切勿过大，否则容易拧断张丝，损坏压力表。

项目二 压力变送器安装

一、学习目标

1. 知识目标

① 熟悉压力变送器的结构和工作原理；
② 掌握压力变送器的选型方法及安装注意事项；
③ 掌握压力变送器的故障判断方法；
④ 掌握压力变送器的校验方法。

2. 能力目标

① 具备选择压力变送器的能力；
② 初步具备安装压力变送器的能力；
③ 初步具备对压力变送器的常见故障进行分析判断及处理的能力；
④ 具备校验压力变送器的能力。

二、理实一体化教学任务

理实一体化教学任务参见表 2-3。

表 2-3 理实一体化教学任务

任务	内 容
任务一	认识 EJA 压力变送器
任务二	熟悉压力变送器的选型方法和安装注意事项
任务三	分析判断压力变送器常见故障
任务四	EJA 压力变送器的校验
任务五	EJA 压力变送器的安装

三、理实一体化教学内容

（一）压力变送器的结构及测量原理

1. 压力变送器测量原理

图 2-7 所示为压力变送器的外观图。

压力变送器（pressure transmitter）是指以输出为标准信号的压力传感器，是一种接受压力变量按比例转换为标准输出信号的仪表。它能将测压元件传感器感受到的气体、液体等物理压力参数转变成标准的电信号（如 4～20mA DC 等），以供给指示报警仪、记录仪、调节器等二次仪表进行测量、指示和过程调节。

以 EJA 压力变送器为例，EJA 变送器全称叫 DPharp EJA 差压压力变送器（differential pressure/pressure high accuracy resomamt sensor pressure transmitter），是由日本横河电机株式会社于 1994 年开发的高性能智能式差压、压力变送器，采用了先进的单晶硅谐振式传感器技术。图 2-8 为 EJA110A 差压式变送器的外观图，它可用于工业现场液体、气体、蒸气的流量、液位及压力测量。

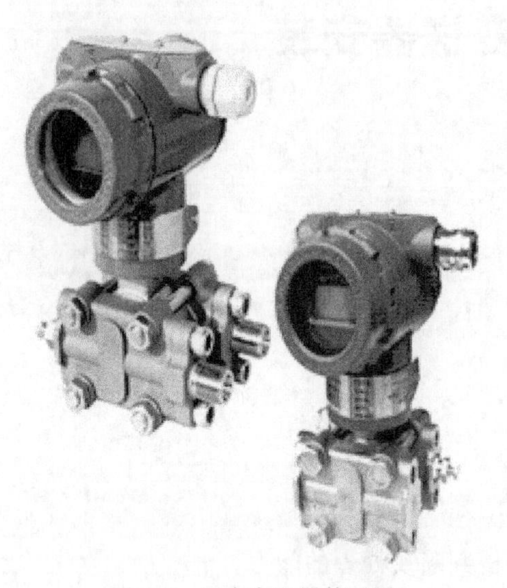

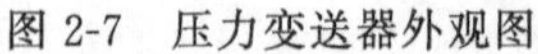

图 2-7　压力变送器外观图

图 2-8　EJA110A 差压式变送器的外观图

由单晶硅谐振式传感器上的两个 H 形的振动梁分别将差压、压力信号转换成频率信号，送到脉冲计数器，再将两频率之差直接传递到 CPU 进行数据处理，经 D/A 转换器转换为与输入信号相对应的 4～20mA DC 的输出信号，并在模拟信号上叠加一个 BRAIN/HART 数字信号进行通信。膜盒组件中内置的特性修正存储器存储传感器的环境温度、静压及输入/输出特性修正数据，经 CPU 运算，可使变送器获得优良的温度特性和静压特性及输入/输出特性。通过 I/O 口与外部设备（如手持智能终端 BT200 或 275 以及 DCS 中带通信功能的 I/O 卡）以数字通信方式传递数据，即高频 2.4kHz（BRAIN 协议）或 1.2kHz（HART 协议）数字信号叠加在 4～20mA 信号线上，在进行通信时，频率信号对 4～20mA 信号不产生任何的影响。

2. 结构

(1) 结构原理

单晶硅谐振传感器的核心部分，即在一单晶硅芯片上采用微电子机械加工技术（MEMS），分别在其表面的中心和边缘做成两个形状、大小完全一致的 H 形谐振梁（H 形谐振器有两个振梁），且处于微型真空腔中，使其既不与充灌液接触，又确保振动时不受空气阻尼的影响。

(2) 谐振梁振动原理

硅谐振梁处于由永久磁铁提供的磁场中，与变压器、放大器等组成一正反馈回路，让谐振梁在回路中产生振荡。

(3) 受力情况

当单晶硅片的上下表面受到压力并形成压力差时将产生形变，中心处受到压缩力，边缘处受到张力，因而两个 H 形谐振梁分别感受不同应变作用，其结果是中心谐振梁受压缩力而频率减少，边缘谐振梁因受张力而产生频率之差，对应不同的压力信号。

(二) 压力变送器选型原则

在压力/差压变送器的选用上主要以被测介质的性质指标为准，以节约资金、便于安装和维护为参考。如果被测介质为高黏度、易结晶、强腐蚀的，必须选用隔离型变送器。

1. 考虑介质性质的影响

在选型时要考虑被测流体介质对膜盒金属的腐蚀，一定要选好膜盒材质，否则使用后很短时间就会将外膜片腐蚀坏，法兰也会被腐蚀坏而造成设备或人身事故，所以膜盒材质的选择非常关键。变送器的膜盒材质有普通不锈钢、304 不锈钢、316/316L 不锈钢、钽材质等。

2. 考虑操作条件的影响

在选型时要考虑到被测介质的温度，如果温度高，达到 200～400℃，要选用高温型，否则硅油会产生汽化膨胀，使测量不准确。

在选型时要考虑设备的工作压力等级，变送器的压力等级必须与应用场合相符合。从经济角度上讲，外膜盒及插入部分材质比较重要，要选合适，但连接法兰可以降低材质要求，如选用碳钢、镍铬等，这样会节约很多资金。

3. 其他方面的考虑

隔离型压力变送器最好选用螺纹连接形式，这样既节约资金，又安装方便。

对于普通型压力和差压变送器选型，也要考虑到被测介质的腐蚀性问题，但使用的介质温度可以不予考虑，因为普通型是引压到表内，长期工作时温度是常温，但普通型的维护量要比隔离型大。首先是保温问题，气温在零下时导压管会结冰，变送器无法工作甚至损坏，这就要增加伴热和保温箱等装置。

从经济角度上来讲，选用变送器时，只要不是易结晶介质都可以采用普通型变送器，而且对于低压易结晶介质也可以加吹扫介质来间接测量（只要工艺允许用吹扫液或气即可）。应用普通型变送器要求维护人员多进行定时检查，包括各种导压管是否泄漏、吹扫介质是否正常、保温是否良好等，只要维护好，大量使用普通型变送器一次性投资就会节约很多。维护时要注意硬件维护和软维护相结合。

从选用变送器测量范围上来说，一般变送器都具有一定的量程可调范围，最好将使用的量程范围设定在它量程的 1/4～3/4 段，这样精度会有所保证，对于微差压变送器来说更是重要。实践中有些应用场合（液位测量）需要对变送器的测量范围迁移，根据现场安装位置计算出测量范围和迁移量进行迁移，迁移有正迁移和负迁移之分。

目前，智能变送器已相当普及，它的特点是精度高、可调范围大，而且调整非常方便，稳定性好，选型时应多考虑。

（三）EJA 变送器组态、校验、故障判断

1. 外部接线盒连接

（1）电源连接

电源线接在“SUPPLY”的＋、－端子上。

（2）外接指示计连接

外接指示计连线接到“CHECK”的＋、－端子上。

注意： 请使用内阻 10Ω 以下的外接指示计。

EJA 变送器接线端子如图 2-9 所示。

（3）BT200 智能终端连接

BT200 接在“SUPPLY”的＋、－端子上（使用针钩）。

（4）校验仪表的连接

校验仪表的连接如图 2-10 所示，校验仪表连接到“CHECK”的＋、－端子上。“CHECK”的＋、－端子可输出 4～20mA DC 的电流信号。

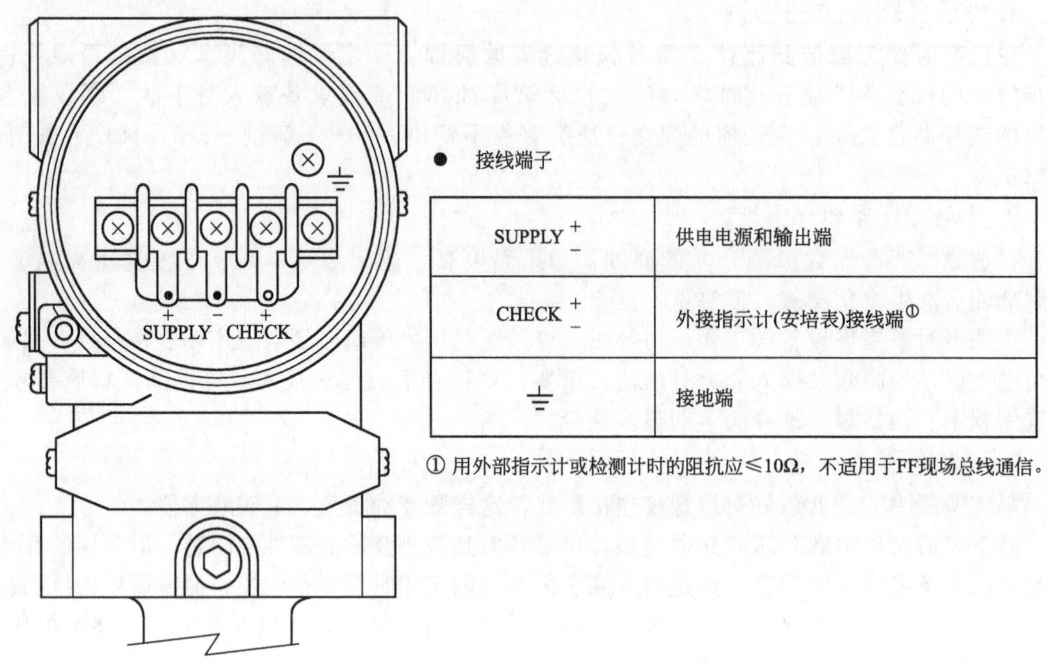

● 接线端子

SUPPLY + −	供电电源和输出端
CHECK + −	外接指示计(安培表)接线端①
⏚	接地端

① 用外部指示计或检测计时的阻抗应≤10Ω，不适用于FF现场总线通信。

图 2-9　EJA 变送器接线端子

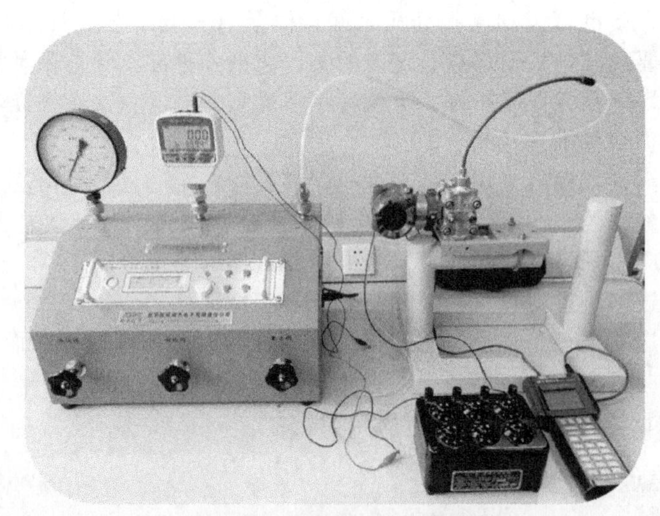

图 2-10　校验仪表的连接图

EJA-110A 智能差压变送器工作电源为 24V DC，变送器输出 4～20mA，遵守 BRAIN 协议。

2. 组态

用手持式智能终端 BT200 实现仪表位号、零点和量程等调整。BT200 手持式智能终端如图 2-11 所示。

BT200 手持式智能终端的面板如图 2-12 所示。

（1）接线图

BT200 与仪表的接线如图 2-13 所示。

注意：① BT200 在关闭电源的情况下，和变送器接线。

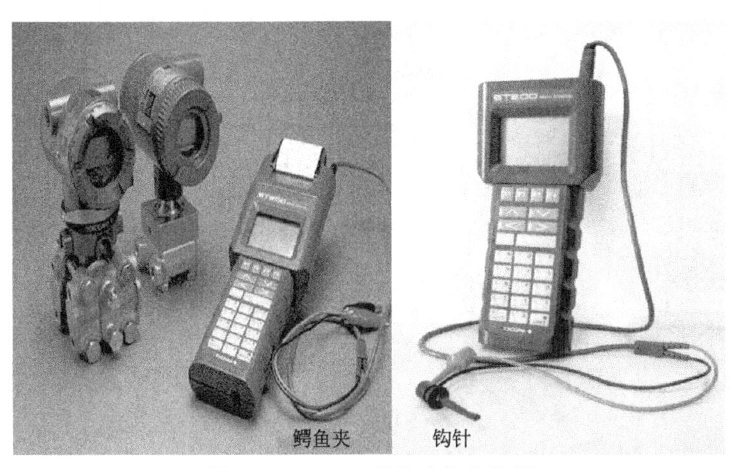

图 2-11　BT200 手持式智能终端

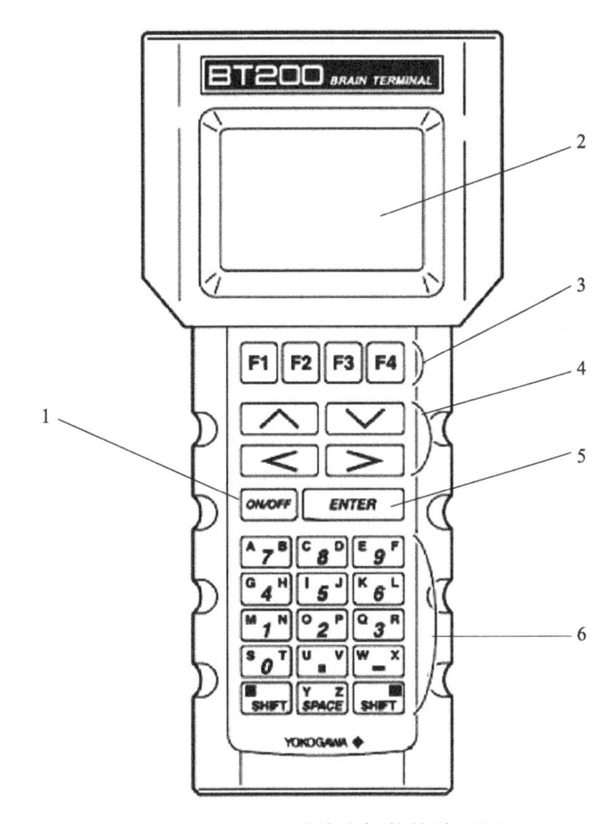

图 2-12　BT200 手持式智能终端面板

1—电源开关键；2—LCD（21 字符×8 行）；3—功能键（用于解释命令，显示于屏幕底部）；4—移位键（条目选择和移动光标）；5—回车键；6—字母数字键［直接输入数字，与换挡键（SHIFT）组合使用输入字母］

② 因为 BT200 以交流信号与接线盒连接，故无极性。

(2) 操作

开机：按下 ON/OFF

BT200 显示屏如图 2-14 所示。

F1 菜单（HOME）

BT200
电源
250Ω
+
−
SUPPLY
CHECK
红表笔
黑表笔

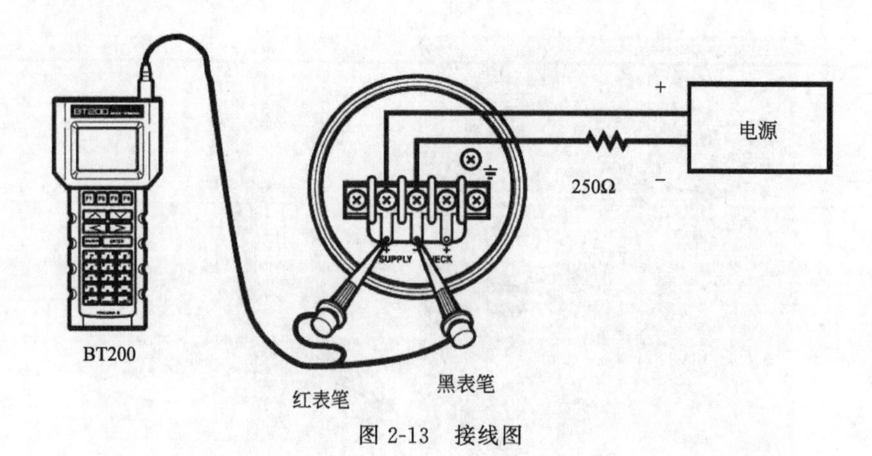

图 2-13　接线图

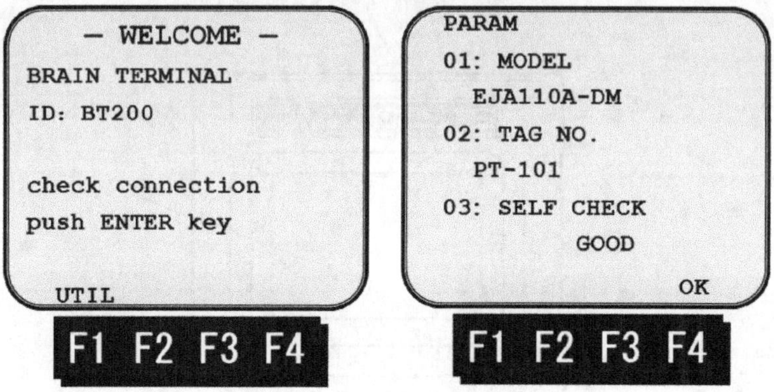

— WELCOME —
BRAIN TERMINAL
ID: BT200
check connection
push ENTER key
UTIL
F1 F2 F3 F4
PARAM
01: MODEL
EJA110A-DM
02: TAG NO.
PT-101
03: SELF CHECK
GOOD
OK
F1 F2 F3 F4

图 2-14　BT200 显示屏（一）

BT200 显示屏如图 2-15 所示。

A：DISPLAY

查看一般信息

B：SENSOR TYPE

校准和设置前查看

F2 菜单（设置）

BT200 显示屏如图 2-16 所示。

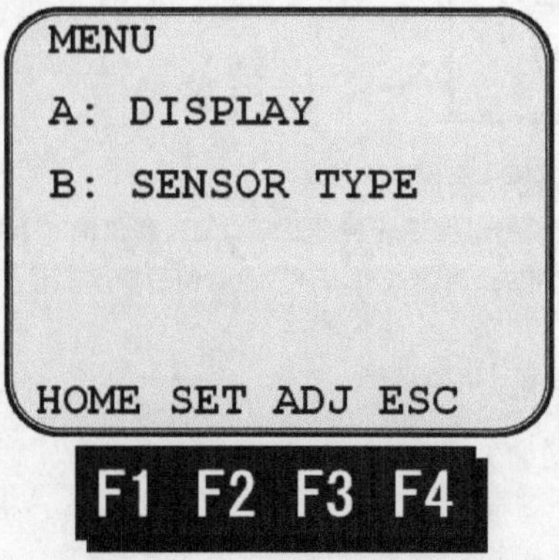

MENU
A: DISPLAY
B: SENSOR TYPE
HOME SET ADJ ESC
F1 F2 F3 F4

图 2-15　BT200 显示屏（二）

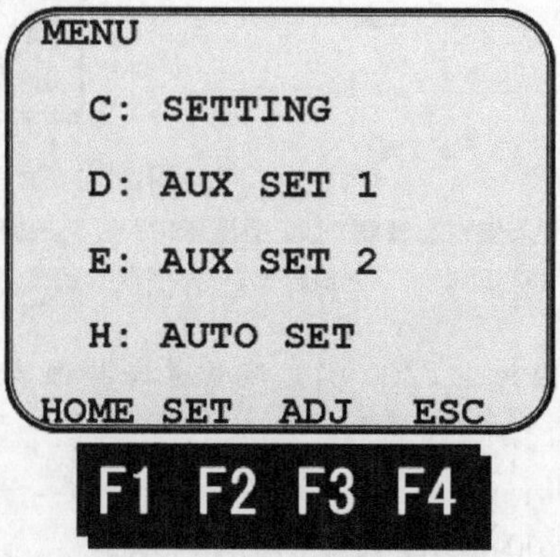

MENU
C: SETTING
D: AUX SET 1
E: AUX SET 2
H: AUTO SET
HOME SET ADJ ESC
F1 F2 F3 F4

图 2-16　BT200 显示屏（三）

C：设置

　变送器基本设置

D：附加设置 1

　用户应用参数

E：附加设置 2

　双向流量 flow

H：自动设置

　利用当前压力快速设置

F3 菜单（调整）

BT200 显示屏如图 2-17 所示，允许访问最终菜单。

J：调整

　自动零点调整

　手动零点调整

K：测试

M：储存信息和记录

P：出错记录

F4 菜单（退出）

C 项目设置如图 2-18 所示。

关键参数设置：

C：setting（数据设置）

　C10：设置位号

　C20：设置测量范围单位

　C21：设置测量范围下限值

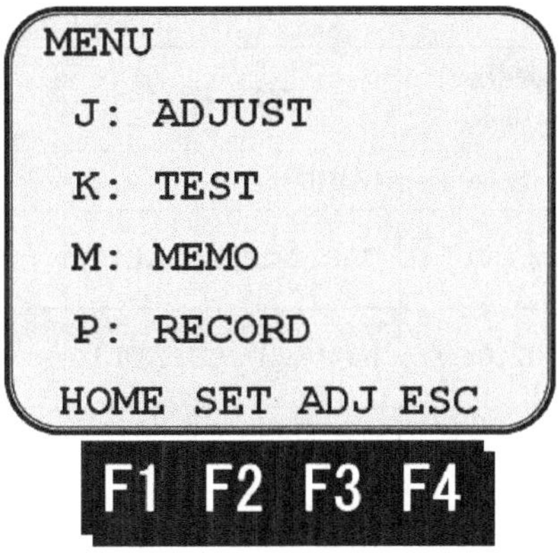

MENU
J: ADJUST
K: TEST
M: MEMO
P: RECORD
HOME SET ADJ ESC
F1 F2 F3 F4

图 2-17　BT200 显示屏（四）

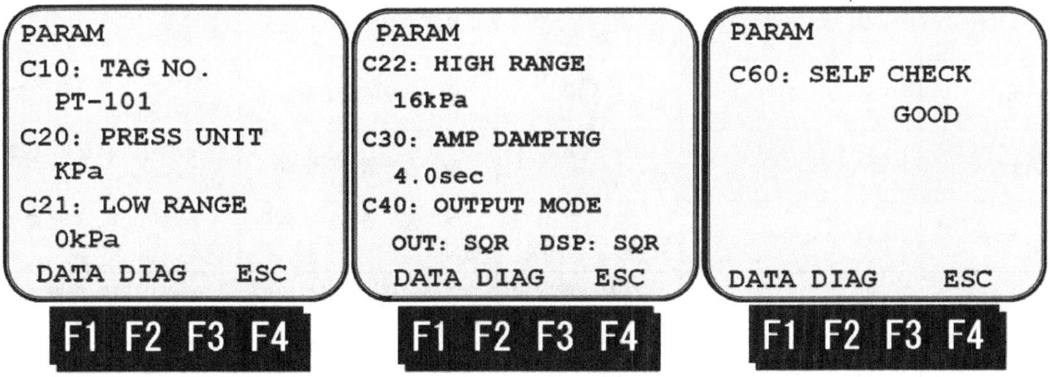

PARAM
C10: TAG NO.
PT-101
C20: PRESS UNIT
KPa
C21: LOW RANGE
0kPa
DATA DIAG ESC
F1 F2 F3 F4

PARAM
C22: HIGH RANGE
16kPa
C30: AMP DAMPING
4.0sec
C40: OUTPUT MODE
OUT: SQR DSP: SQR
DATA DIAG ESC
F1 F2 F3 F4

PARAM
C60: SELF CHECK
GOOD
DATA DIAG ESC
F1 F2 F3 F4

图 2-18　BT200 显示屏（五）

　C22：设置测量范围上限值

　C40：输出指示及显示方式

　　OUT：LIN　DSP：LIN

　　OUT：LIN　DSP：SQR

　　OUT：SQR　DSP：SQR

　C60：自诊信息

操作手操器 BT200/压力控制台，校验 10 组数据。

① 采用五点校正法。用BT200/压力控制台给差压变送器打压，从0%、25%、50%、75%、100%加压力信号，分别测量各点对应的输出电流信号；然后再从100%、75%、50%、25%、0%卸压力信号，分别测量各点对应的输出电流信号。

② 结论确定依据。将各点电流值与标准值比较，其非线性误差应不超过变送器的基本误差。将各点的正行程值减去反行程值，其回差不应超过基本误差。

③ 检定周期。压力变送器校验周期可根据现场使用条件、自身的稳定性来确定，一般为一年，在保证设备安全运行的前提下，可以随主设备进行周期校验。如果对其指示值有怀疑，应立即校验。

（3）常见故障分析判断

EJA110A变送器的错误信息见表2-4。

表2-4　EJA110A变送器的错误信息表

内藏指示计显示	BT200显示	原因	出错时的输出状态	措施
None	GOOD			
Er. 01	CAP MODULE FAULT	膜盒错误	用D53参数设置，输出信号（保持、高、低）	更换膜盒
Er. 02	AMP MODULE FAULT	放大器错误	用D53参数设置，输出信号（保持、高、低）	更换放大器
Er. 03	OUT OF RANGE	输入超出膜盒测量极限	输出上限值或下限值	检查输入
Er. 04	OUT OF SP RANGE	静压超出规定值	显示当前输出	检查静压
Er. 05	OVER TEMP(CAP)	膜盒温度越界（−50～130℃）	显示当前输出	采取热隔离或加强散热，保持温度在界内
Er. 06	OVER TEMP(AMP)	放大器温度越界（−50～95℃）	显示当前输出	采取热隔离或加强散热，保持温度在界内
Er. 07	OVER OUTPUT	输出超出上下限值	输出上限值或下限值	检查输入和量程设定，并视需要修正
Er. 08	OVER DISPLAY	显示值超出上下限值	显示上限值或下限值	检查输入和显示状态，并视需要修正
Er. 09	ILLEGAL LRV	LRV超出设定值	立即保持错误发生前的输出	检查LRV，并视需要修正
Er. 10	ILLEGAL HRV	HRV超出设定值	立即保持错误发生前的输出	检查HRV，并视需要修正
Er. 11	ILLEGAL SPAN	量程超过设定值	立即保持错误发生前的输出	检查量程，并视需要更改
Er. 12	ZERO ADJ OVER	零点调整范围过大	显示当前输出	重新调零

（四）压力变送器的安装

1. 安装前的准备工作

（1）核对设备

由于提供设备与设计供货厂商、型号不尽相同，故需要根据量程和设计安装方式及工艺介质要求的材质来确定各个位号所对应的变送器。

（2）确定安装位置

各种系列的压力变送器要采用防水、防尘结构，可以安装在任何场所。但从便于日常操作维护、延长使用寿命、保证可靠性等方面考虑，安装位置有如下要求：

① 周围有足够的作业空间，与相邻物体距离（任何方向）大于0.5m；

② 周围无严重的腐蚀性气体；

③ 不受周围的热辐射和阳光直接照射；

④ 防止由于变送器和导压管（毛细管）的振动对输出产生干扰，变送器应安装在无振动场所，导压管（毛细管）应固定。

2. 安装工艺

（1）配管

① 确认变送器高/低压侧。差压变送器两个过程接口均有标识，标识“H”为高压侧，“L”为低压侧，排放阀装在正面下方，导压管装在上方。

② 过程压力引出口的位置，根据被测介质和测点位置而定。当变送器用于检测液体流量时，压力引出口取决于节流装置的安装，但节流装置的安装一般都和变送器取压装置遵循相同的安装标准。

③ 液体流量测量。平衡阀组件与导压管焊接连接，使用不锈钢焊条即可处理。节流装置一般为标准环室孔板、环室1/4喷嘴、托巴流量计和威力巴流量计等，对带腐蚀性流体流量的检测应采用特殊材质的孔板或喷嘴，而对蒸汽、水等非腐蚀性流体可采用托巴或威力巴流量计。

④ 蒸汽流量测量。在过程引出口附近相同高度，需要装两个冷凝容器。冷凝容器和变送器之间的管线中注入冷凝液，为防止空气进入变送器测量室，冷凝液的灌注与隔离液的灌注方式相同。

⑤ 气体流量的测量。在测量气体流量时，要求变送器安装在取压口的上方。

变送器也可以用于测量液体和气体压力，配管方式与流量检测相同，只是低压侧自平衡阀组处直通大气；它还可以用于密闭容器或开口容器的液位检测。

（2）配线

一般现在所使用的变送器采用两线制，也是HART协议进行供电和通信。在变送器配线端子“+”“－”上直接接24V DC电源，此电源线同时用于传输变送器输出信号。外壳接地端子必须可靠接地，在本安或防爆区域，端子盒内接地端子都必须保证可靠接地。

压力检测仪表安装总则

一、取源部件安装

① 压力控制点应选择流速稳定的地方，不允许选在管道弯曲、死角的地方。

② 如果压力取源部件与温度取源部件在同一管段上，应安装在温度取源部件上游侧。

③ 压力取源部件在焊接时，取压管内端不应超出设备或管道的内壁，取压口要求无毛刺、无焊瘤，如图2-19所示。

④ 测量带有灰尘、固体颗粒或沉淀物等物料的压力时，在垂直、倾斜管道和设备上，取压管倾斜向上安装，在水平管道上宜顺物料流出方向安装，如图2-20所示。

⑤ 在水平或倾斜管道上取压，根据介质不同，取压点位置如图2-21所示。

测量气体压力时，取压点在管道的上半部，如图2-21(a)所示。

测量液体压力时，取压点在管道的下半部与管道的水平中心线成0°～45°的范围内，如

图 2-21(b) 所示。

测量蒸汽压力时，取压点在管道的上半部、下半部与管道水平中心线成 0°～45°的范围内，如图 2-21(c) 所示。

⑥ 测量高于 60℃的液体、蒸汽和易凝气体的压力时，就地安装的压力表取源部件应加装环形或 U 形冷凝弯。

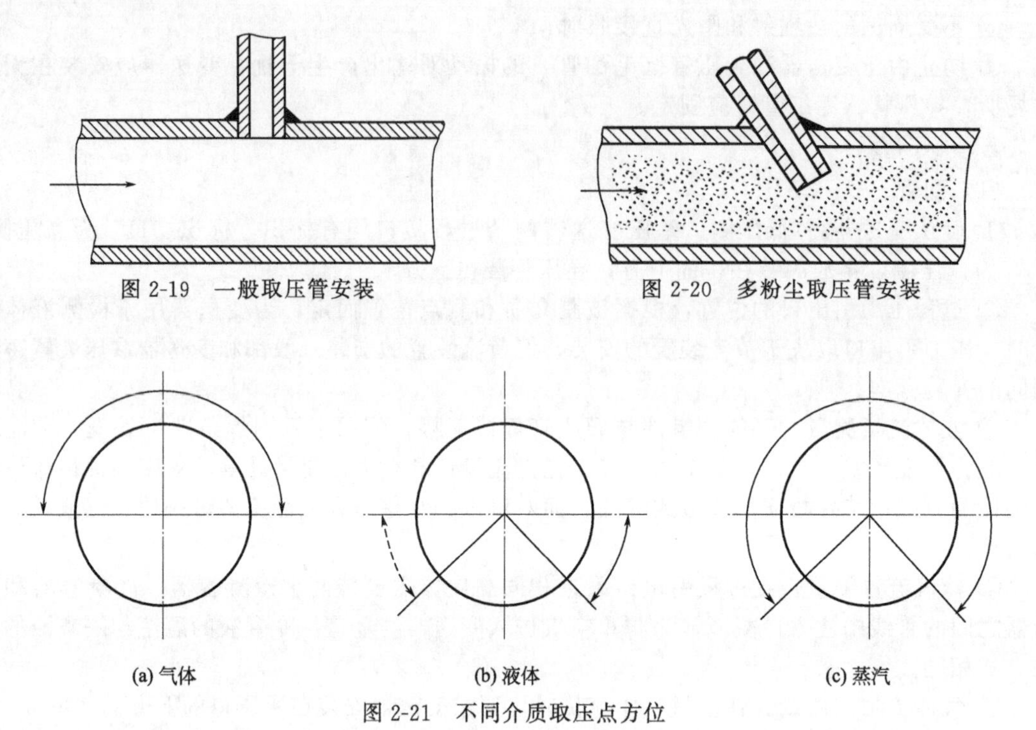

图 2-19　一般取压管安装

图 2-20　多粉尘取压管安装

(a) 气体　(b) 液体　(c) 蒸汽

图 2-21　不同介质取压点方位

二、压力表安装

1. 一般压力表的安装

压力表是生产中运用最多的仪表，安装方法比较简单，多采取单块表就地安装方式，如图 2-22 所示。

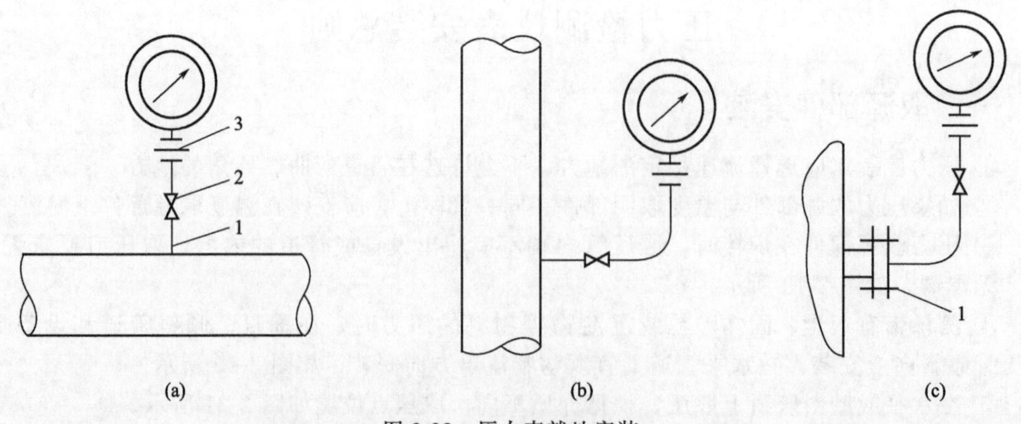

(a)　(b)　(c)

图 2-22　压力表就地安装

1—取压管，取压法兰；2—根部阀；3—压力表接头

有的场合也可以将压力表集中安装在支架上或表盘上。集中安装压力表的支架高度，要符合下列要求：中、低压压力表在1.5～1.6m左右，与人视线相平；高压压力表安装在操作岗位附近时，宜与地面相距1.8m以上，高于人的头部，为保证安全，在压力表正面应加有机玻璃防护罩。

2. 测量特殊介质压力表的安装

(1) 测高温介质压力

温度高于60℃时，会破坏压力表的弹性元件从而引起误差，此时，应该加冷凝管或弹簧弯。一般液体采用U形冷凝管；蒸汽采用弹簧弯，如图2-23所示。

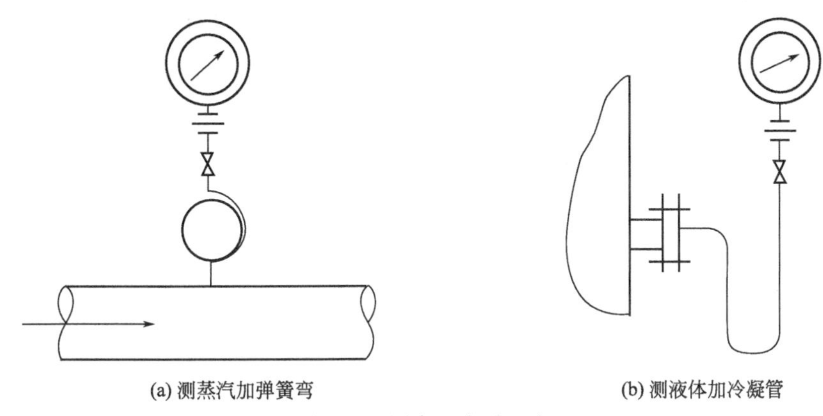

(a) 测蒸汽加弹簧弯　　(b) 测液体加冷凝管

图2-23　测高温介质压力

(2) 测量脉动介质压力

泵出口或压缩机出口压力波动频繁，测脉动介质压力会使压力表指针不停地摆动，既无法看清仪表指示值，又很容易损坏仪表。因此，一般采取以下措施。

① 加缓冲罐，测量气体时，利用缓冲罐增加气容量、减少波动，如图2-24(a) 所示。

② 加限流孔板，以增加阻尼减少脉动，如图2-24(b) 所示。用调节根部阀开度的方法亦可。

③ 对脉动非常大的压力测量，可同时采用缓冲罐和限流孔板。

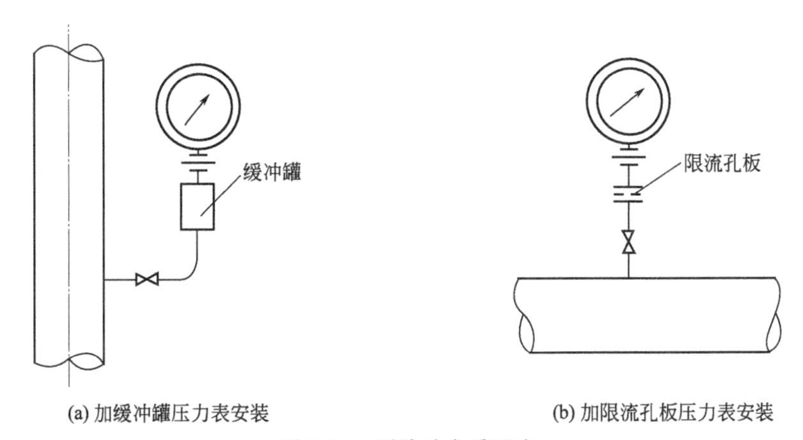

(a) 加缓冲罐压力表安装　　(b) 加限流孔板压力表安装

图2-24　测脉动介质压力

(3) 测腐蚀性介质压力

在测腐蚀性介质压力的场合，为防止仪表及检测元件受腐蚀，可采用隔离法，利用介质与隔腐液密度不同，将介质与仪表分开，如图 2-25 所示。

(4) 测黏性介质或易结晶介质压力

在测黏性介质或易结晶介质压力场合，可采用隔离法。必要时还可以加伴热管。

(5) 测有粉尘或有沉淀物介质压力

对于多粉尘或有沉淀物的气体，为防止管道仪表堵塞，可在取压口处安装除尘器，如图 2-26 所示。

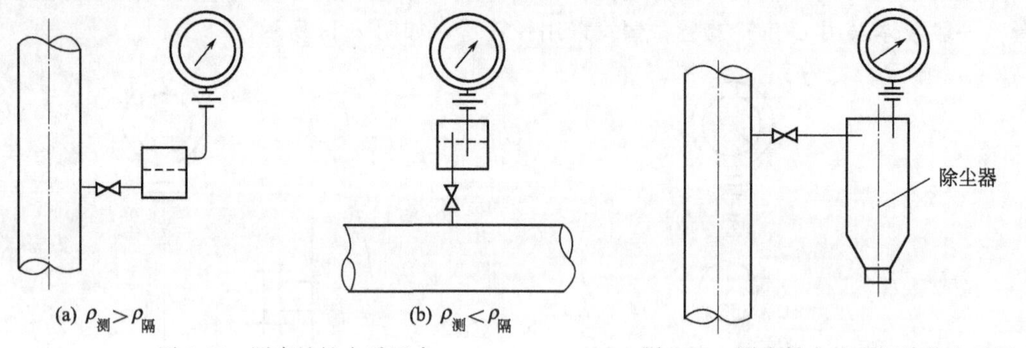

(a) $\rho_{测} > \rho_{隔}$　　(b) $\rho_{测} < \rho_{隔}$

图 2-25　测腐蚀性介质压力　　图 2-26　测多粉尘或有沉淀物介质压力

3. 压力变送器安装

压力变送器（包括差压变送器）一般按施工图安装，所用导压管、阀门安装方式按图施工。图 2-27 为压力变送器标准安装示意图。

<table>
<tr><td rowspan="2">中华人民共和国
行业标准设计</td><td rowspan="2" colspan="2">测量液体压力管路连接图
(变送器低于取压点　螺纹式多路阀)PN 6.3MPa
HOOK-UP DWG OF LIQUID PRESSURE MEASUREMENT(TRANSMITTER BELOW TAP THREADED GAUGE/ROOT VALVE)</td><td colspan="2">HG/T 21581—95
HK06—5</td></tr>
<tr><td>第　张
共　张
OF　SHEET</td><td>总　张　第　张
OF　TOTAL</td></tr>
<tr><td>压力等级:6.3MPa
RATING:</td><td>管件连接形式　对焊
CONN TYPE B. W</td><td>序号
NO.</td><td>位号
TAG NO.</td><td>管道或设备号
PIPE(VESSEL)NO.</td></tr>
<tr><td rowspan="11" colspan="2">1　2　3　4　5　6　7　8　P　I</td><td>1</td><td></td><td></td></tr>
<tr><td>2</td><td></td><td></td></tr>
<tr><td>3</td><td></td><td></td></tr>
<tr><td>4</td><td></td><td></td></tr>
<tr><td>5</td><td></td><td></td></tr>
<tr><td>6</td><td></td><td></td></tr>
<tr><td>7</td><td></td><td></td></tr>
<tr><td>8</td><td></td><td></td></tr>
<tr><td>9</td><td></td><td></td></tr>
<tr><td>10</td><td></td><td></td></tr>
<tr><td colspan="3">注:1. 如需同时安装压力开关等仪表时,件号 3 改为相应的转换接头。
2. 对于清洁液体可取消排放阀和三通。</td></tr>
</table>

<table>
<tr><td>8</td><td>FB010
FB055</td><td></td><td>对焊式直通终端接头 PN6.3MPa　1/2in NPT/ϕ14
B. W. END CDNNECTOR</td><td>CS
0Cr18Ni10Ti</td><td>1</td><td></td></tr>
<tr><td rowspan="2">7</td><td>VB212
VB217</td><td>Q21F-64</td><td>外螺纹球阀 PN 6.3MPa DN10mm ϕ14/ϕ14
MALE THREADED BALL VALVE</td><td>CS
0Cr18Ni10Ti</td><td>2</td><td></td></tr>
<tr><td>VC210
VC211</td><td>J21W-64C
J21W-64P</td><td>外螺纹截止阀 PN 6.3MPa DN10mm ϕ14/ϕ14
MALE THREADED GLOBE VALVE</td><td>CS
0Cr18Ni10Ti</td><td>2</td><td></td></tr>
<tr><td>6</td><td>FB167
FB182</td><td></td><td>对焊式三通接头 PN6.3MPa ϕ14
B. W TEE</td><td>CS
0Cr18Ni10Ti</td><td>1</td><td></td></tr>
<tr><td>5</td><td>PL005
PL205</td><td>GB8163-87
GB2270-80</td><td>无缝钢管 ϕ14×2
SEAMLESS STEEL TUBE</td><td>CS
0Cr18Ni10Ti</td><td></td><td></td></tr>
<tr><td>4</td><td>FB009
FB054</td><td></td><td>对焊式直通终端接头 PN 6.3MPa ZG1/2in/ϕ14
B. W END CDNNECTOR</td><td>CS
0Cr18Ni10Ti</td><td>1</td><td></td></tr>
<tr><td>3</td><td></td><td></td><td>堵头 ZG1/2in
PLUG</td><td>CS
0Cr18Ni10Ti</td><td>1</td><td>由多路阀配套
WITH GAUGE/ROOT VALVE</td></tr>
<tr><td>2</td><td></td><td></td><td>排放阀
BLEEDER VALVE</td><td>CS
0Cr18Ni10Ti</td><td>1</td><td>由多路阀配套
WITH GAUGE/ROOT VALVE</td></tr>
<tr><td rowspan="2">1</td><td>VM102
VM107</td><td></td><td>多路闸阀 PN16MPa DN15mm ZG1/2in(M)/3×ZG1/2in(F)
GAUGE/ROOT GATE VALVE</td><td>CS
0Cr18Ni10Ti</td><td>1</td><td></td></tr>
<tr><td>VM122
VM127</td><td></td><td>多路截止阀 PN16MPa DN15mm ZG1/2in(M)/3×ZG1/2in(F)
GAUGE/ROOT GLOBE VALVE</td><td>CS
0Cr18Ni10Ti</td><td>1</td><td></td></tr>
<tr><td>件号
NO.</td><td>代码
CODE</td><td>图号与标准件
DWG&STD. NO.</td><td>名称与规格
NAME&SIZE</td><td>材料
MATERIAL</td><td>数量
0'TY</td><td>备注
REMARKS</td></tr>
<tr><td colspan="7">安装材料图 INSTALLATION MATERIAL LIST</td></tr>
</table>

图 2-27　压力变送器标准安装示意图

思考题

1. 简述压力表的选择原则。
2. 安装压力仪表时应注意哪些问题？
3. 压力仪表常见的故障有哪些？如何处理？
4. 如何校验弹簧管压力表？

模块三
液位检测仪表安装

物位是工业生产中的重要参数，通过物位的测量，可以正确获知容器设备中所储物质的体积或重量；监视或控制容器内的介质物位，使它保持在一定的工艺要求的高度，或对它的上、下限位置进行报警，以及根据物位来连续监视或调节容器中流入与流出物料的平衡。物位包括料位、液位和界位，在本模块中，理实一体化教学的内容主要是液位检测仪表安装。

项目一　差压式液位计安装

一、学习目标

1. 知识目标

① 熟悉差压式液位计的构成和测量原理；

② 掌握液位检测仪表的选型方法及安装注意事项；

③ 掌握差压式液位计的故障判断方法；

④ 掌握差压式液位计的校验方法；

⑤ 掌握差压式液位计零点迁移调整方法。

2. 能力目标

① 具备选择差压式液位计的能力；

② 初步具备安装差压式液位计的能力；

③ 初步具备对差压式液位计的常见故障进行分析判断及处理的能力；

④ 具备校验差压式液位计和对差压式液位变送器进行零点迁移的能力。

二、理实一体化教学任务

理实一体化教学任务参见表 3-1。

表 3-1　理实一体化教学任务

任务	内　容
任务一	认识差压式液位计
任务二	选择差压式液位计
任务三	分析判断差压式液位计常见故障

续表

任务	内　容
任务四	差压式液位计的校验
任务五	差压式液位计的安装与调试

三、理实一体化教学内容

（一）差压式液位计的构成及测量原理

差压式液位计是利用容器内的液位改变时，液柱产生的静压也相应变化的原理而工作的。差压式液位计有以下几个特点：①检测元件在容器中几乎不占空间，只需在容器壁上开一个或两个孔即可；②检测元件只有一两根导压管，结构简单，安装方便，便于操作维护，工作可靠；③采用法兰式差压变送器可以解决高黏度、易凝固、易结晶、腐蚀性、含有悬浮物介质的液位测量问题；④差压式液位计通用性强，可以用来测量液位，也可以用来测量压力和流量。

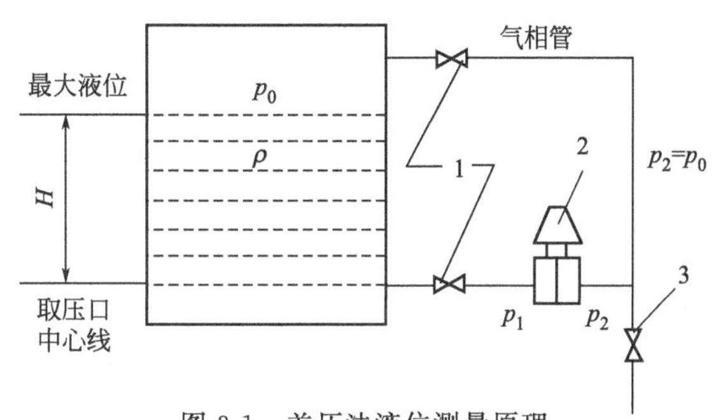

图 3-1　差压法液位测量原理

1—切断阀；2—差压变送器；3—气相管排液阀

1. 基本测量原理

差压法液位测量原理如图 3-1 所示。

差压式液位变送器的正负压室的压力分别为 p_1 和 p_2：

$$p_1=p_0+H\rho g \tag{3-1}$$

$$p_2=p_0 \tag{3-2}$$

式(3-1) 减去式(3-2) 得差压：

$$\Delta p=p_1-p_2=H\rho g \tag{3-3}$$

$$H=\Delta p/\rho g \tag{3-4}$$

式中，Δp 为差压；p_0 为罐的操作压力；ρ 为介质密度；H 为液位高度。

当 $H=0$ 时，$\Delta p=0$，差压变送器的输出等于 4mA，无需进行零点迁移。

只要确保气相管内无冷凝液，$p_1=p_0$，在密度稳定时测得的差压完全代表了液位的高度 H。

差压变送器的输出特性曲线如图 3-2 所示。

2. 差压式液位计的零点迁移问题

在图 3-3 所示的差压式液位测量系统中，h 为冷凝液的高度。当气相不断冷凝时，冷凝液会自动从气相口溢出，回流到被测容器而保持 h 高度不变。当液位在零位时，变送器负端已经受到 $h\rho g$ 的压力，这个压力必须加以抵消。这称为负迁移。

$$p_1=p_0+H\rho g \tag{3-5}$$

$$p_2=p_0+h\rho g \tag{3-6}$$

式(3-5) 减去式(3-6) 得差压：

$$\Delta p=p_1-p_2=H\rho g-h\rho g \tag{3-7}$$

式中，Δp 为差压；p_0 为罐的操作压力；ρ 为介质密度；H 为液位高度。

当 $H=0$ 时，$\Delta p=-h\rho g<0$，差压变送器的输出小于 4mA，需要进行零点负迁移。迁移量：

$$B=-h\rho g \tag{3-8}$$

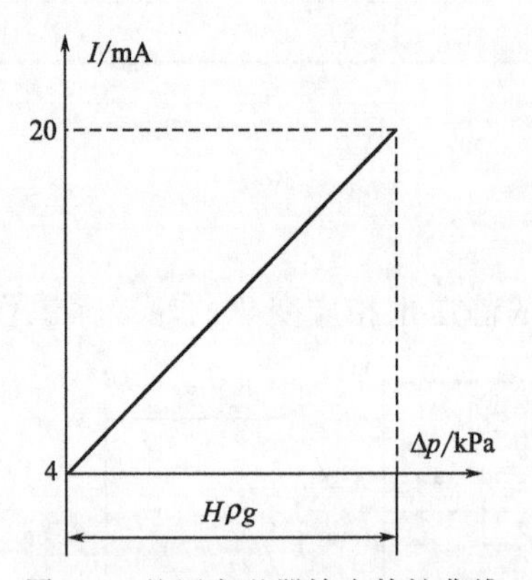

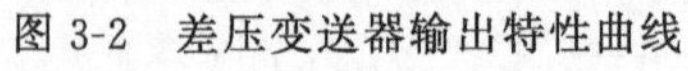

图 3-2　差压变送器输出特性曲线

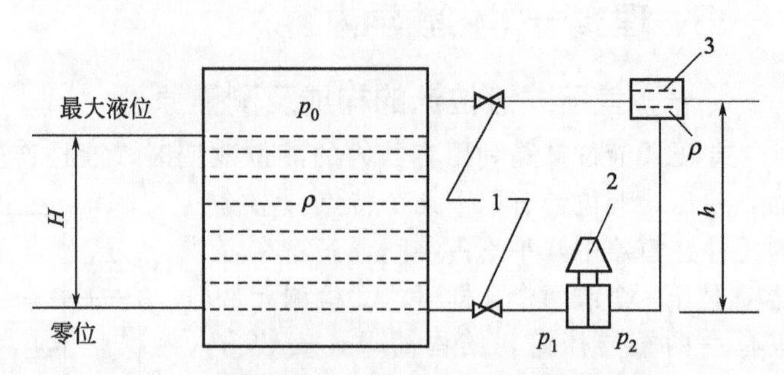

图 3-3　需要进行负迁移的差压法液位计原理图

1—切断阀；2—差压变送器；3—冷凝罐

带有负迁移的差压变送器输出特性曲线如图 3-4 所示。

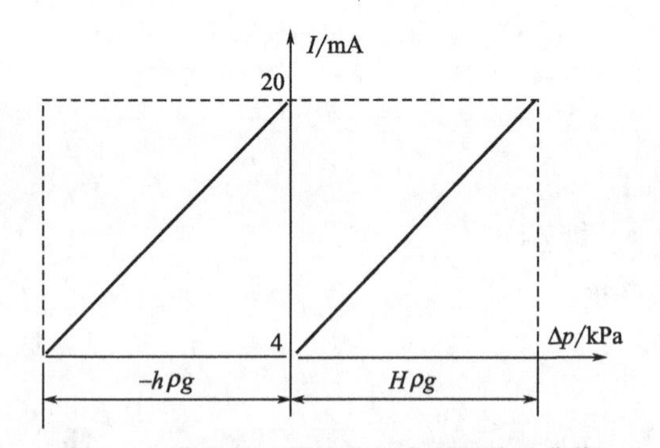

图 3-4　带有负迁移的差压变送器特性曲线

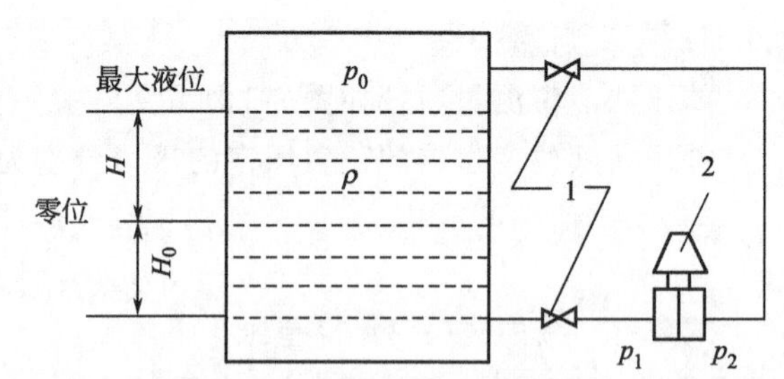

图 3-5　需要进行正迁移的差压法液位计原理图

1—切断阀；2—差压变送器

在图 3-5 所示的差压式液位测量系统中，气相为不凝气体，液位零位与差压变送器高度相差 H_0。

$$p_1=p_0+H\rho g+H_0\rho g \tag{3-9}$$

$$p_2=p_0 \tag{3-10}$$

式(3-9) 减去式(3-10) 得差压：

$$\Delta p=p_1-p_2=H\rho g+H_0\rho g \tag{3-11}$$

式中，Δp 为差压；p_0 为罐的操作压力；ρ 为介质密度；H 为液位高度。

当 $H=0$ 时，$\Delta p=+H_0\rho g>0$，差压变送器的输出大于 4mA，需要进行零点正迁移。迁移量：

$$B=+H_0\rho g \tag{3-12}$$

带有正迁移的差压变送器输出特性曲线如图 3-6 所示。

“迁移”只是同时改变了仪表的量程上下限，而不改变量程的大小。

当被测介质有腐蚀性、易结晶时，可选用带有耐腐蚀膜片的双法兰式差压变送器，迁移

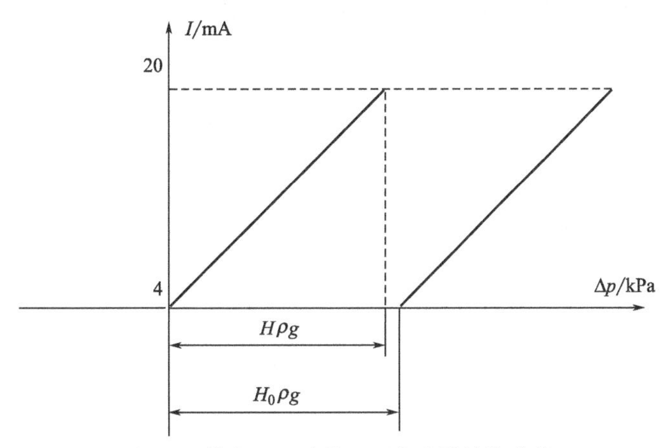

图 3-6　带有正迁移的差压变送器特性曲线

量及仪表的量程的计算仍然可用上面的公式来计算，不过，ρ_1 为毛细管中所充的硅油的密度，h_1 为两个法兰中心高度之差。

(二)差压式液位计的应用

① 当差压计与取压点和取压点与液位零点不在同一水平位置时，应对其因位置高度差而引起的固定压力进行修正，即进行零点迁移。

② 如果被测介质黏稠或易结晶，可采用法兰式差压变送器。

法兰式差压变送器测量液位如图 3-7 所示。变送器与设备通过法兰相连，法兰式测量头中的敏感元件金属膜盒，经毛细管 5 与差压变送器 1 的测量室相通。由膜盒、毛细管、测量室组成的封闭系统内充有硅油，通过硅油传递压力。毛细管的直径较小（一般内径为 0.7～1.8mm），在毛细管的外部套有金属蛇皮保护管，具有可挠性，单根毛细管长度一般在 5～11m 之间可以选择，安装也比较方便，且省去引压导管，从而克服导管的腐蚀和阻塞问题。

法兰式差压变送器分为两大类：单法兰式和双法兰式；不同的结构形式的法兰可使用于不同的场合。选择原则如下：

a. 单法兰。单法兰式差压变送器如图 3-8 所示，用于检测介质黏度大和易结晶、沉淀或聚合引起的阻塞的场合，测量原理如图 3-9 所示。

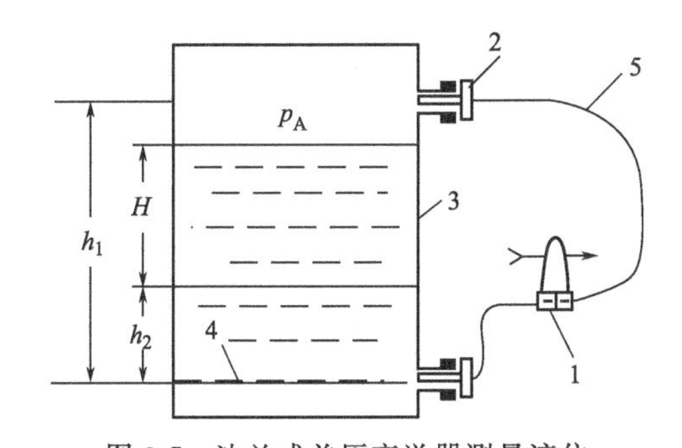

图 3-7　法兰式差压变送器测量液位

1—差压变送器；2—法兰；3—容器；4—液位零点；5—毛细管

图 3-8　单法兰式差压变送器

b. 双法兰。双法兰式差压变送器如图 3-10 所示，被测介质腐蚀性较强且负压室又无法选用适用的隔离液时，可采用双法兰式差压变送器。对于强腐蚀性的被测介质，可用氟塑料薄膜粘贴在金属膜表面上防腐，测量原理如图 3-11 所示。

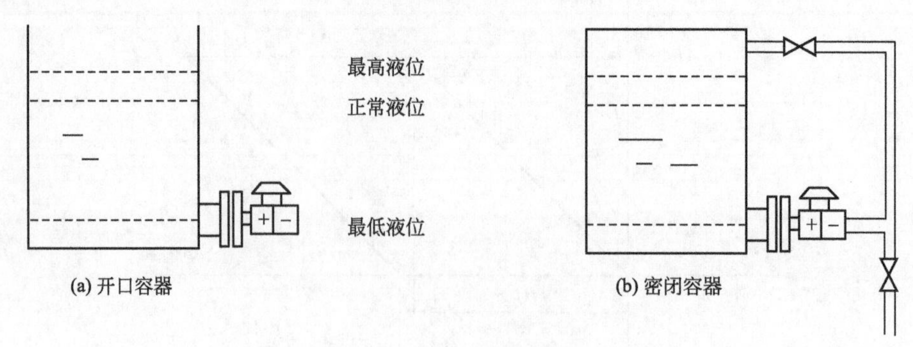

图 3-9　单法兰式差压变送器测量示意图

图 3-10　双法兰式差压变送器

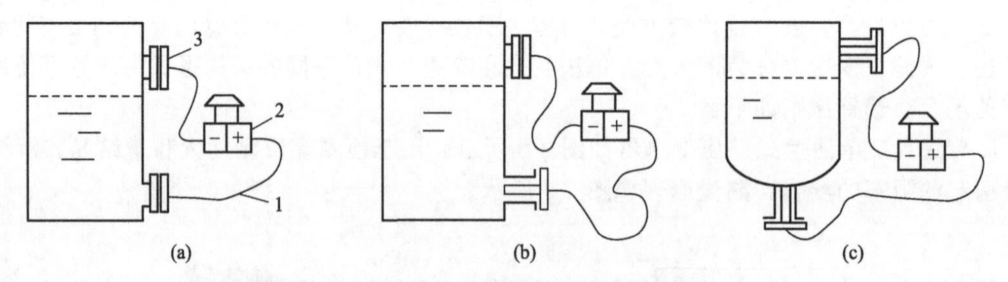

图 3-11　双法兰式差压变送器测量示意图

1—毛细管；2—变送器；3—法兰测量头

(三) 差压式液位计的安装

利用压力（差压）原理测量液位，实质上是压力或差压的测量。因此，压力式液位计或差压式液位计的安装规则基本上与压力表或差压变送器的要求相同。压力表的安装前面已做介绍，此处主要介绍液位检测中差压（压力）变送器的安装。

1. 差压计引压导管的安装

取压口至差压计之间必须由引压导管连接，才能把被测压力正确地传递到差压变送器的正、负测量室。引压管的安装要求如下：

① 引压导管应按最短距离敷设，它的总长度不应超过 50m，但不得小于 3m。管线的弯曲处应该是均匀的圆角，拐弯曲率的半径不小于管外径的 10 倍。

② 引压导管的管路应该保持垂直或与水平之间不小于 1∶10 的倾斜度，并加装气体、凝液、微粒的收集器和沉淀器等，定期进行排出。

③ 引压导管应既不受外界的影响，又注意保温、防冻。

④ 对有腐蚀作用的介质，为了防腐应加装充有中性隔离液的隔离罐；在测量锅炉汽包水位时，则应加装冷凝罐。

⑤ 全部引压管路应保持密封，而无泄漏现象。

⑥ 引压管路中应装有必要的切断、冲洗、排污等所需要的阀门，安装前必须将管线清理干净。

2. 差压（压力）变送器的安装

差压（压力）变送器的安装地点周围条件（例如温度、湿度、腐蚀性、震动环境等）的选择。如果安装地点的周围条件与变送器使用时规定的要求有明显差别时，应采取相应的预防措施，否则应该更换安装地点。

（四）差压式液位计故障判断

差压式液位计可分为引压管安装和膜盒安装两种方式，而引压管安装方式又分为带冲洗和不带冲洗两种。以下分别对以上三种差压式液位计可能出现的故障做分析（在这里对电源线路方面的问题不做分析）：

1. 膜盒差压式液位计

膜盒差压式液位计，从外观上看就是一个变送器表头、两个带膜片的法兰、两根引压的毛细管。

① 如果是刚安装的膜盒差压式液位计指示不准，那么问题就有以下几个方面的原因：

a. 量程设置不对，需要根据毛细管硅油密度、介质密度和正负压侧高度，重新计算 0% 液位压差值和 100% 液位压差值，把得出的数据再输入表头。

b. 正负压侧两个法兰安装位置对调了，检查正压侧法兰是否安装在罐的正压侧位置（罐下部），如果有错需要更改。

c. 如果根据玻璃板液位计来判断差压液位计的准确性，则需要检查玻璃板的正负压取压口与差压式液位计正负压的取压口是否一致，如果不一致，要计算出玻璃板液位与差压液位的对应数据。

② 已经正常使用一段时间后指示不准，那么问题就有以下几个方面的原因：

a. 毛细管硅油有漏，检查毛细管的完好性。

b. 膜片上的原因：

- 膜片磨损，需要拆检并更换；
- 膜片变形出现漂移，需要拆下正负压两个法兰，放在同一个平面上做零点校正；
- 两个取压口有异物堵塞，需要拆清。

2. 不带冲洗的差压式液位计

① 如果是新安装的表出现指示不准，那么出现的问题有以下几个方面：

a. 量程设置不对，需要根据介质密度和正负压侧高度，重新计算 0% 液位压差值和 100% 液位压差值，把得出的数据再输入表头。

b. 正负压侧两根引压管安装位置对调了，检查正压侧引压管是否安装到变送器的正压侧，如果有错需要更改。

c. 如果根据玻璃板液位计来判断差压液位计的准确性，则需要检查玻璃板的正负压取压口与差压式液位计正负压的取压口是否一致，如果不一致，要计算出玻璃板液位与差压液位的对应数据。

② 已经正常使用一段时间后指示不准，那么问题就有以下几个方面的原因：

a. 变送器零点漂移，需要把表头隔离出来，变送器表头正负压侧都对大气，再到 DCS 对该表做零点校正，如果漂移量太大无法校正，则表头膜片变形严重需要更换新表。

b. 负压侧引压管介质没有充满，需要重新加满液（加入的液体必须是当初用来计算压差时的液体）。

c. 正负引压管堵塞，检查引压管是否畅通，如果不畅则清通。

d. 如果根据玻璃板液位计来判断差压液位计的准确性，则需要检查玻璃板的正负压取压口与差压式液位计正负压的取压口是否一致，如果不一致，要计算出玻璃板液位与差压液位的对应数据。

3. 带冲洗的差压式液位计

带冲洗的差压式液位计与不带冲洗的差压式液位计相比，增加了冲洗系统，多了两个金属转子流量计、七个手阀和一些管路。

① 如果是新安装的表出现指示不准，那么出现的问题有以下几个方面：

a. 量程设置不对，需要根据介质密度、冲洗介质密度和正负压侧高度，重新计算 0%液位压差值和 100%液位压差值，把得出的数据再输入表头。

b. 正负压侧两根引压管安装位置对调了，检查正压侧引压管是否安装到变送器的正压侧，如果有错需要更改。

c. 如果根据玻璃板液位计来判断差压液位计的准确性，则需要检查玻璃板的正负压取压口与差压式液位计正负压的取压口是否一致，如果不一致，要计算出玻璃板液位与差压液位的对应数据。

d. 正负压冲洗转子流量计流量调整不一致，需要先确认正负压侧冲洗旁通手阀完全关死，没有内漏后，再调整转子流量计流量。

② 已经正常使用一段时间后指示不准，那么问题就有以下几个方面的原因：

a. 变送器零点漂移，需要把表头隔离出来，变送器表头正负压侧都对大气，再到 DCS 对该表做零点校正，如果漂移量太大无法校正，则表头膜片变形严重需要更换新表。

b. 正负压侧引压管介质没有充满，关闭正负压侧一次取样手阀，把正负压侧冲洗旁通阀打开少量（感觉有打开就好），把变送器表头处的正负压侧排放手阀打开，直到排出的液体是连续的才关闭正负压侧排放手阀，接着打开正负压侧一次取样阀，最后把两个旁通手阀关死，把两个冲洗转子流量计流量调整为一样。

c. 正负引压管堵塞，检查引压管是否畅通，如果不畅则清通。

d. 如果根据玻璃板液位计来判断差压液位计的准确性，则需要检查玻璃板的正负压取压口与差压液位计正负压的取压口是否一致，如果不一致，要计算出玻璃板液位与差压液位的对应数据。

③ 液位计波动大，问题有以下几个方面的原因：

a. 正负引压管堵塞，造成转子流量计波动，检查引压管是否畅通，如果不畅则清通。

b. 冲洗转子流量计流量无法调节，原因有四个：

- 冲洗管路和一次取压阀堵塞，需要拆清管路；
- 冲洗流量计上的膜片坏了，需要拆下更换膜片；
- 冲洗转子流量计减压阀坏了，检查减压阀并修复（部分冲洗转子流量计不带减压阀）；
- 转子流量计转子卡住，需要拆清流量计。

c. 两个冲洗旁通阀内漏，应更换。

d. 生产提供的冲洗水压力有波动，配合生产检查冲洗水。

应该注意：

· 在检查带冲洗的差压式液位计引压管时，一定要把正负压侧一次取压阀关闭，以免带浆料的介质进入引压管；

· 在正常开车区间，投用正负压侧一次取压阀前，必须保证冲洗转子流量计管路在投用状态（旁通阀最好开些），一次取样阀打开后再把旁通手阀关死，调整好转子流量计流量；

· 往引压管内加液体时，都要保证引压管内没有空气，整根管都是液体。

差压式液位计的常见故障及处理方法见表 3-2。

表 3-2　差压式液位计的常见故障及处理方法

序号	故障现象	故障原因	处理方法
1	无指示	信号线脱落或电源故障	重新接线或处理电源故障
		安全栅坏	更换安全栅
		电路板损坏	更换电路板或变送器
2	指示为最大（或最小）	低压侧（高压侧）膜片、毛细管坏，或封入液泄漏	更换仪表
		低压侧（高压侧）引压阀没打开	打开引压阀
		低压侧（高压侧）引压阀堵塞	清理杂物或更换引压阀
3	指示为偏大（偏小）	低压侧（高压侧）放空堵头漏或引压阀没全开	紧固放空堵头，打开引压阀
		仪表未校准	重新校对仪表
4	指示值无变化	电路板损坏	更换电路板
		高、低压侧膜片或毛细管同时损坏	更换仪表

（五）差压式液位计安装注意事项

差压式液位计是目前应用最广泛的一种液位测量仪表。由于工艺流程的需要，以及有时为了节约导压管材料等经济上的原因，差压式液位计经常安装在工作条件较为恶劣的现场。液位计和导压管安装得正确与否，直接影响其测量的精确程度。

1. 差压式液位计安装基本注意事项

① 防止变送器与腐蚀性或过热的被测介质直接接触；

② 要防止渣滓在导压管内沉积；

③ 导压管要尽可能短；

④ 两边导压管内的液柱压头应保持平衡；

⑤ 导压管应安装在温度梯度和湿度波动小、无冲击和振动的地方。

2. 安装时减少测量误差的方法

① 导压管应尽可能短些；

② 当测量液体或蒸汽时，导压管应向上连接到流程工艺管道，其斜度应不小于 1/12；

③ 对于气体测量时，导压管应向下连接到流程工艺管道，其斜度应不小于 1/12；

④ 液体导压管道的布设要避免出现高点，气体导压管的布设要避免出现低点；

⑤ 两导压管应保持相同的温度；

⑥ 为避免摩擦影响，导压管的口径应足够大；

⑦ 充满液体的导压管中应无气体存在；

⑧ 当使用隔离液时，两边导压管的液位要相同。

（六）差压式液位计的模拟校验法

校验装置及接线如图 3-12 所示。

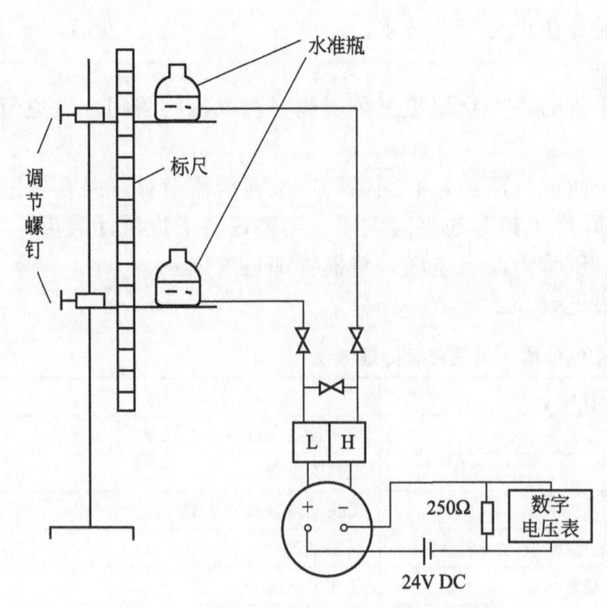

图 3-12 差压式液位计校验装置连接图

将被校差压变送器及读数标尺（可用钢直尺或U形压力计标尺）垂直固定好。准备两个手动气体分析仪用的水准瓶，用橡胶管分别接到差压变送器的三阀组阀门接头上，为使读数方便和准确，可自制一活动支架来放置水准瓶。将三阀组的三只阀门全打开，旋松差压变送器上端的排气螺钉，从任一个水准瓶内灌水；待水从排气螺钉内溢出，排完气泡后，旋紧排气螺钉，并使两水准瓶的水面保持半瓶左右，将两水准瓶置于同高度（通常定为标尺的“0”刻度），使两瓶的水面平衡。送电预热后，检查差压变送器的零位，调节变送器的调零电位器，使之输出为 4mA。调好零位后，关闭平衡阀门。此时抬高与变送器 H 端相连的水准瓶，以改变两个水准瓶的水面垂直距离，并使其为最大测量量程，看变送器的输出是否为 20mA，否则调量程电位器，使输出为 20mA。零位和满量程合乎要求后，再改变水准瓶的水面垂直距离，看中间各量程是否超差。正常后再进行迁移调整工作。正、负迁移的调整视差压变送器的用途而定，通常情况下，测开口容器的液位用正迁移，测封闭容器的液位用负迁移，只是涉及抬高哪只水准瓶的问题。在迁移时升降哪个水准瓶，应根据正、负迁移情况来定。但都是以一个水准瓶的水面作为基准点，将另一个水准瓶沿标尺上下移动，两个水准瓶的水面距离（可从标尺上读数），即为液位 H 值，也即差压 Δp 值。根据仪表量程把移动的那个水准瓶移到液位最高点（或最低点），然后调迁移电位器，使之合乎要求。

测量其他液体及工况下的水位时，应该按其实际密度来计算量程后调校。

项目二 浮筒液位计安装

一、学习目标

1. 知识目标

① 熟悉浮筒液位计的构成和测量原理；

② 掌握浮筒液位计安装注意事项；

③ 掌握浮筒液位计的故障判断方法；

④ 掌握浮筒液位计的校验方法。

2. 能力目标

① 具备选择浮筒液位计的能力；

② 初步具备安装浮筒液位计的能力；

③ 初步具备对浮筒液位计的常见故障进行分析判断及处理的能力；

④ 具备校验浮筒液位计的能力。

二、理实一体化教学任务

理实一体化教学任务参见表 3-3。

表 3-3　理实一体化教学任务

任务	内　　容
任务一	认识浮筒液位计
任务二	选择浮筒液位计
任务三	分析判断浮筒液位计常见故障
任务四	浮筒液位计的校验
任务五	浮筒液位计的安装与调试

三、理实一体化教学内容

（一）浮筒液位计的构成及测量原理

浮筒液位计的结构组成如图 3-13 所示，检测部分由浮筒、杠杆、扭力管、芯轴、外壳、轴承等部件组成。浮筒由一定重量的不锈钢材质制成，它垂直悬挂在杠杆的一端，杠杆的另一端与扭力管和芯轴的一端固定连接在一起，芯轴套在扭力管中心，并由外壳上的支点所支撑，扭力管的另一端固定在外壳上，芯轴的另一端为自由端，由轴承支撑，芯轴的自由端上固定一指针，对应于一圆形刻度标盘，用来指示液位。

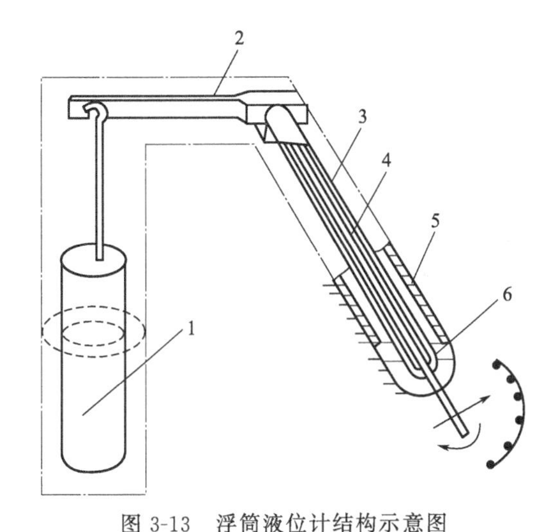

图 3-13　浮筒液位计结构示意图

1—浮筒；2—杠杆；3—扭力管；4—芯轴；5—外壳；6—轴承

当液位低于浮筒底部时，浮筒所受的浮力为零，浮筒的全部重量作用于杠杆一端，杠杆在浮筒重力作用下向下偏转，杠杆的另一端由于扭力管的外壳套孔的支撑，将力以力矩的形式对扭力管产生扭力矩，这时，扭力管承受的扭力矩最大，扭力管的弹性变形产生反扭力矩来平衡外部的扭力矩，芯轴随着扭力管的弹性变形方向转动一个角度，指针也相应转动相同的角度，此时，指针指示的刻度盘的位置就是零液位。

当液体液位升高，液面高于浮筒底部，浮筒的一部分浸泡入液体之中，浮筒受到液体的浮力，浮力的大小等于浮筒浸入液体的体积与被测液体介质密度的乘积（阿基米德定律），此时，杠杆一端所承受的力 F 为浮筒重量（即重力）W 减去浮筒所受的浮力 $F_{浮}$。

$$F=W-F_{浮}=W-Ah\rho \tag{3-13}$$

式中　A——浮筒的截面积；

h——浮筒浸没于被测介质的深度；

ρ——被测介质的密度。

随着液位的上升，浮筒被浸没的体积增大，浮筒所受的浮力也增大，浮筒作用于杠杆的作用力随之减小，扭力管所受到的扭力矩也逐渐减小，芯轴所产生的角位移也相应减小，指针指向与液位高度相应的刻度示值。扭力管和芯轴角位移还可通过气动或电动附加装置转换成气动或电动信号，用于远传显示、记录和调节。变浮力式液位计工作原理是基于浮子所受浮力随着液位的变化而变化。

浮筒液位计结构形式，以浮子（筒）安装位置划分有外浮子式、内浮子式、内浮筒式、外浮筒式；以仪表功能划分有就地式、远传式、调节式；以信号类别划分有电动式、气动式；以平衡方式划分有位移平衡式、力平衡式和自动平衡式等。

内浮子（筒）式安装，是浮子、浮筒安装于容器内部，如图 3-14、图 3-15 所示。

外浮子式液位计浮子安装在容器外部，浮子外壳有螺纹式或法兰式连接口，螺纹连接或法兰用短管与容器连通。外浮筒式液位计安装形式如图 3-16 所示。

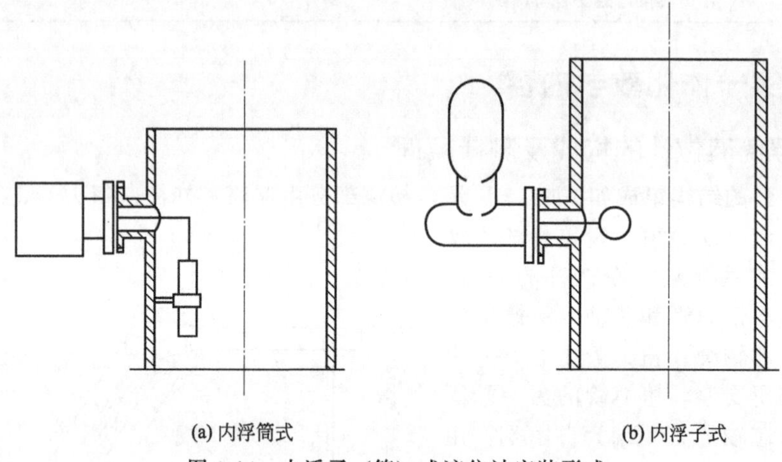

(a) 内浮筒式　　(b) 内浮子式

图 3-14　内浮子（筒）式液位计安装形式

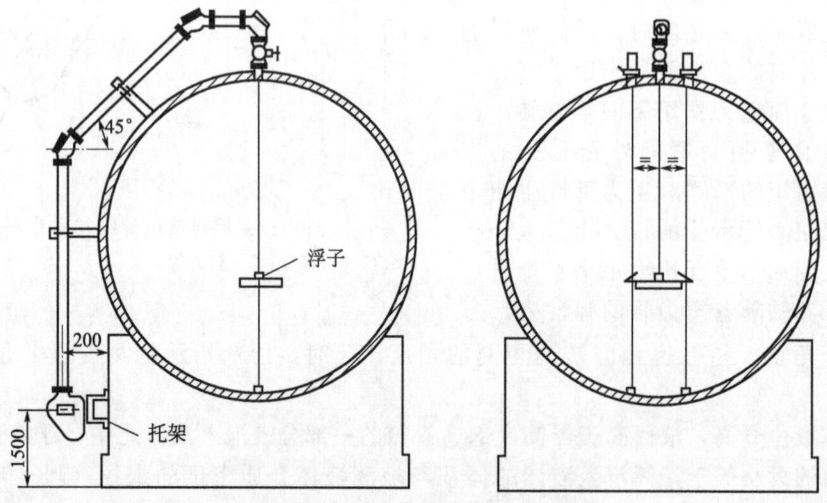

图 3-15　钢带式液位计安装形式

（二）浮筒式液位计安装注意事项

内浮子液位计安装，应在容器内设置导向装置，以防容器内液体涌动，对浮子产生偏向力。导向装置形式有管式导向、环式导向、绳索导向，图 3-14、图 3-15 所示为环式导向、绳索导向。

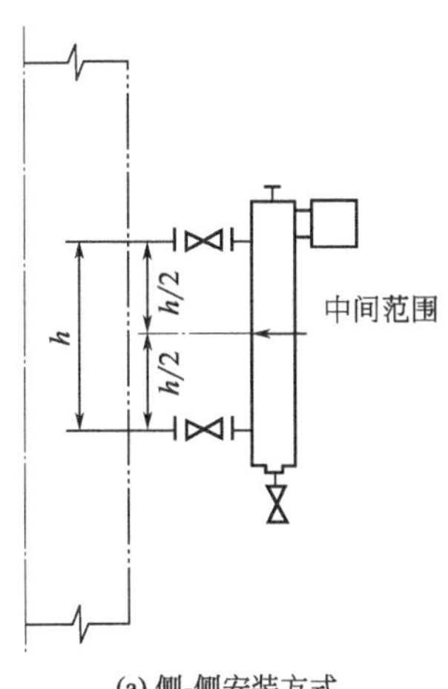

(a) 侧-侧安装方式

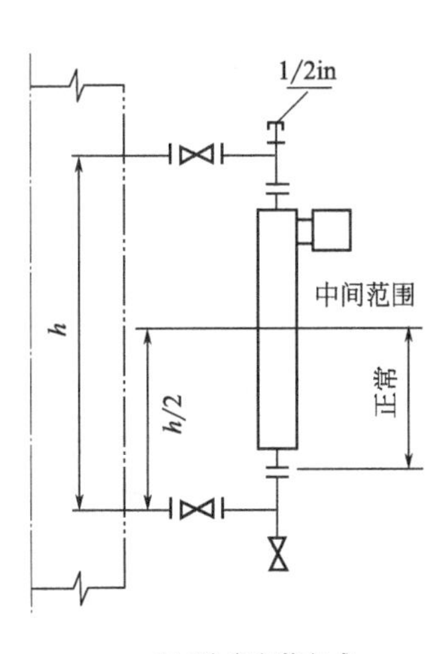

(b) 顶-底安装方式

图 3-16　外浮筒式液位计安装形式图

管式导向装置，管壁宜钻有小孔。为了便于罐底清淤，管子底部应离开罐底约 120mm，用型钢支架支撑，应固定牢固。管子应垂直安装。

绳索式导向装置，两根钢索之间间距以浮标上导向环的尺寸确定。为保证钢索垂直安装，必须从容器顶部放线锤确定容器底部钢索锁紧部件的固定地点，如图 3-15 所示。

浮筒、浮标安装后应上、下活动灵活，无卡涩现象。

浮子式液位开关，在容器上焊接的法兰短管不可过长，否则会影响浮子的行程，应保证浮球能在全行程范围内自由活动，如图 3-14(b) 所示。

外浮筒式液位计安装，浮筒外壳上一般都有中心线标志，浮筒式液位计安装的高度，以浮筒外壳中心线对准容器被测液位全量程的 1/2 处为准，如图 3-16 所示。

外浮筒式液位计的浮筒外壳，如果采用侧-侧型法兰连接方式，工艺容器上焊接的法兰短管，其上、下法兰之间的中心间距，法兰连接螺栓孔的方位必须与浮筒外壳法兰一致，上、下两法兰密封面必须处于同一垂直平面，且法兰的中心处在同一垂直线上。

外浮筒式液位计的浮筒，如果采用顶-底螺纹连接方式或顶-底法兰连接方式，管件预制应预先测量尺寸，然后下料，组对管件时，应保证浮筒外壳中心线与容器上、下法兰间距中点相符，且保证外壳处在垂直位置。

外浮筒顶部应设 1/2in 螺母或丝堵，以备现场校准用，其底部应设排水阀短节。

浮力式液位计所用阀门必须经试压、检漏合格后方可使用。

法兰、管件材质、规格应符合设计要求。

浮力式液位计安装完毕后应与设备一起试压。

(三)常见故障分析判断

电动浮筒液（界）位计常见故障与处理方法见表 3-4。

表 3-4　电动浮筒液（界）位计常见故障与处理方法

序号	故障现象	故障原因	处理方法
1	实际液位有变化，但无指示或指示不跟踪	①引压阀、管堵塞或积有脏物 ②浮筒破裂 ③浮筒被卡住 ④变送器损坏 ⑤没有电源	①疏通、清洗，或更换引压阀 ②更换浮筒 ③拆开清理筒体内脏物 ④更换变送器 ⑤检查电源、信号线、接线端子

续表

序号	故障现象	故障原因	处理方法
2	无液位，但指示为最大	①浮筒脱落 ②变送器故障	①重装 ②更换变送器
3	有液位，但指示为最小	①扭力管断，支承簧片断 ②变送器故障	①更换扭力管或支承簧片 ②更换变送器

（四）浮筒液位计的校验

以UTD系列电动浮筒式液位变送器为例进行讲解。

校验接线如图3-17所示。将稳压电源电压调整为（24±0.1）V，电阻箱模拟负载电阻调整为（250±0.1）Ω。

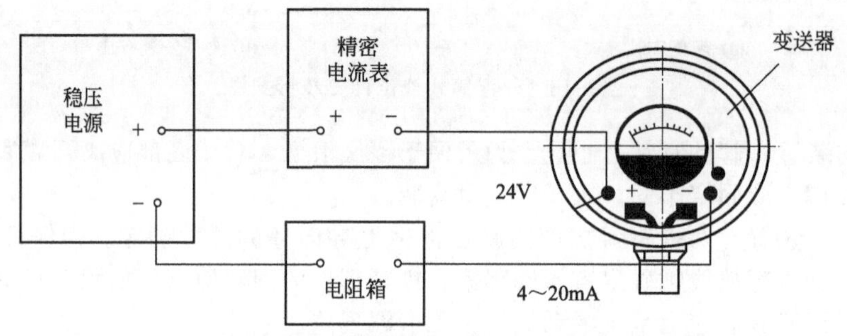

图3-17　UTD系列电动浮筒式液位变送器校验接线图

UTD系列电动浮筒式液位变送器结构原理如图3-18所示。当浮筒不受外力作用时，浮筒与应力传感器通过杠杆保持平衡。当浮筒浸入液体中时受到一个向上的浮力F_1，通过杠杆的作用，使应力传感器受到一个向下的力F_2，根据力平衡原理：

$$F_2=\frac{L_1}{L_2}F_1=K_1F_1$$

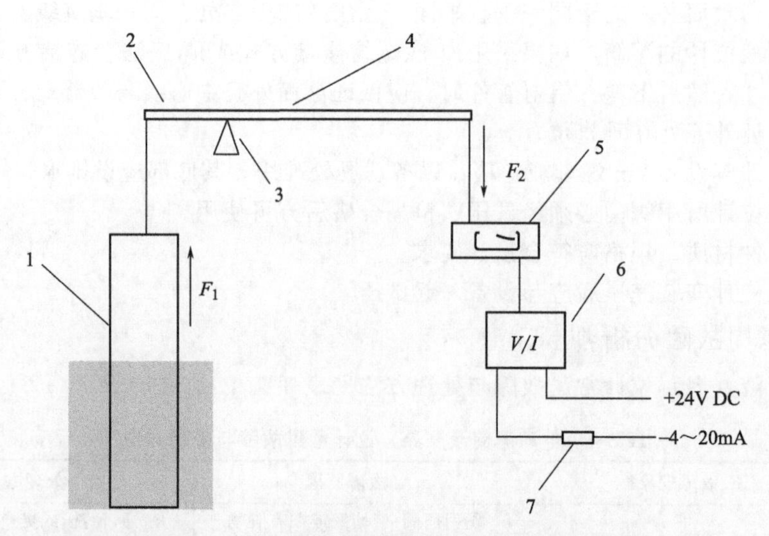

图3-18　UTD系列电动浮筒式液位变送器原理图

1—浮筒；2—前杠杆L_1；3—密封膜片支点；4—后杠杆L_2；5—应力传感器；6—V/I变换器；7—负载电阻

应力传感器电流与所受力的关系为：

$$I=K_2F_2=K_1K_2F_1=KF_1$$

由此可知：转换电流 I 与浮筒所受的浮力 F_1 成线性关系。

不管是干校法还是水校法，只要保证校验液位下对杠杆的力与实际液位下的力相同即可完成校验。

1. 干校法调试步骤（要领）

（1）计算挂砝码的质量

① 测界位。零点时（$H=0$）砝码质量：

$$m_0=M-\frac{\pi D^2}{4}L\rho_2$$

满度时（$H=L$）砝码质量：

$$m_L=M-\frac{\pi D^2}{4}L\rho_1$$

② 测液位。零点时（$H=0$）砝码质量：

$$m_0=M$$

满度时（$H=L$）砝码质量：

$$m_L=M-\frac{\pi D^2}{4}L\rho_1$$

式中，ρ_1、ρ_2 分别为重相、轻相液体的密度；M、L、D 分别为浮筒质量、长度与直径。

（2）零点调试

在杠杆的下端挂上零点值砝码 m_0，调零点调整螺钉使输出为 4mA。

（3）满度调试

在杠杆的下端挂上满度值砝码 m_L，调量程调整螺钉使输出为 20mA。由于量程、零点会互相影响，故需要反复调整零点、量程，使零点和量程分别稳定在 4mA 和 20mA。

（4）线性调试

将量程范围内所需挂重的砝码值平均分成四份，分别计算出每份砝码值。

$$\Delta m=\frac{m_0-m_L}{4}$$

每个调试点输出电流与挂重砝码对应关系如表 3-5 所示。

表 3-5　调试点输出电流与砝码质量对应关系

输出电流/mA	4	8	12	16	20
砝码质量	m_0	$m_0-\Delta m$	$m_0-2\Delta m$	$m_0-3\Delta m$	m_L

有时计算出的砝码质量不是整数，为了校验方便，应取砝码的整数值代入公式，而让输出的电流值为小数。

$$I_n=\frac{16}{m_0-m_L}\times(m_0-m_n)+4$$

式中　m_n——每个调试点的砝码质量；

I_n——m_n 所对应的电流输出值。

2. 水校法调试步骤（要领）

① 将变送器置于工作状态，将下连通阀关闭。在排污阀引一根透明软管以观察浮筒室

的水位。

当介质密度小于水的密度时，按下式计算出注水高度（考虑到水的密度 $\rho_w \approx 1\text{g/cm}^3$）。

a.测界位。零点时（$H=0$）注水高度：

$$h_0=\frac{\rho_2}{\rho_w}L\approx\rho_2 L$$

满度时（$H=L$）注水高度：

$$h_{100}=\frac{\rho_1}{\rho_w}L\approx\rho_1 L$$

b.测液位。零点时（$H=0$）注水高度：

$$h_0=0$$

满度时（$H=L$）注水高度：

$$h_{100}=\frac{\rho_1}{\rho_w}L\approx\rho_1 L$$

式中，ρ_1、ρ_2 分别为重相、轻相液体的密度，g/cm^3；L 为浮筒的长度，cm。

② 零点调试。测液位时，将测量室内的清水排除，调零点调整螺钉使输出为 4mA；测界位时，从排污阀向测量室内注入清水至 h_0 处，调零点调整螺钉使输出为 4mA。

③ 满度调试。零点调整好后，向测量室内注入清水至 h_{100} 处，调整量程调整螺钉使输出为 20mA。并重新按零点与满度调试步骤反复调整几次，使零点和满度分别稳定在 4mA 和 20mA。

④ 中间各点调试。取量程范围的 25%、50%、75%分别做出标记，所对应的输出电流为 8mA、12mA、16mA。

⑤ 当介质密度大于水时，则取量程内的某一点作为上限调试点，调试前首先计算出该点对应的水位高度 L（L 应接近 H 且 $L\leqslant H$）和该点在量程内对应的电流值 I，调试时，调上限旋钮使输出电流为该点在量程内对应的电流值。

例：量程 750mm，介质相对密度为 1.2；现取 600 处为上限调试点，则对应水位高为 $L=600\times1.2=720(\text{mm})$，该点对应的电流为：

$$I=4+\frac{600}{750}\times16=16.8(\text{mA})$$

按零点调试方法调试零点，满度调整则在水位为 720mm 处调上限旋钮，使输出为 16.8mA，反复调整几次使零点和满度分别稳定在 4mA 和 16.8mA。

⑥ 测界位时，若介质密度大于水的密度，则取 L_0 与 L_m 之间的某一点作为满量程调试点，其余调试方法同测液位。水校法无法调试两种介质密度都大于水的情况。

UTD 系列电动浮筒式液位变送器在实际测界位过程中，浮筒的吊杆和力臂杠杆均浸在轻介质中，因此会产生一定的浮力，此浮力是一个常数，它产生的附加电流也是一个常数，它对调好的量程无任何影响，只是导致零点略高于已调好的零点值（4mA），这个附加电流值很小，若要求测量精度不高，就无需进行零点迁移，若测量精度较高，需将此附加电流迁移掉。零点迁移方法如下。

将测量室内全部充满轻介质，使浮筒上端各部件全部浸在轻介质中，调整下限旋钮，使电流为 4mA 即可。

将重介质充到正好淹没浮筒，浮筒上面充满轻介质，调下限旋钮，使之输出为 20mA。

在可以观察到的任一界面上，调整下限旋钮，使输出电流与该点界面对应的电流值相同即可。

当介质密度大于水时，取量程内的某一点作为上限调试点。调试前首先计算出该点对应的水位高度 L（L 应接近 H，即 $L \leqslant H$）和该点在量程内对应的电流值 I。调试时，调量程调整螺钉使输出电流为该点在量程内对应的电流值。

（五）浮筒液位计的安装

ZTD 浮筒液位计安装步骤：

① 将外测量筒安装到装置法兰上，见图 3-19(a)。

② 将内浮筒组件上的防护胶圈取下，装入外测量筒内，见图 3-19(b)。

③ 将 ZTD 浮筒发讯器装到外测量筒上，并将内浮筒组件安装到杠杆组件上。注意要安装石墨垫片，将锁紧装置的弯钩搬到下部，见图 3-19(c)。

④ 将上部连接法兰装置，见图 3-19(d)。

⑤ 安装紧固螺栓，注意安装方向，应方便日后维护与观察，见图 3-19(e)。

⑥ 将变送器下方的锁紧装置推到关的方向，见图 3-19(f)，浮筒组装全部完成。

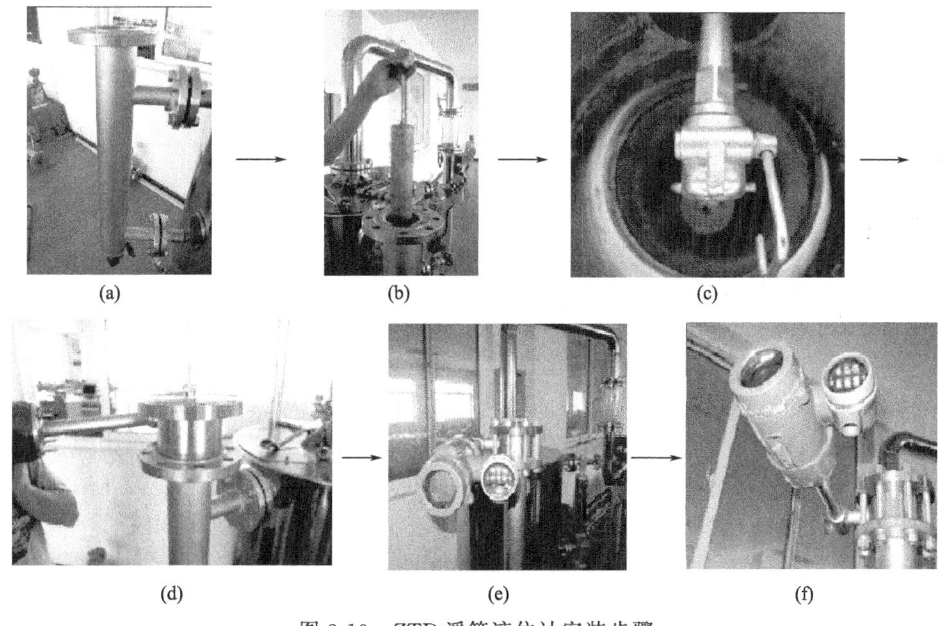

图 3-19　ZTD 浮筒液位计安装步骤

项目三　雷达液位计安装

一、学习目标

1. 知识目标

① 熟悉雷达液位计的构成和测量原理；

② 掌握雷达液位计的选型方法及安装注意事项；

③ 掌握雷达液位计的故障判断方法；

④ 掌握雷达液位计的校验方法；

⑤ 掌握雷达液位计零点迁移调整方法。

2. 能力目标

① 具备选择雷达液位计的能力；

② 初步具备安装雷达液位计的能力；

③ 初步具备对雷达液位计的常见故障进行分析判断及处理的能力；

④ 具备校验雷达液位计的能力。

二、理实一体化教学任务

理实一体化教学任务参见表 3-6。

表 3-6 理实一体化教学任务

任务	内容
任务一	认识雷达液位计
任务二	选择雷达液位计
任务三	分析判断雷达液位计常见故障
任务四	雷达液位计的校验
任务五	雷达液位计的安装与调试

三、理实一体化教学内容

（一）雷达液位计的工作原理

1. 雷达基础知识

雷达是利用电磁波探测目标的电子设备。发射电磁波对目标进行照射并接收其回波，由此获得目标至电磁波发射点的距离、距离变化率（径向速度）、方位、高度等信息。

雷达是英文 radar 的音译，为 Radio Detection And Ranging 的缩写，意为无线电检测和测距的电子设备。它的信息载体是无线电波。事实上，不论是可见光还是无线电波，在本质上都是电磁波，传播的速度都是光速 c，差别在于它们各自占据的频率和波长不同。其原理是雷达设备的发射机通过天线把电磁波能量射向空间某一方向，处在此方向上的物体反射碰到的电磁波；雷达天线接收此反射波，送至接收设备进行处理，提取有关该物体的某些信息（目标物体至雷达的距离、距离变化率或径向速度、方位、高度等）。

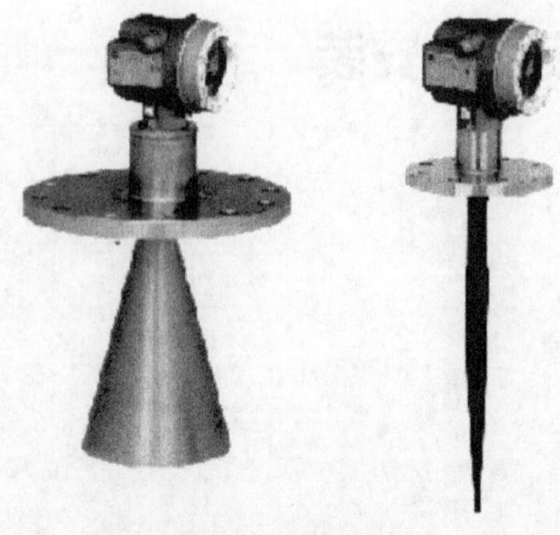

图 3-20 雷达液位计

高频微波脉冲通过天线系统发射并接收，雷达波以光速运行，遇到被测介质表面，其部分能量被反射回来，被同一天线接收，发射脉冲与接收脉冲的时间间隔与天线到被测介质表面的距离是成正比。运行时间可以通过电子部件被转换成物位信号。一种特殊的时间延伸方法可以确保稳定和精确地测量。雷达液位计如图 3-20 所示。

2. 雷达液位计工作原理

雷达液位计是利用超高频电磁波经天线向被探测容器液面发射电磁波，碰到液面后反射回来，仪表检测出发射波与回波的时差，从而计算出液面高度。

（1）典型的脉冲雷达测距原理

由图 3-21 所示，由振荡器产生的脉冲雷达信号被送往检测系统，检测器同时向液面发出脉冲雷达信号，并接收由液面反射回来的脉冲雷达信号，由此应产生一个时间差。即：

$$D=\frac{1}{2}(c\Delta t)$$

式中　D——雷达天线至液面之间的距离；

c——雷达信号在介质中的传播速度，$c=3\times10^8\text{m/s}$；

Δt——发射雷达信号和接收反射回雷达信号的时间差。

但是，根据上述原理，要准确地测出 Δt 必须制作高分辨率的时间检测器。因此，将脉冲雷达直接用于测距是难以实现的。

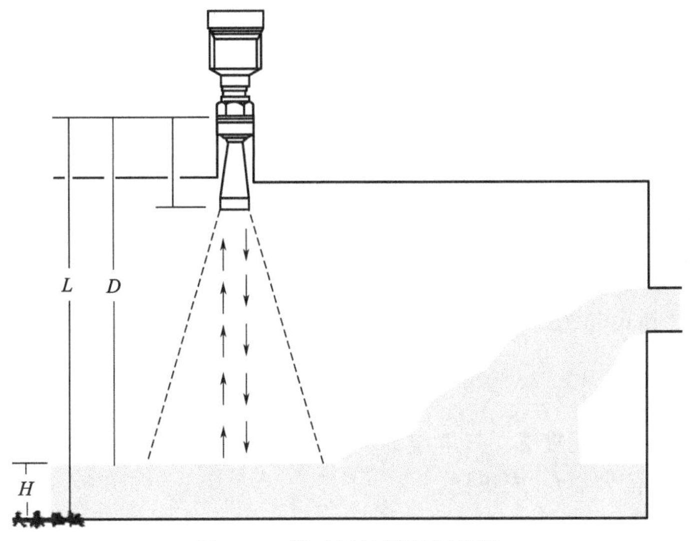

图 3-21　脉冲雷达测距原理图

（2）连续调频法的工作原理

连续调频法的工作原理示意图如图 3-22(a) 所示。雷达液位计主要由微波信号源、发射器、探测器、接收器、混频器及数字信号处理器等组成。微波信号源是一个压控振荡器，产生连续调频信号，其调制信号由数字信号处理器提供。天线分为喇叭形和直线与波导管连接

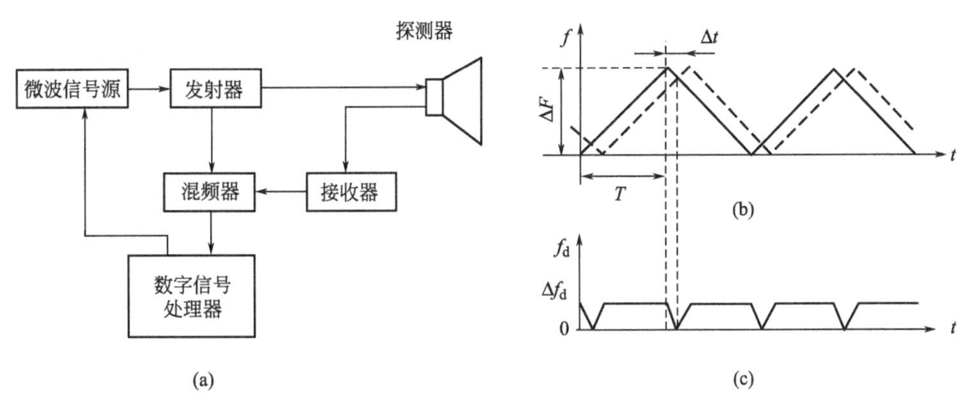

图 3-22　连续调频法系统构成及原理

两种形式；接收器接收由液面反射的微波（又称回波），转换成电信号并放大；混频器将发射的调频信号和接收到的调频信号进行混频，得到其差频信号；数字信号处理器为微波信号源调制信号（一般是三角波或锯齿波），将差频信号转换为液位信号，还可提供与计算机的通信信号等。

微波信号源是工作在5～9.5GHz的压控振荡器，它由数字信号处理器提供的三角波控制，三角波的周期为$2T$，输出连续的调频信号，发射信号的频偏为ΔF，如图3-22(b) 中的实线所示，经发射器发送到天线，同时给混频器，作本振信号，由天线接收到反射信号，如图3-22(b) 中的虚线所示，它滞后于发射信号Δt，再经接收器送往混频器，产生差频信号Δf_d频率，如图3-22(c) 所示，差频信号再送到数字信号处理器处理，最后得到物位的高度。

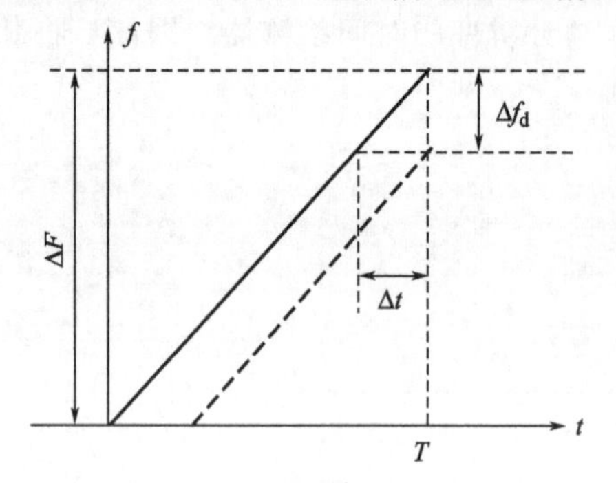

图3-23 Δt和差频信号Δf_d的关系

反射信号滞后于发射信号Δt和差频信号Δf_d的关系如图3-23所示，由相似三角形原理可知：

$$\frac{\Delta f_d}{\Delta t}=\frac{\Delta F}{T} \tag{3-14}$$

即 $\Delta t=\dfrac{\Delta f_d}{\Delta F}T$

设天线与液面的距离为d，微波的传播速度为c，则：

$$d=\frac{\Delta t}{2}c \tag{3-15}$$

将式(3-14) 代到式(3-15) 中，得：

$$d=\frac{T}{2}\times\frac{\Delta f_d}{\Delta F}c \tag{3-16}$$

可见，当微波的传播速度c、三角波的周期$2T$、发射信号的频偏为ΔF确定后，天线与液面的距离与差频信号Δf_d成正比。

（二）雷达液位计的构成和特点

1. 雷达液位计的构成

雷达液位计由一次仪表和二次仪表组成（以BL-30为例）。

（1）一次仪表

一次仪表装在设备顶部，由电子部件、波导连接器、安装法兰及喇叭形天线组成。电子部件由振荡器、调制器、混频电路、差频放大器、A/D转换器及接线端子盒等组成。

（2）二次仪表

二次仪表为盘装型，由A/D转换器、计算单元、显示单元及电源部分组成。

一次仪表与二次仪表之间用一根多芯屏蔽专用电缆连接，其作用是向一次仪表供电，并将A/D转换信号送至二次仪表。

2. 雷达液位计的特点

雷达液位计具有以下特点：

（1）精度高

该变送器的雷达采用频率调制信号，其抗干扰能力很强，精度也较高，最大测量误差为±2mm，分辨率为1mm。

（2）安全可靠

该雷达变送器为阻火防爆型，适用于存在爆炸性混合气体的任何场所使用。工作电压为

110V AC，频率为 50～60Hz。

(3) 易安装

由于变送器无任何可移动部件和接触介质的零件，因而只需在容器顶部直接固定安装即可。

（三）雷达物位计选型

非接触物位测量中，雷达技术的应用近年来获得快速发展。超声波物位计中换能器是眼睛，而雷达物位计中高频头和天线是眼睛，回波处理器是物位计的大脑。雷达物位计继承了超声波物位计的回波处理技术。

1. 选型时注意影响回波强度的主要因素

① 传播介质介电常数越稳定越有利于传播。雷达波是电磁波，电磁波在传播过程中不受传播介质稳定程度的影响，只与其介电常数有关。这是雷达技术与超声波技术的重大区别。

② 被测介质表面越平整，其介电常数越大越有利于回波反射。

③ 现场工况时，应特别注意这两个方面：a. 天线到被测介质间空气介电常数的分布；b. 被测介质的表面状态及其介电常数。

2. 与低频率雷达相比，高频雷达的优势

① 高频（主要指 26GHz 和 24GHz）雷达物位计具有能量高、波束角小（一般 ϕ95mm 的喇叭天线的波束角为 8°，而 6GHz 低频脉冲雷达的喇叭天线直径为 ϕ246mm 时，波束角为 15°）、天线尺寸小、精度高等优点。

② 26GHz 雷达波长 11mm，6GHz 雷达波长 50mm，雷达测量散装料位时，雷达波反射主要来自料面的漫反射，漫反射的强度与物料大小成正比，与波长成反比，而大部分散装料直径远远小于 50mm，这就是为什么目前 26GHz 雷达是散装料物位测量的最佳选择。

③ 在一些直径小高度矮的小罐应用中，6GHz 雷达天线长（300～400mm），无形中增大了盲区（大约 600mm），由于 6GHz 雷达方向性差（开角大），在小罐中会产生多径反射；26GHz 雷达频率高，天线短，方向性好，克服了 6GHz 雷达的缺点，适用于小罐测量。

④ 由于现场环境恶劣，随着时间推移，雷达天线会堆积污物、水汽等，26GHz 雷达天线小，加天线罩可大大改善污物、水汽影响；6GHz 雷达天线大，加天线罩很困难，且仪表较沉重，清理困难。

⑤ 由于 26GHz 雷达方向性好，很多恶劣工况，可通过简单隔离、将雷达装在容器外等方法进行测量。

（四）雷达液位计故障分析

一般故障现场仪表显示模块上都有系统错误信息代码，我们只需查询错误代码即可解决故障问题。

1. 仪表不响应

仪表不响应检查流程如图 3-24 所示。

2. 显示值不可见

显示值不可见检查流程如图 3-25 所示。

3. 输出电流不正常

输出电流不正常检查流程如图 3-26 所示。

4. HART 通信不工作

HART 在 4～20mA 的信号上叠加数字信号，HART 协议是一种通信方式，和计算机通信的协议一个道理。

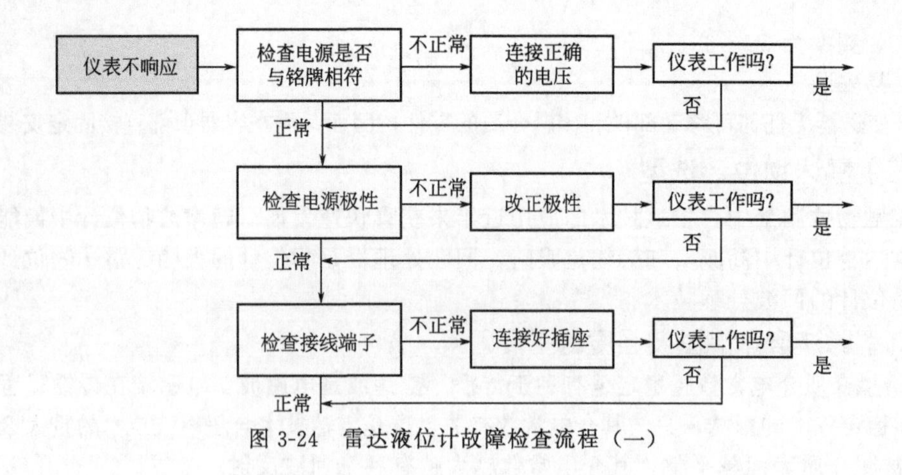

图 3-24 雷达液位计故障检查流程（一）

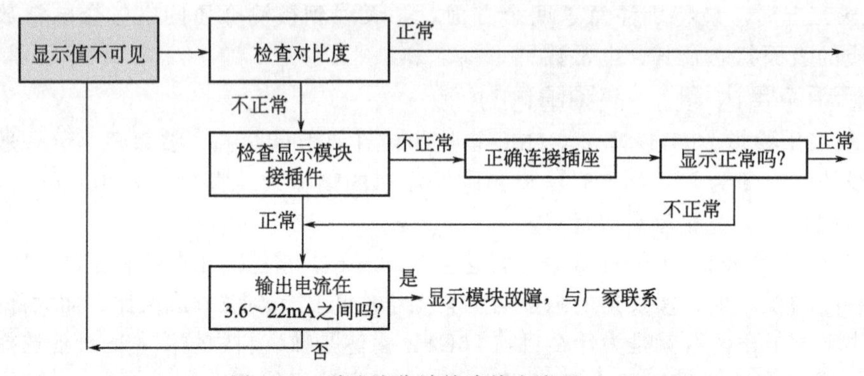

图 3-25 雷达液位计故障检查流程（二）

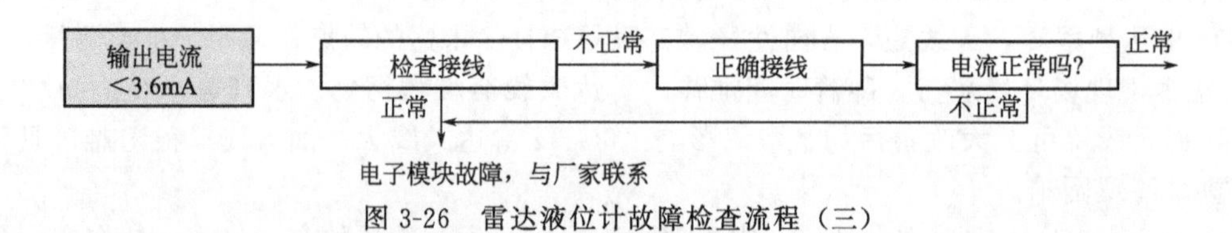

图 3-26 雷达液位计故障检查流程（三）

HART 通信不工作检查流程如图 3-27 所示。

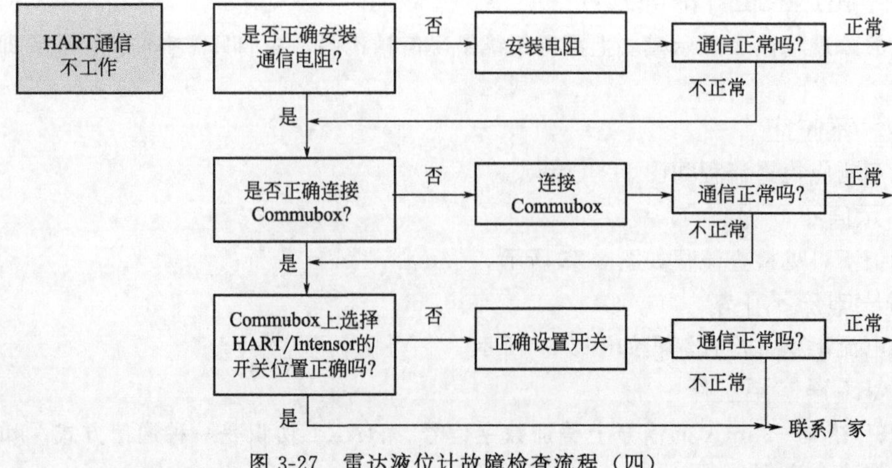

图 3-27 雷达液位计故障检查流程（四）

5. PA 通信不工作

PA（PROFIBUS-PA 协议）的速度比 HART 协议的通信速度要快。PA 通信不工作检查流程如图 3-28 所示。

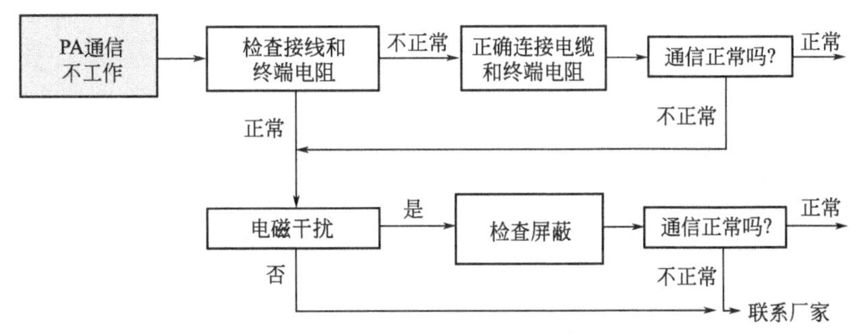

图 3-28 雷达液位计故障检查流程（五）

6. 测量值不正确

测量值不正确检查流程如图 3-29 所示。

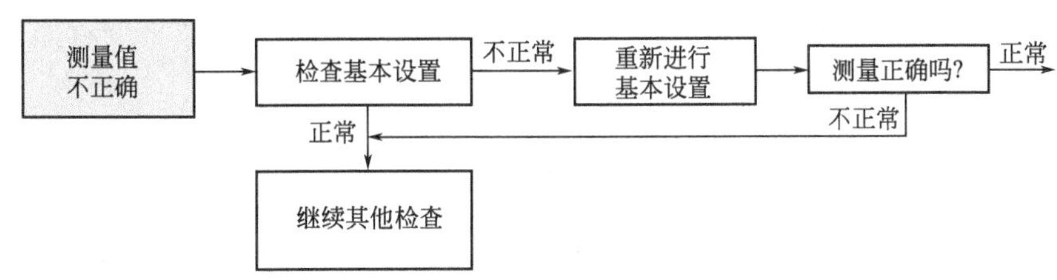

图 3-29 雷达液位计故障检查流程（六）

（五）雷达液位计安装步骤

1. 安装在罐合理位置

不可安装于罐顶的中心位置，否则干扰会导致信号丢失；不可安装于料口的上方。建议距离：从罐内壁到安装短管的外壁距离应大于罐直径的 1/6，无论如何雷达距离罐壁应大于 30cm，如图 3-30 所示，露天安装时建议安装不锈钢保护盖，以防直接的日照或雨淋。

① 信号波束内应避免安装任何装置。

② 喇叭天线必须伸出接管，否则应使用天线延长管。若天线需要倾斜或垂直于罐壁安装，可使用 45°或 90°的延伸管。

③ 安装后，外壳可旋转 350°以便于操作显示和端子接线。

④ 可用的测量范围取决于天线尺寸、介质反射率、安装位置及最终的干扰反射。考虑到腐蚀和黏附的影响，测量范围的终值应距离天线的尖端至少 50mm。

2. 测量条件

测量范围从波束触及罐底的那一点开始计算。但在特殊情况下，当罐底为凹形或锥形时当物位低于此点时无法进行测量。

为保证测量精度，将零点定于距罐底高度为 C 的位置（见图 3-31）。

理论上测量达到天线尖端的位置是可能的，但是考虑到腐蚀及黏附的影响，测量范围的终值应距离天线的尖端不少于 A（见图 3-31）。

在图 3-31 中 A 为雷达天线与液位上限之间的距离，B 为液位范围，C 为罐底与液位零点的距离，H 为罐体高度。

图 3-30　雷达液位计安装示意图

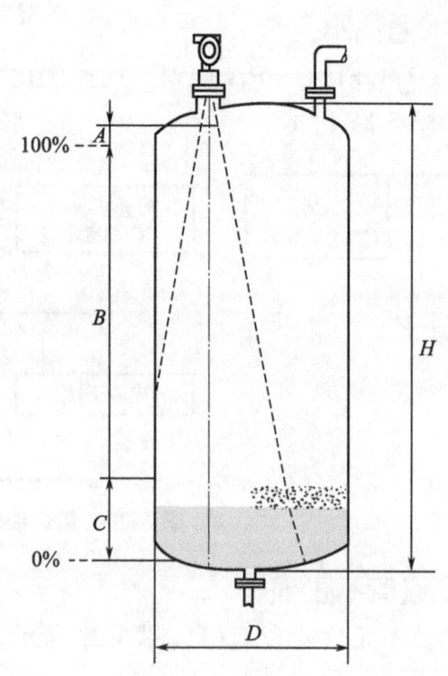

图 3-31　雷达液位计安装位置示意图

测量时应注意：

① 由于雷达液位计发射的微波沿直线传播，在液面处产生反射和折射时微波有效的反射信号强度被衰减，当相对介电常数小到一定值时，会使微波有效信号衰减过大，导致雷达液位计无法正常工作。为避免上述情况的发生，被测介质的相对介电常数必须大于产品所要求的最小值，否则需要用导波管。

② 雷达液位计发射的微波传播速度 c 决定于传播媒介的相对介电常数和磁导率，所以微波的传播速度不受温度变化的影响。但对高温介质进行测量时，需要对雷达液位计的传感器和天线部分采取冷却措施，以便保证传感器在允许的温度范围内正常工作；或使雷达天线的喇叭口与最高液面间留有一定的安全距离，以免高温介质对天线的影响。由于微波的传播速度仅与相对介电常数和磁导率有关，所以雷达液位计可以在真空或受压状态下正常工作。但是当容器内压力高到一定程度时，压力对雷达测量将带来误差。

③ 使用导波管和导波天线，主要是为了消除有可能因容器的形状而导致多重回波所产生的干扰影响，或是在测量相对介电常数较小的介质液面时，用来提高反射回波能量，以确保测量准确度。当测量浮顶罐和球罐的液位时，一般要使用导波管，当介质的相对介电常数小于制造厂要求的最小值时，也需要采用导波管。

④ 易挥发性气体和惰性气体对雷达液面计的测量均没有影响。但液体介质的相对介电常数、液体的湍流状态、气泡大小等被测物料特性，对微波信号的衰减，应引起足够的重视。当介质的相对介电常数小到一定值时，雷达波的有效反射信号衰减过大，导致液位计无法正常工作，因此被测介质的相对介电常数必须大于产品所要求的一个最小值。

3. 安装与接线

除了安装法兰的工具外，还需要六角扳手，用于旋转外壳。图 3-32 为安装示意图。

(1) 拧下外壳盖［图 3-33(a)］

图 3-33(a) 下方为操作实物图。

(2) 取下显示模块［图 3-33(b)］

图 3-33(b) 下方为操作实物图。

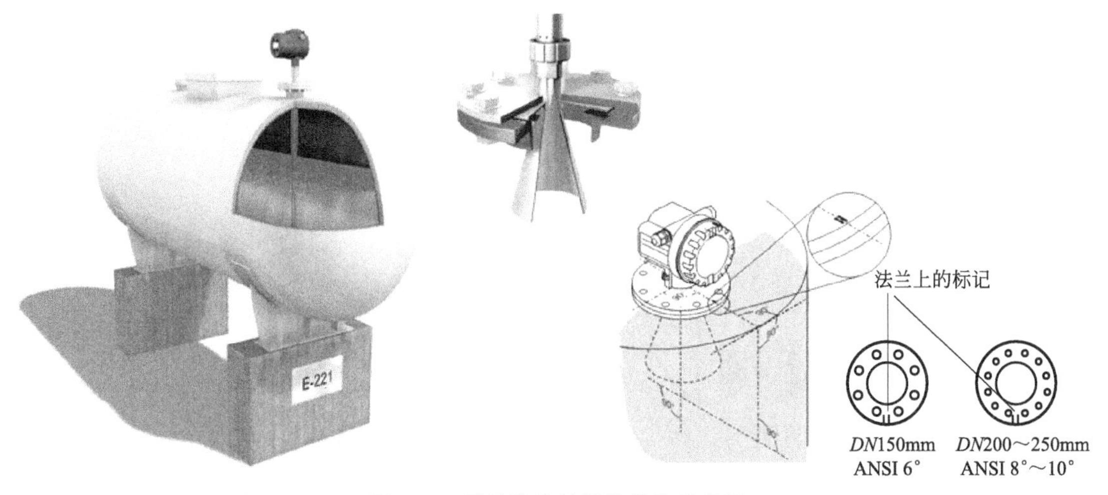

图 3-32　雷达液位计安装操作示意图

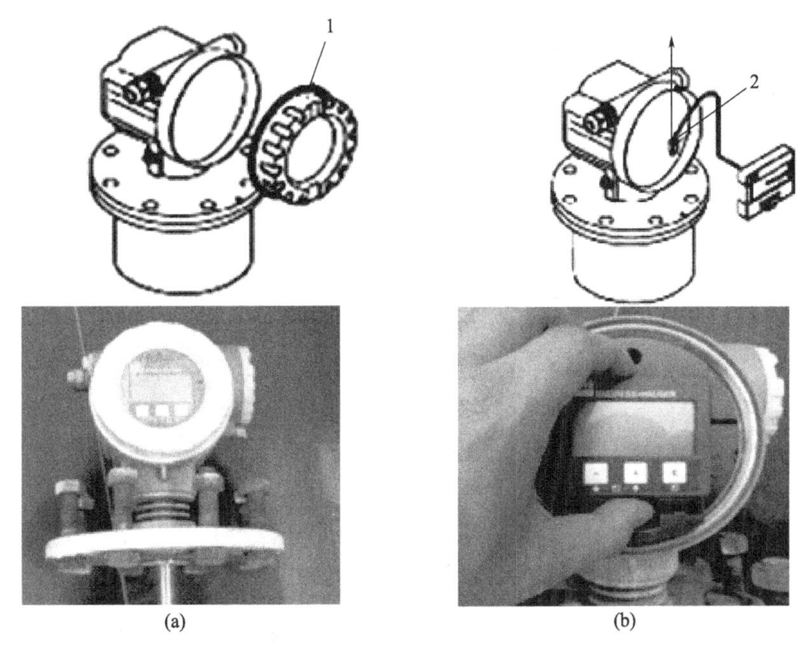

图 3-33　雷达液位计安装接线操作（一）

1—外壳盖；2—显示模块

(3) 取下端子腔室的盖板（图 3-34）

图 3-34(a) 中 1 为端子腔室的盖板。

(4) 将电缆穿过缆塞

将电缆穿过缆塞 3，使用双屏蔽线（图 3-34）。

(5) 连线（图 3-35）

在传感器侧仅将电缆的屏蔽层接地。

(6) 拧紧缆塞

拧紧缆塞，缆塞见图 3-34 中的 3。

(7) 拧紧外壳盖

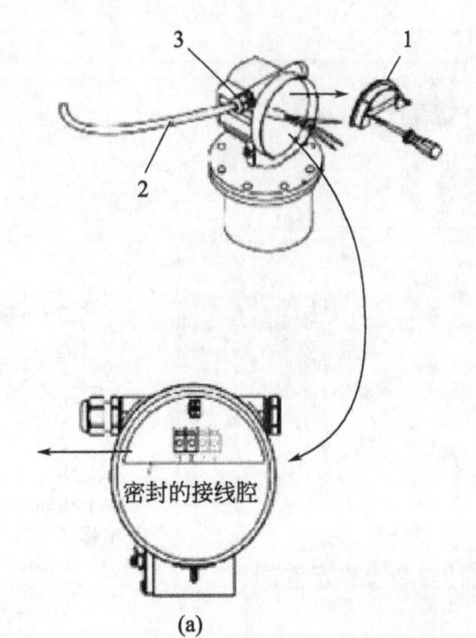

图 3-34　雷达液位计安装接线操作（二）

1—端子腔室的盖板；2—电缆；3—缆塞

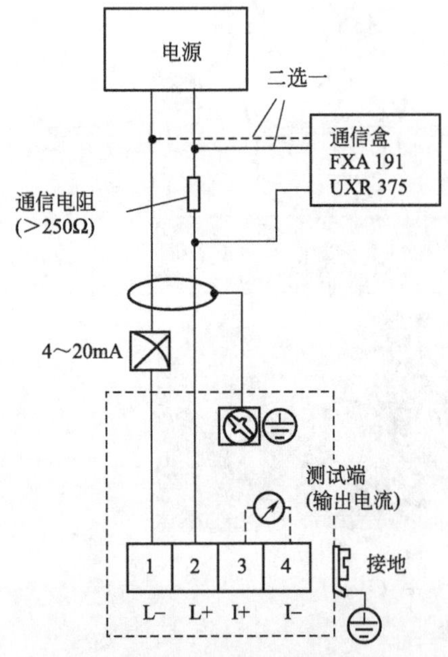

图 3-35　雷达液位计安装接线操作（三）

4. 雷达液位计的校验

一般采用就地水校法。

将相关回路打到手动控制状态后方可作业；到装置现场时注意观察风向，校验时站在上风口；关闭一次阀，确认一次阀关闭到位无漏点；打开排污阀和排气阀，将罐内的介质排放干净；在排污阀处连接一根透明软管（或橡胶软管），作为连通器，来确定实际液位，并做好 0%、25%、50%、75%、100% 的标识；确定注水高度 L_0、L_m，以测量室外的半量程标线为基准，分别做出标记；打开上端排气孔，由此注水到希望值，校验 0%、25%、50%、75%、100%，并做好记录，做数据分析。

物位仪表安装总则

常用的物位仪表有差压式液位变送器、浮筒液位计、内浮球液位计、玻璃板液位计、电磁式液位计和辐射式液位计等。

一、取源部件安装

物位仪表取源部件现在一般由工艺施工人员来安装，不管由谁安装都应注意以下几点。

① 物位仪表取源部件的安装位置，应选在物位变化灵敏且不使检测元件受到物料冲击的地方。

② 内浮筒液位计和浮球液位计采用导向管或其他导向装置时，导向装置必须垂直安装，而且保证液流畅通。

③ 安装浮球式液位仪表的法兰短管必须保证浮球能在测量范围内随液位变化自由活动。

并在短管中安装限位板，以防浮球脱出，如图 3-36 所示。

④ 电接点水位计的测量筒必须垂直安装，筒体零水位电极的中轴线与被测容器正常工作时的零水位线应处于同一高度。

⑤ 静压液位计取源部件的安装位置应远离液体进出口，避免因静压随液体流动而发生波动，产生误差。

⑥ 双室平衡容器的安装要符合下列规定：安装前应复核制造尺寸，检查内部管道的严密性；应垂直安装，其中心点应与正常液位相重合。

⑦ 单室平衡容器宜垂直安装，其安装标高要符合设计文件规定。

⑧ 补偿式平衡器安装固定时，应有防止因被测容器的热膨胀而被损坏的措施。

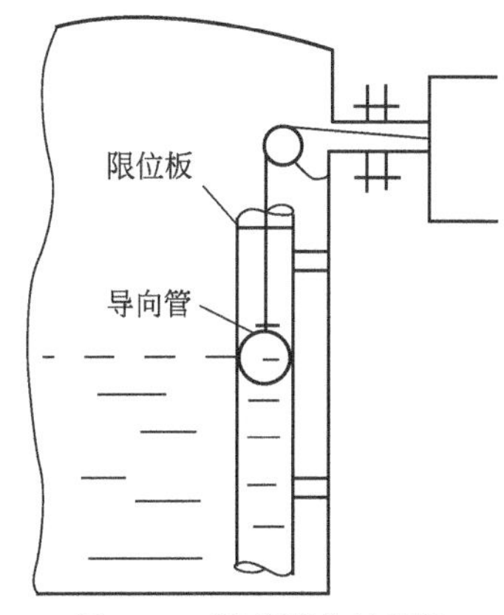

图 3-36　浮球液位计安装

二、物位检测仪表安装

1. 物位检测仪表安装要求

① 浮力式液位计的安装高度应符合设计文件规定。

② 浮筒液位计的安装应使浮筒呈垂直状态，浮筒中心处于正常操作液位或分界液位的高度。从设备取源口到液位计，除安装必要的连接管件、阀门外，要尽量缩短距离，并且一定要水平，外浮筒液位计安装如图 3-37 所示。

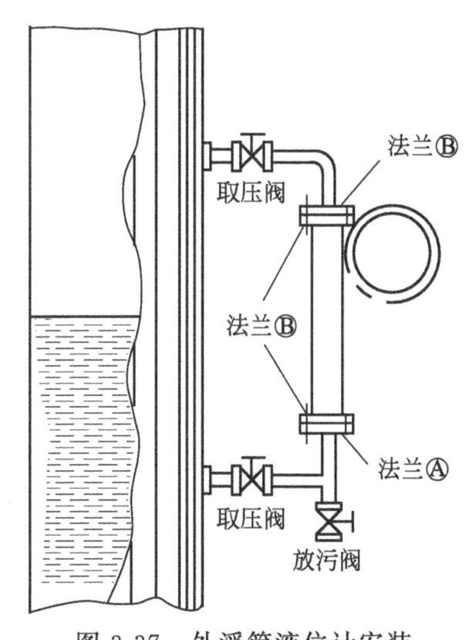

图 3-37　外浮筒液位计安装

③ 钢带液位计的导管必须垂直安装，钢带应处于导管的中心，而且要滑动自如。

④ 用差压计或差压变送器测量液位时，仪表安装高度不能高于下部取压口，否则会产生无法克服的误差。

注意： *利用吹气法及低沸点液体汽化传递压力的方法测量液位时，不受此规定限制。*

⑤ 双法兰式差压变送器毛细管的敷设应有保护措施，防止将毛细管损坏，其弯曲半径不应小于 50mm，周围温度变化剧烈时应采取隔热措施。

⑥ 核辐射式物位计安装前应编制具体的安装方案，安装中的安全防护措施，必须符合有关放射性同位素工作卫生防护国家标准的有关规定。安装现场应有明显的警戒标志，无关人员一律不得随意进入。

⑦ 称重式物位计的安装要符合以下规定：

负荷传感器的安装和承载应在称重容器及其所有部件和连接件安装完成后进行；负荷传感器的安装应呈垂直状态，保证传感器的主轴线与加荷轴线重合，使倾斜负荷和偏心负荷的影响减至最小，各个传感器的受力应均匀；当有冲击性负荷时要按设计文件要求采取缓冲措施；称重容器与外部的连接应为软连接；水平限制器的安装要符合设计要求；传感器的支撑面及底面均应平滑，不得锈蚀、擦伤及有杂物。

2. 物位检测仪表安装实例

玻璃板液位计在设备上安装如图 3-38 所示。

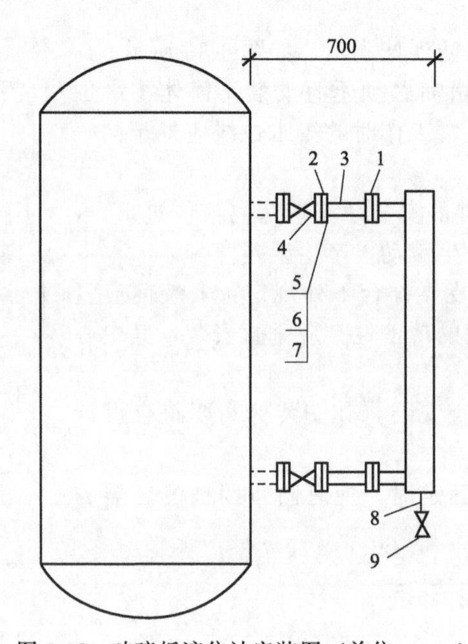

图 3-38　玻璃板液位计安装图（单位：mm）

1—对焊法兰螺栓螺母垫片；2—对焊凸面法兰；3—加厚短管；4—法兰闸阀；5—缠绕式垫片；6—双头螺栓；7—螺母；8—玻璃板液位计放空接头；9—内螺纹截止阀

差压式测量有压设备液面管路安装如图 3-39 所示。

<table>
<tr><td rowspan="2">中华人民共和国行业
标准设计</td><td colspan="2" rowspan="2">差压式测量有压设备液面管路连接图
（三阀组带冷凝容器）PN 16MPa
HOOK-UP DWG. OF LEVEL MEASUREMENT FOR PRESSURIZED VESSEL BY D/P CELL(3-VALVE MANIFOLD WITH CONDENSATE POT)</td><td colspan="2">HG/T 21581—95
HK04—117</td></tr>
<tr><td>第　张　共张
OF　SHEET</td><td>总　张　第　张
OF　TOTAL</td></tr>
<tr><td>压力等级：16MPa
RATING：</td><td>管件连接形式：对焊式连接方式
CONN TYPE：BUTT-WELDING CONNECTION</td><td>序号
NO.</td><td>位号
TAG NO.</td><td>管道或设备号
PIPE(VESSEL)NO.</td></tr>
<tr><td colspan="2" rowspan="10"></td><td>1</td><td></td><td></td></tr>
<tr><td>2</td><td></td><td></td></tr>
<tr><td>3</td><td></td><td></td></tr>
<tr><td>4</td><td></td><td></td></tr>
<tr><td>5</td><td></td><td></td></tr>
<tr><td>6</td><td></td><td></td></tr>
<tr><td>7</td><td></td><td></td></tr>
<tr><td>8</td><td></td><td></td></tr>
<tr><td>9</td><td></td><td></td></tr>
<tr><td>10</td><td></td><td></td></tr>
</table>

件号 NO.	代码 CODE	图号与标准件 DWG& STD. NO.	名称与规格 NAME&SIZE	材料 MATERIAL	数量 0'TY	备注 REMARKS
7	VB221 VB226		外螺纹球阀(带外套螺母)PN16MPa DN5mmϕ14/ϕ14 MALE THREADED BALL VALVE (WITH BELL NUT)	CS 0Cr18Ni10Ti	2	
	VC221 VC223	J21W-160C P	外螺纹截止阀(带外套螺母)PN16MPa DN10mmϕ14/ϕ14 MALE THREADED GLOBE VALVE	CS 0Cr18Ni10Ti	2	
6	VM301 VM302		三阀组 PN 16MPa DN5mm 3-VALVE MANIFOLD		1	附对焊式接头 ϕ14 WITH B. W UNION
5	FB171 FB186		对焊式三通中间接头 PN16MPa ϕ14 B. W TEE	CS 0Cr18Ni10Ti	2	
4	PL105 PL222	GB8163—87 GB2270—80	无缝钢管 ϕ14×2 TUBE(SMLS)	20 0Cr18Ni10Ti		
3	FB112 FB135		对焊式直通中间接头 PN16MPa ϕ14 B. WUNION	CS 0Cr18Ni10Ti		
2	CC004 CC005		对焊冷凝容器 PN16MPa DN100mm ϕ14 B. W CONDENSATE POT	20 0Cr18Ni10Ti	1	
1	FF015 FF016		对焊式异径活接头 PN6. 3MPa ϕ22/ϕ14 B. W REDUGING UNION	CS 0Cr18Ni10Ti	2	

安装材料图 INSTALLATION MATERIAL LIST

图 3-39　差压式测量有压设备液面管路安装图

思考题

1. 简述液位计的选择方法。
2. 安装差压式液位计时应注意哪些问题?
3. 安装雷达液位计时应注意哪些问题?
4. 安装浮筒液位计时应注意哪些问题?
5. 液位仪表常见的故障有哪些? 如何处理?
6. 如何校验液位计?

模块四
流量检测仪表安装

为了有效地进行生产操作和控制，需要对生产过程中各种介质的流量进行测量，以便为生产操作和控制提供依据。另外，在大多数工业生产中常用测量和控制流量来确定物料的配比与耗量，实现生产过程自动化和最优控制。同时，为了进行经济核算，也需要知道一段时间内流过的介质总量。因此，对管道内介质流量的测量和控制也是实现生产过程自动化的一项重要任务。流量测量仪表种类多，应用广泛，在本模块中主要介绍差压式流量计、涡街流量计、电磁流量计、转子流量计及腰轮流量计的安装。

项目一　差压式流量计安装

一、学习目标

1. 知识目标

① 熟悉差压式流量计的构成和测量原理；

② 掌握流量检测仪表的选型方法及安装注意事项；

③ 掌握差压式流量计的故障判断方法；

④ 掌握差压式流量计的校验方法；

⑤ 掌握差压式流量计零点迁移调整方法。

2. 能力目标

① 具备选择差压式流量计的能力；

② 初步具备安装差压式流量计的能力；

③ 初步具备对差压式流量计的常见故障进行分析判断及处理的能力；

④ 具备校验差压式流量计和对差压式流量计进行零点迁移的能力。

二、理实一体化教学任务

理实一体化教学任务参见表 4-1。

表 4-1　理实一体化教学任务

任务	内　容
任务一	认识差压式流量计

续表

任务	内　容
任务二	选择差压式流量计
任务三	分析判断差压式流量计常见故障
任务四	差压式流量计的校验
任务五	差压式流量计的安装与调试

三、理实一体化教学内容

（一）差压式流量计的工作原理

差压式（也称节流式）流量计是基于流体流动的节流原理，利用流体流经节流装置时产生的压力差而实现流量测量的。它是目前生产中测量流量最成熟、最常用的方法之一。通常由能将被测流体的流量转换成压差信号的节流装置（如孔板、喷嘴、文丘里管等）和能将此压差信号转换成对应的流量值显示出来的差压变送器所组成。

所谓节流装置就是在管道中放置能使流体产生局部收缩的元件。应用最广的是孔板，其次是喷嘴、文丘里管和文丘里喷嘴。这几种节流装置的使用历史较长，已经积累了丰富的实践经验和完整的实验资料，因此，国内外都把它们的形式标准化，并称为标准节流装置。就是说根据统一标准进行设计和制造的标准节流装置可直接用来测量，不必单独标定。但对于非标准化的特殊节流装置，在使用时，应对其进行个别标定。

1. 测量原理

流体在有节流装置的管道中流动时，在节流装置前后的管壁处，流体的静压力产生差异的现象称为节流现象。

节流装置包括节流元件和取压装置。节流元件是使管道中的流体产生局部收缩的元件，常用的节流元件有孔板、喷嘴和文丘里管等，下面以孔板为例说明节流现象。

在管道中流动的流体具有动能和位能，在一定条件下这两种能量可以相互转换。而根据能量守恒定律，流体所具有的静压能和动能，再加上克服流动阻力的能量损失，在没有外加能量的情况下，其总和是不变的。图 4-1 表示在孔板前后流体的速度与压力的分布情况。流体在管道截面Ⅰ前，以一定的流速 v_1 流动。此时的静压力为 p'_1。在接近节流装置时，由于遇到节流装置的阻挡，使靠近管壁处的流体受到节流装置的阻挡作用最大，因而使一部分动能转换为静压能，出现了节流装置入口端面靠近管壁处的流体静压力升高，并且比管道中心处的压力要大，即在节流装置入口端面处产生一径向压差，这一径向压差使流体产生径向附加速度，从而使靠近管壁处的流体质点的流向与管道中心轴线相倾斜，形成了流速的收缩运动。由于惯性作用，流速收缩最小的地方不在孔板的开孔处，而是在开孔处的截面Ⅱ处。根据流体流动的连续性方程，截面Ⅱ处的流体的流动速度最大，达到 v_2。随后流速又逐渐扩大，至截面Ⅲ后则完全恢复平稳状态，流速便降低到原来的数值，即 $v_1=v_2$。

由于节流装置造成流束的局部收缩，使流体的流速发生变化，即动能发生变化。与此同时，表征流体静压能的静压力也在变化。在截面Ⅰ处，流体具有静压力 p'_1。到达截面Ⅱ时，流速增加到最大值，静压力则降低到最小值 p'_2，而后又随着流束的恢复而逐渐恢复，由于在孔板端面处，流通截面突然缩小和扩张，使流体形成局部涡流，要消耗一部分能量，同时流体流经孔板时，要克服摩擦力，所以流体的静压力不能恢复到原来的数值 p'_1，而产生了压力损失 $\delta_p=p'_1-p'_2$。

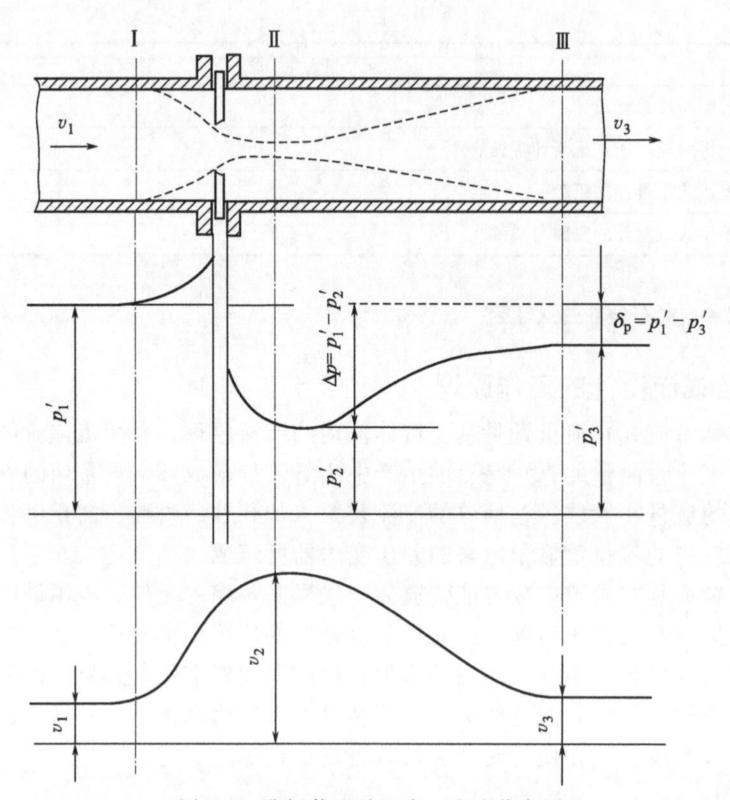

图 4-1　孔板装置及压力、流速分布图

节流装置前流体的压力较高，称为正压，常以“+”为标志；节流装置后流体压力较低，称为负压（不同于真空度的概念），常以“−”为标志。节流装置前后压差的大小与流量有关。管道中流动的流体流量越大，在节流装置前后产生的压差也越大，只要测出孔板前后压差的大小，即可反映出流量的大小，这就是节流装置测量流量的基本原理。

值得注意的是：要准确地测量出截面Ⅰ与截面Ⅱ处的压力 p_1' 和 p_2' 是有困难的，这是因为产生最低静压力 p_2' 的截面Ⅱ的位置随着流速的不同会改变，事先根本无法确定。因此实际上是在孔板前后的管壁上选择两个固定的取压点，来测量流体在节流装置前后的压力变化。因而所测得的压差与流量之间的关系，与测压点和测压方式的选择是紧密相关的。

2. 流量基本方程式

流量基本方程式是阐明流量与压差之间定量关系的基本流量公式。它是根据流体力学中的伯努利方程式和连续性方程式推导而得的，即：

$$Q=\alpha\varepsilon F_0\sqrt{\frac{2}{\rho_1}\Delta p} \tag{4-1}$$

$$M=\alpha\varepsilon F_0\sqrt{2\Delta p\rho_1} \tag{4-2}$$

式中　α——流量系数，它与节流装置的结构形式、取压方式、开孔截面积与管道截面积之比 m、雷诺数 Re、孔口边缘锐度、管壁粗糙度等因素有关；

ε——膨胀校正系数，它与孔板前后压力的相对变化量、介质的等熵指数、孔板开孔面积与管道截面积之比等因素有关，应用时可查阅有关手册而得。但对不可压缩的液体来说，常取 1；

F_0——节流装置的开孔截面积；

Δp ——节流装置前后实际测得的压力差；

ρ_1 ——节流装置前的流体密度。

由流量基本方程式可以看出，流量与压力差 Δp 的平方根成正比。所以用这种流量计测量流量时，如果不加开方器，流量标尺刻度是不均匀的。起始部分的刻度很密，后来逐渐变疏。在用差压式流量计测量流量时，被测流量值不应接近于仪表的下限值，否则误差将会很大。

3. 节流装置的取压方式

节流装置的取压方式，就孔板而言有 5 种：角接取压、法兰取压、径距取压、理论取压及管接取压。就喷嘴而言只有角接取压和径距取压两种。

(1) 角接取压

上、下游侧取压孔轴心线与孔板（喷嘴）前后端面的间距各等于取压孔直径的一半，或等于取压环隙宽度的一半，因而取压孔穿透处与孔板端面正好相平，角接取压包括环室取压和单独钻孔取压。

(2) 法兰取压

上、下游侧取压孔中心至孔板前后端面的间距为 (25.4 ± 0.8)mm。

(3) 径距取压

上游侧取压孔中心与孔板（喷嘴）前端面的距离为 D，下游侧取压孔中心与孔板（喷嘴）后端面的距离为 $\frac{1}{2}D$ 。

(4) 理论取压

上游侧的取压孔中心至孔板前端面的距离为 $D\pm0.1D$，下游侧的取压孔中心线至孔板后端面的间距随 $\beta=\frac{d}{D}$ 的大小而异。

(5) 管接取压

上游侧取压孔的中心线距孔板前端面为 $2.5D$，下游侧取压孔中心线距孔板后端面为 $8D$。

以上 5 种取压方式中，角接取压方式用得最多，其次是法兰取压。

4. 标准节流元件

(1) 标准孔板

标准孔板的基本结构如图 4-2 所示。

标准孔板各部分的加工要求如下：孔板前端面 A 不许有明显的划痕，其加工表面粗糙度要求：50mm$\leqslant D\leqslant$500mm 时，Ra 为 3.2μm；500mm$\leqslant D\leqslant$750mm 时，Ra 为 6.3μm；750mm$\leqslant D\leqslant$1000mm 时，Ra 为 12.5μm。孔板后端面 B 应与 A 平行，其表面粗糙度可适当降低。上游侧入口边缘 G 和圆筒形下游侧出口边缘 I 应无刀痕和毛刺，入口边缘 G 要求十分尖锐。

标准孔板各部的尺寸要求如下：孔板开孔圆筒形的厚度 e 要求是 $0.005D\leqslant e\leqslant0.02D$，表面粗糙度 Ra 不能低于 1.6μm，其出口边缘无毛刺。孔板的厚度 E 应为 $e\leqslant E\leqslant0.05$mm，当管道直径为 50～100mm 之间时，允许 $E=3$mm，随着管道直径 D 的增加，E 也要适当加厚。当 $E>e$ 时，其斜面倾角 F 应为 $30°\leqslant F\leqslant45°$，表面粗糙度 Ra 为 3.2μm，孔板的不平度在 1%以内，孔板开孔直径 d 的加工要求非常精确，当 $\beta\leqslant0.67$ 时，$d\pm0.0005d$。

① 角接取压标准孔板。角接取压的标准孔板有两种取压方式，一种为环室取压方式，另一种为单独钻孔取压方式，如图 4-3 所示。

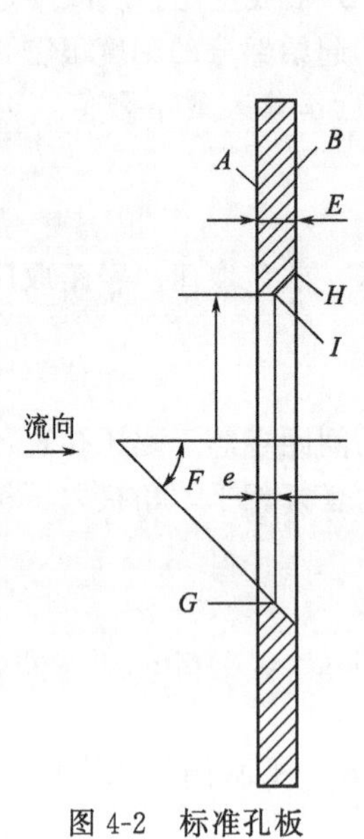

图 4-2　标准孔板

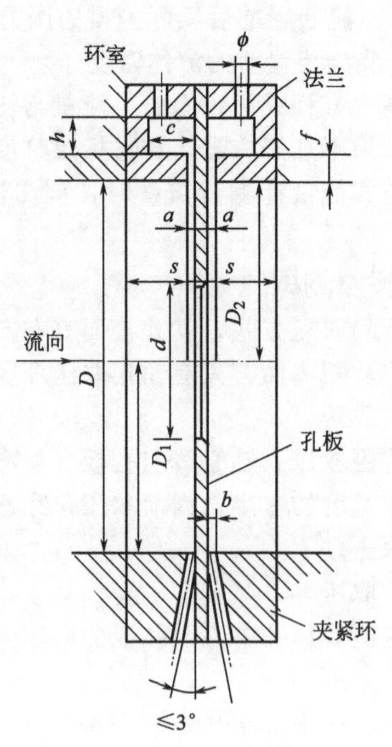

图 4-3　角接取压的取压装置

图 4-3 上半部分为环室取压，P_1 由前环室取出，P_2 由后环室取出。

图 4-3 的下半部分为单独钻孔取压，孔板上游侧的静压力 P_1 由前夹紧环取出，P_2 由后夹紧环取出。

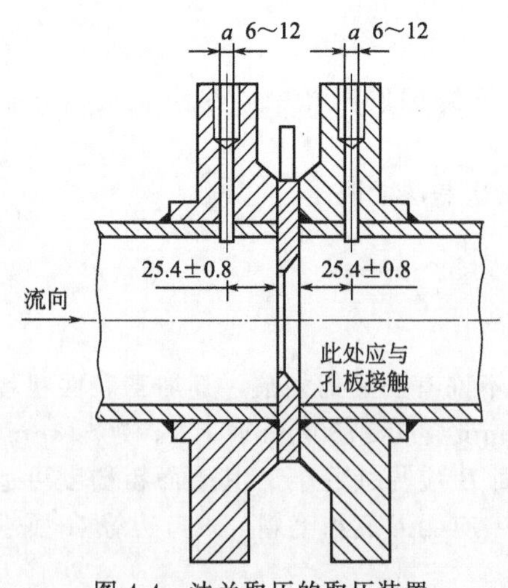

图 4-4　法兰取压的取压装置

② 法兰取压标准孔板。图 4-4 为标准孔板使用法兰取压的安装图，从图中知法兰取压孔在法兰盘上，上下游取压孔的中心线距孔板的两个端面的距离均为（25.4±0.8)mm，并垂直于管道的轴线。取压孔直径 $d \geqslant 0.08D$，最好取 d 为 6～12mm 之间。

法兰取压标准孔板可适用于管径 $D=50\sim750$mm 和直径比 $\beta=0.1\sim0.75$ 的范围内。

(2) 标准喷嘴

有 ISA1932 喷嘴和长径喷嘴两种形式，如图 4-5 所示，是一个以管道喉部开孔轴线为中心线的旋转对称体，由两个圆弧曲面构成的入口收缩部分及与之相接的圆筒形喉部所组成。标准喷嘴可用多种材质制造，可用于测量温度和压力较高的蒸汽、气体和带有杂质的液体介质流量。标准喷嘴的测量精度较孔板要高，加工难度大，价格高，压力损失略小于孔板，要求工艺管径 D 不超过 500mm。

(3) 标准文丘里管

由入口圆筒段、圆锥收缩段、圆筒形喉部、圆锥扩散段组成，如图 4-6 所示。压力损失较孔板和喷嘴都小得多，可测量有悬浮固体颗粒的液体，较适用于大流量气体流量的测量，但制造困难，价格昂贵，不适用于 200mm 以下管径的流量测量，工业应用较少。

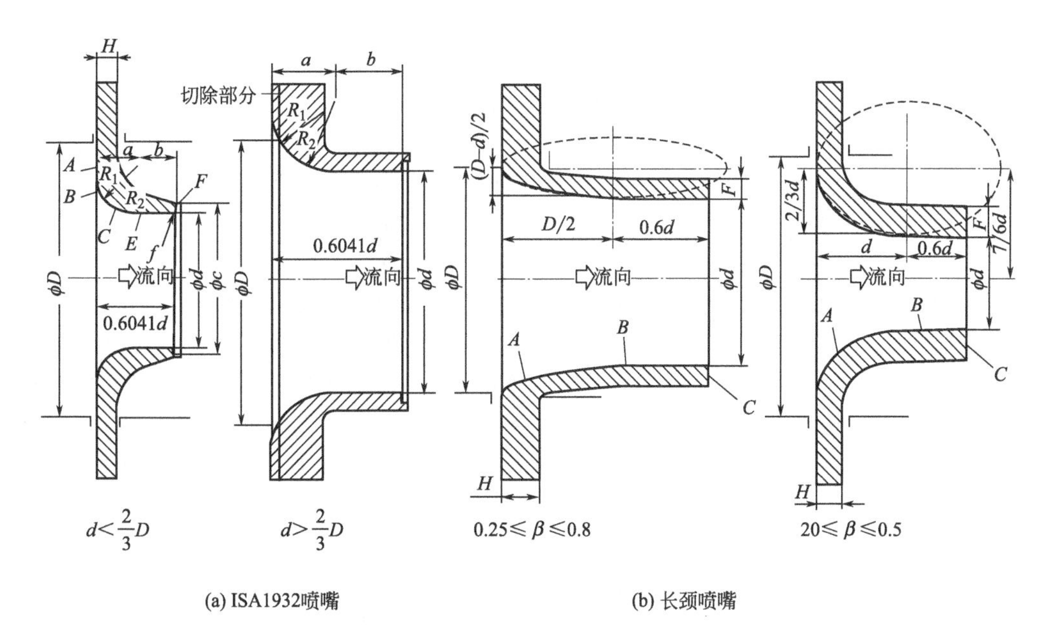

图 4-5　标准喷嘴结构图

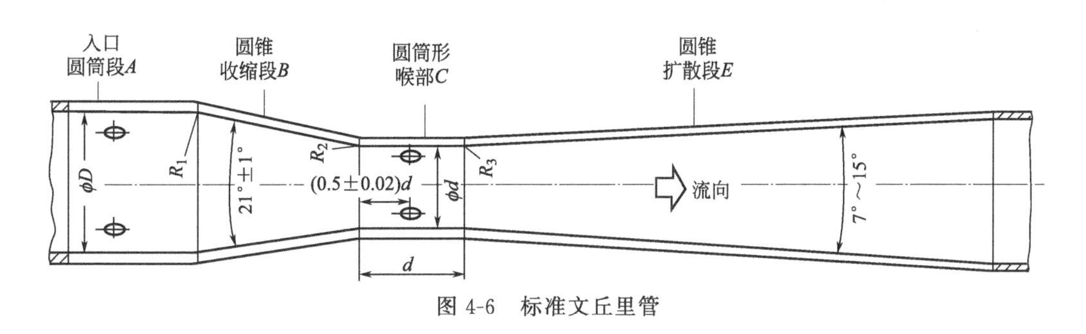

图 4-6　标准文丘里管

（二）安装使用注意事项

1. 安装注意事项

差压式流量计的安装要求包括管道条件、管道连接情况、取压口结构、节流装置上下游直管段长度以及差压信号管路的敷设情况等。

安装要求必须按规范施工，偏离要求产生的测量误差，虽然有些可以修正，但大部分是无法定量确定的，因此现场的安装应严格按照标准的规定执行，否则产生的测量误差甚至无法定性确定。

以下我们就测量管、节流件以及差压信号管路几方面的安装需要注意的事项分别进行介绍。

(1) 测量管及其安装

测量管是指节流件上下游直管段，包括节流件夹持环及流动调整器（如果使用时），典型的测量管如图 4-7 所示。测量管是节流装置的重要组成部分，其结构及几何尺寸对进入节流件流体的流动状态有重要影响，所以在标准中对测量管的结构尺寸及安装有详细的规定。对于测量管及其安装应注意以下内容：①直管段管道内径的确定方法；②直管段的直度和圆度；③直管段的内表面状况；④直管段的必要长度；⑤节流件夹持环；⑥流动调整器。

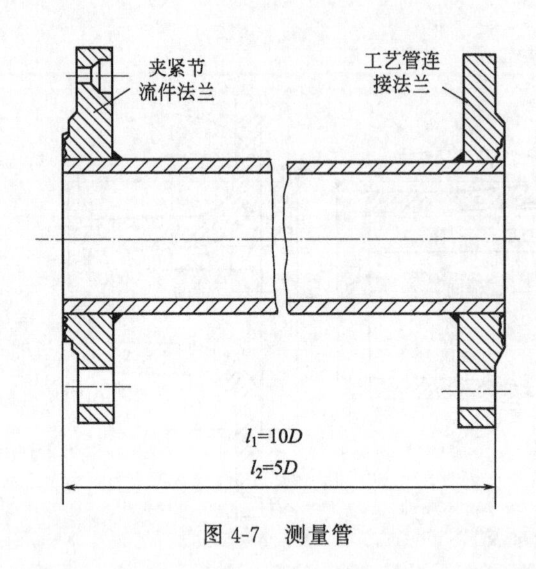

图 4-7 测量管

(2) 节流件的安装

节流件安装的垂直度、同轴度及与测量管之间的连接都有严格的规定。

① 垂直度。节流件应垂直于管道轴线，其偏差允许在±1°之间。

② 同轴度。节流件应与管道或夹持环（采用时）同轴。

③ 节流件前后测量管的安装。离节流件 2D 以外，节流件与第一个上游阻流件之间的测量管，可由一段或多段不同截面的管子组成。

(3) 差压信号管路的安装

差压信号管路是指节流装置与差压变送器（或差压计）的导压管路，它是差压式流量计的薄弱环节。据统计，差压式流量计的故障中引压管路最多，如堵塞、腐蚀、泄漏、冻结、假信号等等，约占全部故障的 70%，因此对差压信号管路的配置和安装应引起高度重视。

① 取压口。取压口一般设置在法兰、环室或夹持环上，当测量管道为水平或倾斜时取压口的安装方向如图 4-8 所示。它可以防止测液体时气体进入导压管或测气体时液滴或污物进入导压管。当测量管道为垂直时，取压口的位置在取压位置的平面上，方向可任意选择。不同温度条件下取压接头的安装方法如图 4-9 所示。

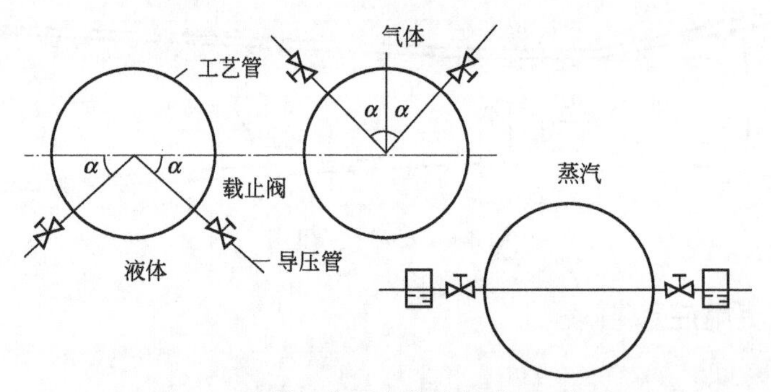

图 4-8 取压口位置安装示意图（$\alpha \leqslant 45°$）

② 导压管。导压管的材质应按被测介质的性质和参数确定，其内径不小于 6mm，长度最好在 16m 以内，各种被测介质在不同长度时导压管内径的建议值如表 4-2 所示。导压管应垂直或倾斜敷设，其倾斜度不小于 1∶12，黏度高的流体，其倾斜度应增大。

表 4-2 导压管的内径和长度

导压管直径/mm \ 导压管长度/mm 被测流体	<16000	16000～45000	45000～90000	导压管直径/mm \ 导压管长度/mm 被测流体	<16000	16000～45000	45000～90000
水、水蒸气、干气体	7～9	10	13	低、中黏度的油品	13	19	25
湿气体	13	13	13	脏液体或气体	25	25	38

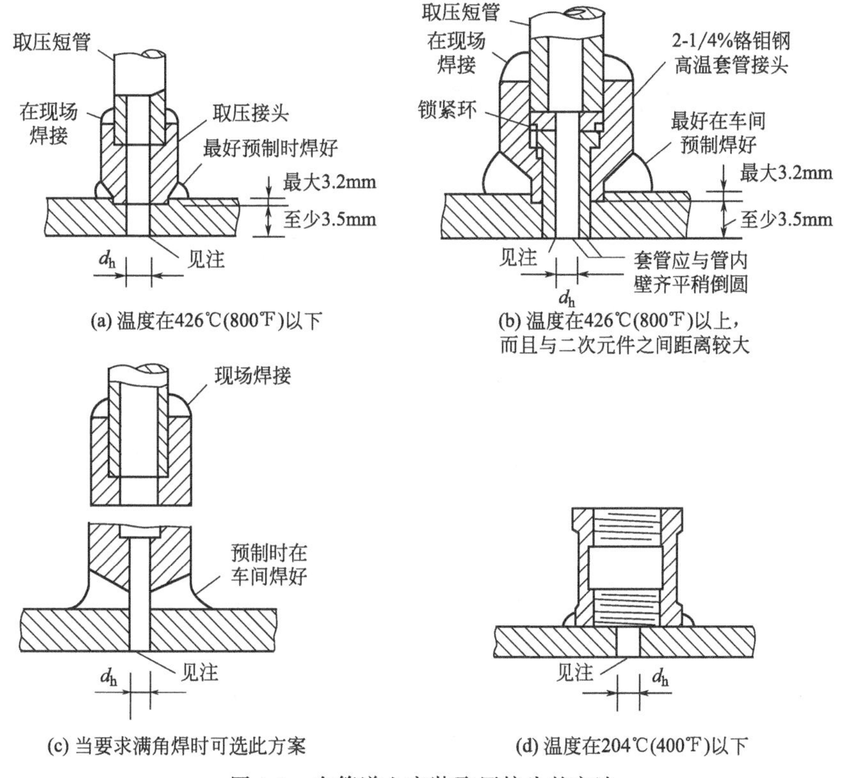

图 4-9　在管道上安装取压接头的方法

注：取压孔边缘应整齐，为直角或稍加倒圆，无毛刺、卷刃及其他缺陷

当导压管长度超过 30m 时，导压管应分段倾斜，并在最高点与最低点装设集气器（或排气阀）和沉淀器（或排污阀）。正负导压管应尽量靠近敷设，防止两管子温度不同使信号失真。严寒地区导压管应加防冻保护，用电或蒸汽加热保温，要防止过热，导压管中流体汽化会产生假差压应予注意。

③ 差压信号管路的安装。根据被测介质的性质和节流装置与差压变送器（或差压计）的相对位置，差压信号管路有以下几种安装方式。

被测流体为清洁液体时，信号管路的安装方式如图 4-10 所示。

被测流体为清洁干气体时，信号管路的安装方式如图 4-11 所示。

被测流体为水蒸气时，信号管路的安装方式如图 4-12 所示。图 4-12(a) 与图 4-12(d) 仅冷凝器安装方式不同，可任意选用。

被测流体为清洁湿气体时，信号管路的安装方式如图 4-13 所示。图 4-13(a) 与图 4-13(b)、图 4-13(e)、图 4-13(f) 可任意选用。

2. 使用注意事项

一台差压式流量计能否可靠地运行，达到设计精确度的要求，正确使用是很重要的。尽管流量计的设计、制造及安装等皆符合标准规定的要求，但如果不注意使用问题，也可能前功尽弃，使用完全失败。以下列举若干应注意的问题。

差压式流量计标准规定的工作条件在实验室里可以满足，但是在现场要完全满足比较困难，可以说，偏离标准规定要求是难免的，这时重要的是要估计偏离的程度，如果能进行适当的补偿（修正）是最好的，否则要加大估计的测量误差。

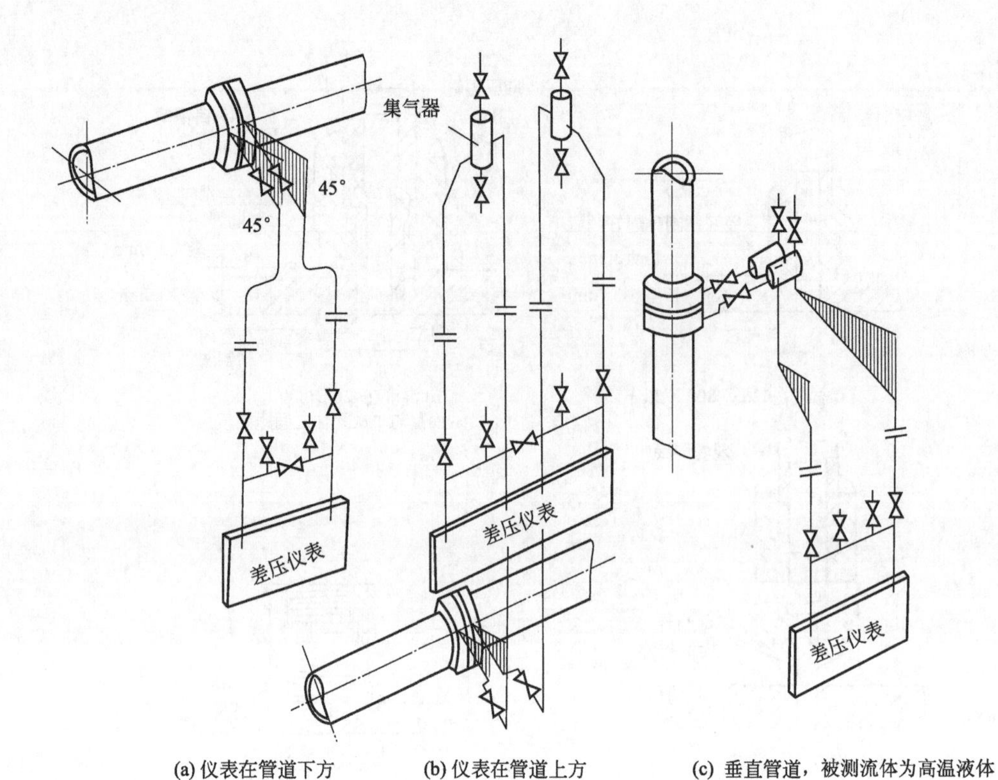

(a) 仪表在管道下方　　(b) 仪表在管道上方　　(c) 垂直管道，被测流体为高温液体

图 4-10　被测流体为清洁液体时信号管路安装示意图

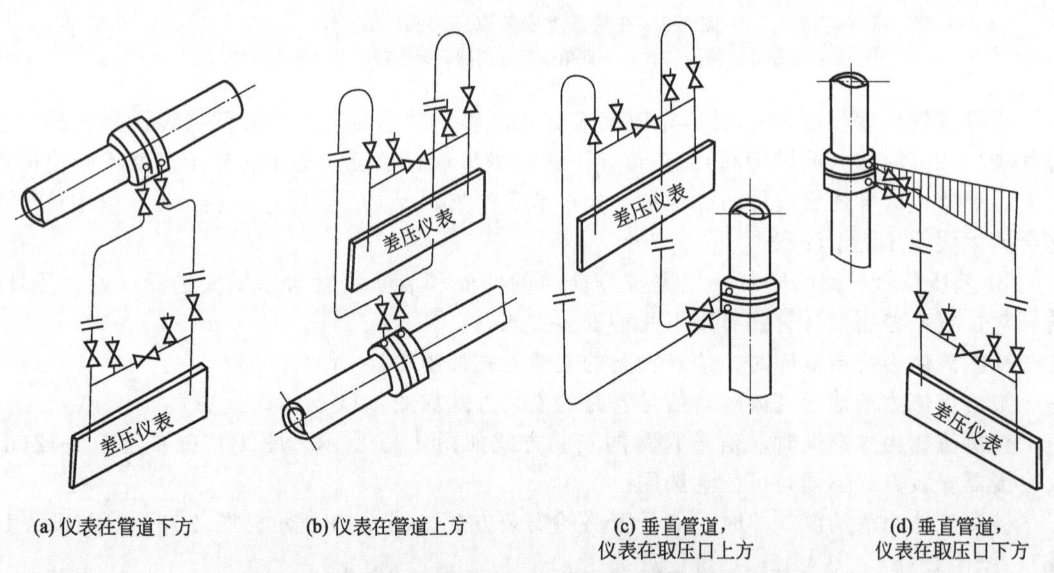

(a) 仪表在管道下方　　(b) 仪表在管道上方　　(c) 垂直管道，仪表在取压口上方　　(d) 垂直管道，仪表在取压口下方

图 4-11　被测流体为清洁干气体时信号管路安装示意图

差压式流量计检测件节流装置安装于现场严酷的工作场所，在长期运行后，无论管道或节流装置都会发生一些变化，如堵塞、结垢、磨损、腐蚀等等。检测件依靠结构形状及尺寸保持信号的准确度，因此任何几何形状及尺寸的变化都会带来附加误差。麻烦的是，测量误差的变化并不能从信号中觉察到，因此定期检查检测件是必要的。可以根据测量介质的情况确定检查的周期，周期的长短无法作统一规定，使用者应该根据自己的具体情况确定，有的可能要摸索一段时间才能掌握。

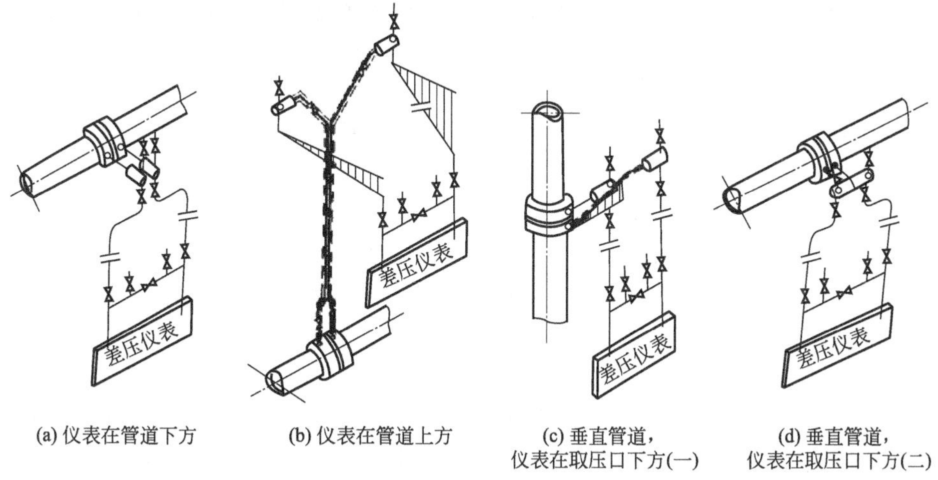

(a) 仪表在管道下方　(b) 仪表在管道上方　(c) 垂直管道，仪表在取压口下方(一)　(d) 垂直管道，仪表在取压口下方(二)

图 4-12　被测流体为水蒸气时信号管路安装示意图

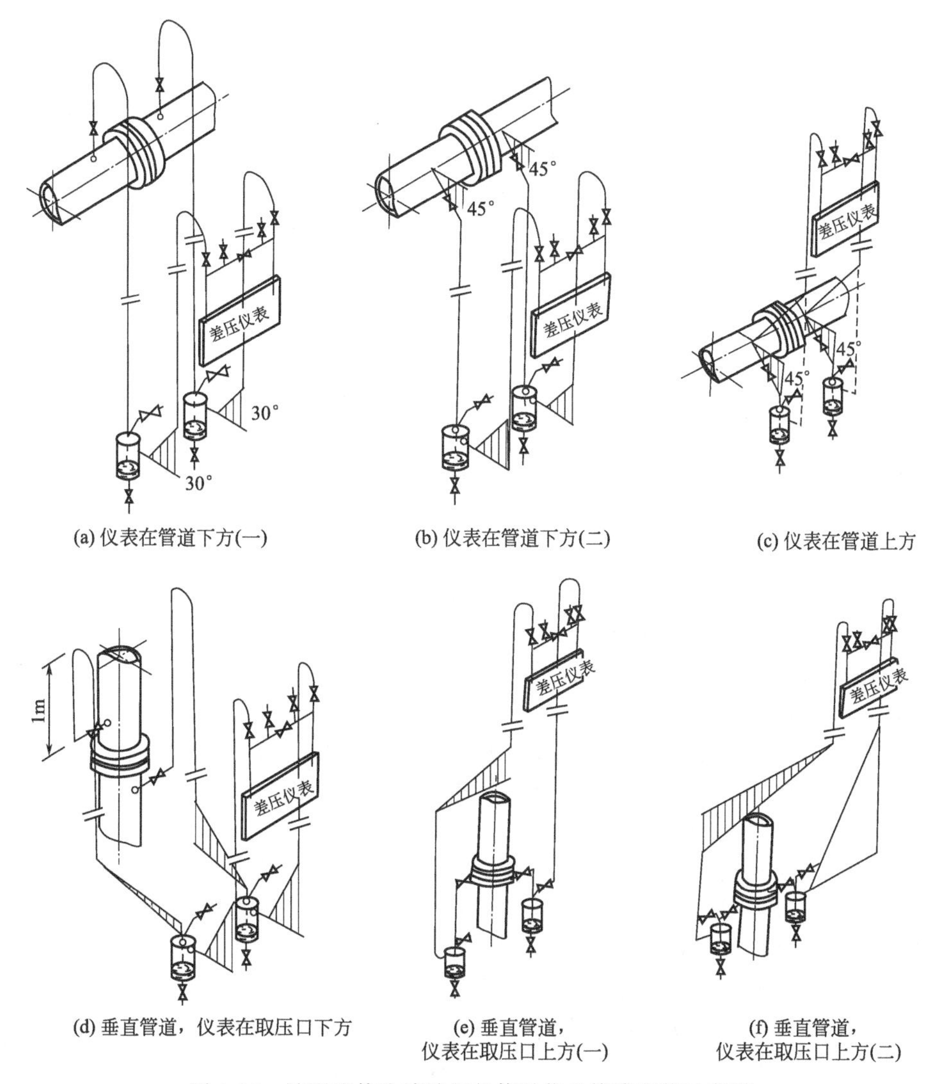

(a) 仪表在管道下方(一)　(b) 仪表在管道下方(二)　(c) 仪表在管道上方

(d) 垂直管道，仪表在取压口下方　(e) 垂直管道，仪表在取压口上方(一)　(f) 垂直管道，仪表在取压口上方(二)

图 4-13　被测流体为清洁湿气体时信号管路安装示意图

在节流装置设计计算任务书中要求用户详细填写使用条件，这些条件在仪表投运后发生变化是难免的，因为设计者很难估计工艺过程的一些变量，例如压力和温度的波动。有些工艺过程刚投运，运行一段时间后发生变化是正常的。另外，经常有生产产量逐渐提高的事情。以上这些都会使被测介质的物性参数发生变化。这时使用者要及时检查工艺参数，对仪表进行修正或采取一些措施，如更换节流件，调整差压变送器量程等等。

3. 差压式流量计的投运

系统开车时，差压式流量计的投运要特别注意其投运步骤。

开表前，必须先使引压管内充满液体或隔离液，引压管中的空气要通过排气阀和仪表的放气孔排除干净。

在开表过程中，要特别注意差压计或差压变送器的弹性元件不能受突然的压力冲击，更不要处于单向受压状态。图 4-14 为差压式流量计测量示意图，现就投运步骤说明如下。

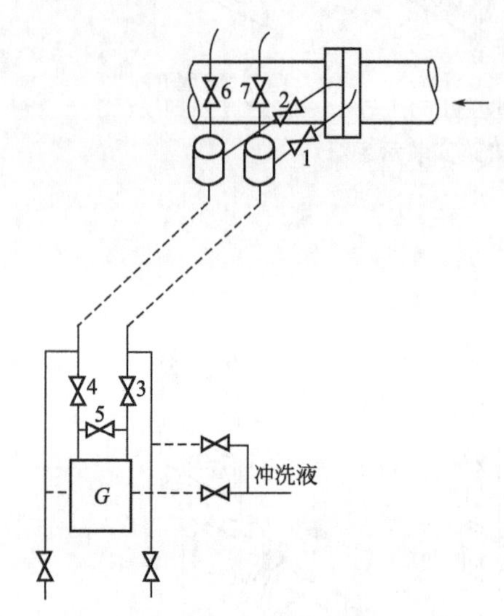

图 4-14　差压式流量计测量示意图

1，2—根部截止阀；3—正压侧切断阀；4—负压侧切断阀；5—平衡阀；6，7—排气阀

① 打开节流装置根部截止阀 1 和 2；

② 打开平衡阀 5，并逐渐打开正压侧切断阀 3，使差压计的正、负压室承受同样压力；

③ 开启负压侧切断阀 4，并逐渐关闭平衡阀 5，仪表即投入运行。

仪表停运时，与投运步骤相反，即先打开平衡阀 5，然后关闭正、负压侧切断阀 3、4，最后再关闭平衡阀 5。

在运行中，如需在线校验仪表的零点，只需打开平衡阀 5，关闭切断阀 3、4 即可。

4. 差压式流量计安装问题的分析及解决

差压式流量计在安装中，会出现一些常见问题。针对差压式流量计安装过程中出现的一些问题，总结归纳了一些问题判定分析和处理的方法。

（1）节流元件安装方向问题

差压变送器进行调试，如果发现测量的流量比管道内流体的实际流量小，则检查孔板是否装反。孔板的锐边应迎着被测流体的流向。如果节流装置安装在垂直工艺管道上，节流元件孔板锐边应迎着自下而上的流体流向。

（2）阀组质量问题

如果差压变送器指示不断偏低，则检查阀组是否有泄漏的情况发生，如果有泄漏，处理造成平衡阀泄漏的原因，或更换新的平衡阀，流量指示即可恢复正常。

（3）导压管管件安装问题

安装完毕，差压式流量计进入气压试验阶段，如果在气压试验阶段压力值不稳定，并伴随着压力值下降，证明管线连接处有漏点。首先应检查管接头是否损坏，接头和管线有无损伤，是否为装配方式出现问题。

卡套管接头装配分三个简单步骤：

步骤 1：将仪表管插入仪表管接头内。管应插到接头内的台肩上，然后用手拧紧螺母。

步骤 2：在紧固螺母前，在螺母 6 点钟的位置上划线。

步骤 3：用开口扳手固定接头，然后旋转螺母 $1\frac{1}{4}$圈，即从 6 点钟位置开始将螺母旋转

360°后再旋转 90°到 9 点钟位置。将螺母划线在 6 点钟位置（且清晰可见），这样即可确认其已到起始位置。当旋转 1¼ 圈到 9 点钟位置时，即能容易地看到该接头是否已经正确地安装。

（4）差压变送器接线问题

差压变送器接线结束后，及时对变送器进行接线检查。

（三）标准节流装置的计算

① 已知管道内径 D 与节流件孔径 d、取压方式、被测流体参数（如温度 t、压力 p、密度 ρ、黏度 η、等熵指数 k、管道内壁的粗糙度、材料线胀系数 λ_D 和 λ_d）等必要条件，要求根据所测得的差压 Δp 计算被测介质的流量。

② 已知管道内径 D 及管道布置情况、流量范围、被测流体参数如温度 t、压力 p、密度 ρ、黏度 η、等熵指数 k、管道内壁的粗糙度、材料线胀系数 λ_D 和 λ_d 等必要条件，要求设计一个标准节流装置，即进行如下工作：选择节流件形式和确定节流件开孔直径 d；选择计算差压变送器量程；推荐节流件在管道上的安装位置以及计算流量测量总不确定度。

计算依据：

$$q_v = 0.004 \frac{c}{\sqrt{1-\beta^4}} \varepsilon d^2 \sqrt{\frac{\Delta p}{\rho}} = 0 \tag{4-3}$$

$$q_m = 0.004 \frac{c}{\sqrt{1-\beta^4}} \varepsilon d^2 \sqrt{\Delta p \rho} = 0 \tag{4-4}$$

两类命题都不能根据以上两式进行直接计算，而要采用迭代计算方法。

重新组合流量方程，将已知值组合在方程的一边，而将未知值组合在方程的另一边。确定迭代变量 X_1，计算差值 δ_1。

迭代公式：

$$X_n = X_{n-1} - \delta_{n-1} \frac{X_{n-1} - X_{n-2}}{\delta_{n-1} - \delta_{n-2}} \tag{4-5}$$

1. 第一类命题计算步骤

已知管径 D、孔径 d、差压 Δp、密度 ρ 和黏度 μ 等参数，直径比 β 和可膨胀性系数 ε 可以通过已知参数求得。未知的是 C 和 q_m。C 是雷诺数 Re 的函数，Re 又是流量 q_m 的函数。

$$A_1 = 0.004 \frac{\varepsilon d^2}{\sqrt{1-\beta^4}} \sqrt{\Delta p \rho} \tag{4-6}$$

$$A_1 = \frac{q_m}{C} \tag{4-7}$$

$$X = q_m = A_1 C \tag{4-8}$$

$$C = f(Re, \beta) \tag{4-9}$$

具体步骤：

① 根据节流件的形式，假设一流出系数 C_0。

对于孔板，可设 $C_0 = 0.5961 + 0.0261\beta^2 - 0.216\beta^8$；

对于喷嘴，可设 $C_0 = 0.9900 + 0.2262\beta^{4.1}$。

② 计算变量 $X_1 = C_0 A_1$。

③ 根据 $X_1(q_{m1})$ 计算雷诺数 Re_D，计算流出系数 C_1。差值 $\delta_1 = A_1 - X_1/C_1$。

④ 同理计算出 X_2 和 δ_2，由迭代公式计算 X_3。

⑤ 如果绝对值 $|\delta_n/A_1|$ 小于等于某一预定精度 e 时，迭代计算结束，X_n 就是要求的流量值 q_m。

[例]

已知：角接取压标准孔板，测水，$t=30℃$，$p=0.6\text{MPa}$，$D_{20}=100\text{mm}$，$d_{20}=50.47\text{mm}$，信号差压 $\Delta p=50\text{kPa}$。计算 $D=100.001\text{mm}$，$d=50.4784\text{mm}$，$\beta=0.50478$，查 $\rho=995.65$，$\eta=0.7975$ 等参数。

解：$A_1=0.004\dfrac{\varepsilon d^2}{\sqrt{1-\beta^4}}\sqrt{\Delta p\rho}$

$=74368$

设 $C_0=0.5961+0.0261\beta^2-0.216\beta^8=0.6018$

$X_1(q_{m1})=C_0A_1=44.755\text{t/h}$

雷诺数：

$Re_D=0.354\dfrac{q_m}{D\eta}$

$=1.987\times10^5$

$C_1=0.6057$

$$C=0.5961+0.0261\beta^2-0.216\beta^8+0.000521\left(\frac{10^6\beta}{Re_D}\right)^{0.7}+(0.0188+0.0063A)\beta^{3.5}\left(\frac{10^6}{Re_D}\right)^{0.3}$$

$X_2(q_{m2})=C_1A_1=45.045\text{t/h}$

$Re_D=1.999\times10^5$，$C_2=0.6057$

2. 第二类命题计算步骤

已知的是管径 D、流量 q_m（也即雷诺数 Re_D）、密度 ρ 和黏度 η 等参数，直径比 β、膨胀性系数 ε、流出系数 C 是未知量。差压 Δp 通过差压上限的选择计算，也是已知的。

已知量 $A_2=\dfrac{q_m}{0.004D^{z\sqrt{\Delta p\rho}}}$　　　未知量 $A_2=\dfrac{C\varepsilon\beta^2}{\sqrt{1-\beta^4}}$

$X=\dfrac{\beta^2}{\sqrt{1-\beta^4}}=A^2/(C\varepsilon)$　　　$\beta=\left(\dfrac{X^2}{1+X^2}\right)^{1/4}$

具体步骤：

① 假设一流出系数 C_0 和 ε_0。对于液体，令 $\varepsilon=1$。

② 计算变量 $X_1=A_2/(C_0\varepsilon_0)$。

③ 根据 X_1 计算雷诺数 Re。

④ 根据有关公式计算流出系数 C_1 和可膨胀性系数 ε_1。

⑤ 计算差值 $\delta_1=A_2-X_1C_1\varepsilon_1$。

⑥ 将流出系数 C_1 和可膨胀性系数 ε_1 代入变量计算公式，得 $X_2=A_2/(C_1\varepsilon_1)$，$X_3$，$X_4$……

⑦ 计算 β，计算开孔直径 $d=D\beta$。

⑧ 用流量公式验算流量，计算流量测量不确定度。

[例]

设计任务书

① 被测介质：过热蒸汽。

② 流量范围：$q_{mmax}=250t/h$；$q_m=200t/h$；$q_{mmin}=100t/h$。
③ 工作压力：$p=13.34MPa$（绝对）。
④ 工作温度：$t=550℃$。
⑤ 允许压力损失：$\Delta p=59kPa$。
⑥ 管道内径：$D_{20}=221mm$（实测）。
⑦ 管道材料：X20CrMoWV121 无缝钢管。
管路系统布置如图 4-15。

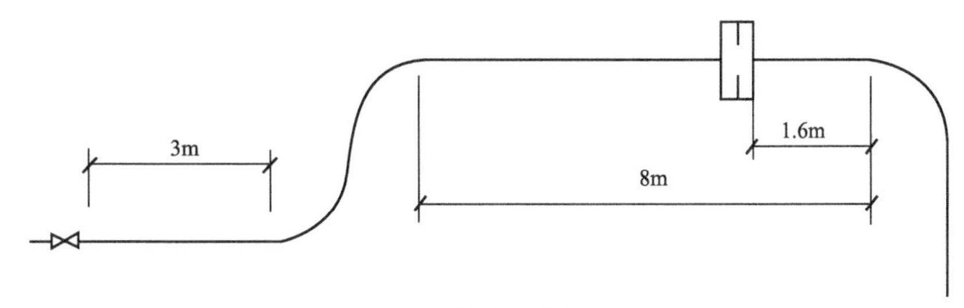

图 4-15　管路系统布置图

辅助计算：

① 查表得工作状态下过热蒸汽的黏度为 $\eta=31.83\times10^{-6}Pa\cdot s$，密度为 $\rho=38.3475kg/m^3$，管道的线膨胀系数为 $\lambda_D=12.3\times10^{-6}mm/(mm\cdot℃)$，取过热蒸汽的质量热容比为 $k=1.3$。

② 求工作状态下管道直径：

$$D=D_{20}[1+\lambda_D(t-20)]$$
$$=221\times[1+12.3\times10^{-6}\times(550-20)]=222.44(mm)$$

③ 计算雷诺数 Re_D

$$Re_D=0.354q_m/(D_\eta)$$
$$=0.354\times200000/(222.44\times31.83\times10^{-6})=10^7$$

选取差压上限，考虑到用户对压力损失的要求，拟选用喷嘴。

$$\Delta p_{max}=3\delta p=3\times59=177kPa，取\ \Delta p_{max}=160kPa$$

正常流量下的差压 Δp：

$$\Delta p=(200/250)^2\times160=102.4(kPa)$$

求不变量 A_2：

$$A_2=\frac{q_m}{0.004D^{2\sqrt{\Delta p\rho}}}=\frac{200000}{0.004\times222.44^{2\times\sqrt{102400\times38.3475}}}=0.5099748$$

迭代计算：

设 $C_0=1$，$\varepsilon_0=1$。

$X_n=A_2/(C_{n-1}\varepsilon_{n-1})$

$$\beta_n=\left(\frac{X_n^2}{1+X_n^2}\right)^{1/4}$$

$$\varepsilon=\sqrt{\frac{k\tau^{\frac{2}{k}}}{k-1}\times\frac{1-\beta^4}{1-\beta^4\tau^{\frac{2}{k}}}\times\frac{1-\tau^{\frac{k-1}{k}}}{1-\tau}k}$$

$$C=0.9900-0.2262\beta^{4.1}-(0.00175\beta^2-0.0033\beta^{4.15})(10^6/Re)^{1.15}$$

$\delta_n=A_2-X_nC_n\varepsilon_n$

从 $n=3$ 起，X_n 用快速弦截法公式 $X_n=X_{n-1}-\delta_{n-1}\dfrac{X_{n-1}-X_{n-2}}{\delta_{n-1}-\delta_{n-2}}$ 计算。

迭代计算结果见表 4-3。

表 4-3　迭代计算数据表

n	1	2	3	4
x	0.5099748	0.5427955	0.5458869	0.5458080
β	0.6740097	0.6922027	0.6922027	0.6922131
C	0.9451122	0.9399362	0.9399362	0.9399332
ε	0.9945451	0.9938432	0.9938235	0.9938234
δ	3.085992×10^{-2}	2.654433×10^{-3}	1.806021×10^{-5}	0
E	6.051584×10^{-2}	5.205304×10^{-3}	3.541580×10^{-5}	0

求 d：

$$d=D\beta=222.44\times0.6922131=153.975882(\mathrm{mm})$$

验算流量：

$$\begin{aligned}q_{\mathrm{m}}&=0.004\frac{c}{\sqrt{1-\beta^4}}\varepsilon d^2\sqrt{\Delta p\rho}\\&=\frac{0.004\times0.93993}{\sqrt{1-0.69221^4}}\times0.99382\times153.3759^2\times\sqrt{102400\times38.3475}\\&=19999.19(\mathrm{kg/h})\end{aligned}$$

求 d_{20}：

$$\begin{aligned}d_{20}&=\frac{d}{1+\tau_d(\tau-20)}=\frac{153.975882}{1+18.2\times10^{-6}\times(550-20)}\\&=152.505(\mathrm{mm})\end{aligned}$$

确定压力损失：

$$\delta_{\mathrm{p}}=\frac{\sqrt{1-\beta^4(1-C^2)}-c\beta^2}{\sqrt{1-\beta^4(1-C^2)}+c\beta^2}\Delta p_{\max}=59.7\mathrm{kPa}$$

根据 $\beta=0.7$ 和管路系统，查表可得直管长：

$l_0=10D=2.224\mathrm{m}$

$l_1=36D=8.008\mathrm{m}$

$l_2=7D=1.557\mathrm{m}$

（四）差压式流量计的校验

1. 实验目的

① 熟悉孔板流量计的构造、性能与使用方法。

② 测定孔板流量计与差压计读数之间的关系，计算流量系数，测绘 C_0-Re 关系图，测定孔板流量计的阻力。

2. 实验原理

常用的流量计大都按标准规范制造，厂家为用户提供流量曲线表或按规定的流量计算公式给出指定的流量系数。如果用户遗失出厂流量曲线表或在使用时所处温度、压强、介质性质同标定时不同，为了测量准确和使用方便，都必须对流量计进行标定。即使已校正过的流量计，由于长时间使用磨损较大时，也应再次校正。

流量计的校正有容积法、称量法和基准流量计法。容积法和称量法都是通过测量一定时间间隔内排出的流体体积或重量来实现的。基准流量计法是以一个事先校正过、精度较高的流量计作为比较标准而测定的。

3. 实验装置

本实验装置由磅秤、计量槽、秒表、供水泵、管道、被测流量计、基准流量计和调节阀组成，如图 4-16 所示。

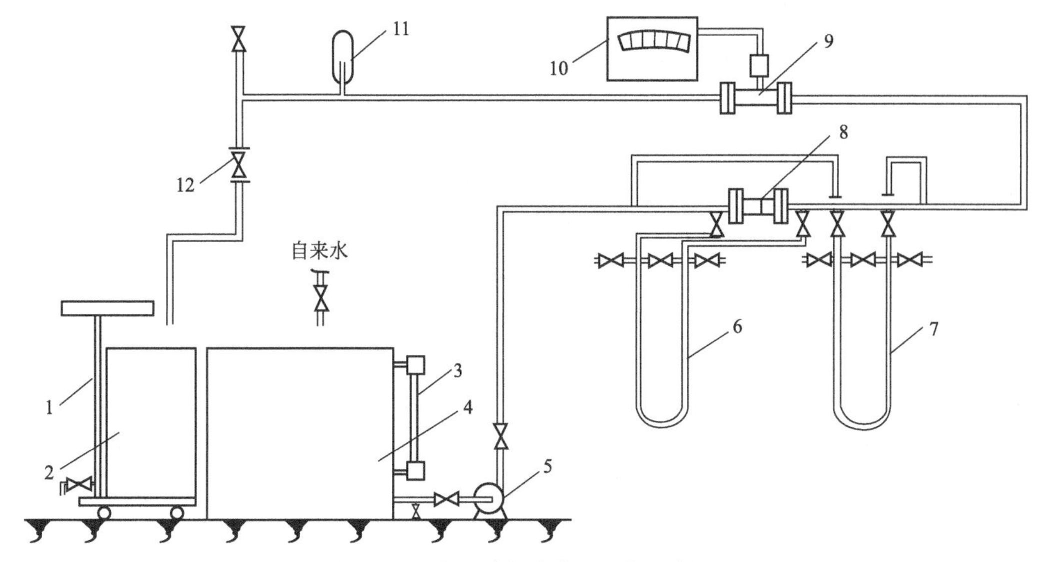

图 4-16　流量计校验装置连接示意图

1—磅秤；2—计量槽；3—液位计；4—储槽；5—供水泵；6,7—压差变送器；8—孔板流量计；9—涡轮流量计；10—数字测速计；11—温度计；12—活络接头

本实验物料为水，由水槽、供水泵提供并循环使用。

本实验采用涡轮流量计为基准流量计，被测孔板流量计安装于涡轮流量计上游，必须有 $(30\sim50)d$ 的直管段，下游必须有大于 $(5\sim8)d$ 的直管段。管内直径 $d_1=27\text{mm}$，孔板流量计孔口直径 $d_2=18\text{mm}$，取压方法采用法兰取压法。孔板流量计阻力损失取压点上游离孔板端面 $3\sim5d$，下游离孔板 $(5\sim8)d$。压差测定用水银-水 U 管压差计。

涡轮流量计的标定用重量法。计量槽 150L。标定方法为：泵出口阀控制一定开度，维持涡轮流量计流量稳定后，扳动活络接头使水流入计量槽，同时卡秒表及补充储槽液位。待计量槽将满时停止，称重并计算流量，与涡轮流量计读数对照，算出该流量下的流量校正系数。

装置采用泵出口阀调节流量，在装置高处设放空阀，以利于管道排气。装置还有温度计，以测定每次实验的水温。

空气转子流量计的标定采用 LZB-25、DC-4 型微音器泵、湿式气体流量计、秒表、温度计、压差计。

4. 实验步骤

熟悉实验装置，了解各个阀门的作用。

打开 U 形管差压计平衡阀，开泵，管道排气。

流量开至最大，逐渐关闭平衡阀，渐开 U 形差压计排气阀，至排气口指示泡无气泡排出为止。U形差压计另一边照样操作，注意防止差压计水银冲出，动作要缓慢，精力应集中。排一个差压计中气体后再排另一个差压计的气体。若停泵之后再打开，则需对差压计重新排气。

调节好差压计后，读取并记录零度数：$R_{10}=36.4\text{cm}$，$R_{20}=33.5\text{cm}$。

涡轮流量计数字测速仪读数稳定后，亦即流量稳定后，测试每个参数数据，每调节一次流量需经3～5min的时间稳定。

在最大流量范围内，合理进行试验布点，共测取10组数据并记录。

关闭泵出口阀门及仪表开关、泵。

(五)差压流量计常见故障及处理方法

1. 指示为零或很小

① 平衡阀未全部关闭或泄漏：关闭平衡阀或更换新的阀门。

② 节流装置根部高低压阀未打开：打开根部阀。

③ 节流装置至差压计间阀门、管路堵塞：冲洗疏通管路或换阀。

④ 蒸汽导压管未完全冷凝：待冷凝液完全充满管道后再开表。

⑤ 节流装置和管道间衬垫不严密：拧紧螺栓或更换垫片。

⑥ 差压计内部故障：检查调校。

2. 指示在零下

① 高低压管路接反：检查并连接正确。

② 信号线接反：检查线路并连接好。

③ 高压测管路泄漏或破裂：更换三阀组或导压管路。

3. 指示比正常偏低

① 高压侧管路有泄漏：排除泄漏点。

② 平衡阀不严或未关紧：关紧平衡阀或更换新阀。

③ 高压侧管路中空气未排干净：打开高压侧排污阀。

④ 差压计零位漂移：调零。

⑤ 正负压管路伴热不均匀：调整正负压伴热阀门开度大小。

⑥ 孔板装反：重新安装。

4. 指示比正常偏高

① 低压侧管路不严密或有泄漏：检查管路。

② 低压侧管路积存空气或堵塞：检查管路。

③ 差压计零位漂移：调零。

④ 节流装置和差压计不配套：孔板或差压计重新选型。

⑤ 正负压管路伴热不均匀：调整正负压伴热阀门开度大小。

5. 指示超量程上限

① 实际流量超过设计值：换用合适范围的差压计。

② 低压侧管路严重泄漏：排除泄漏。

③ 信号线路有断线：检查修复。

6. 指示波动大

① 流量参数本身波动太大：高低压阀门适当关小。

② 测压元件对参数波动较敏感：适当调整阻尼作用。

7. 指示不动

① 防冻设施失效，差压计及导压管内冷凝液冻住：检查保温伴热使其恢复正常。

② 高低压侧根部阀门未打开：现场检查并打开。

③ 三阀组未投用：正确启用三阀组。

项目二　电磁流量计安装

一、学习目标

1. 知识目标

① 熟悉电磁流量计的构成和测量原理；

② 掌握电磁流量计安装注意事项；

③ 掌握电磁流量计的故障判断方法；

④ 掌握电磁流量计的校验方法。

2. 能力目标

① 具备选择电磁流量计的能力；

② 初步具备安装电磁流量计的能力；

③ 初步具备对电磁流量计的常见故障进行分析判断及处理的能力；

④ 具备校验电磁流量计的能力。

二、理实一体化教学任务

理实一体化教学任务参见表 4-4。

表 4-4　理实一体化教学任务

任务	内　　容
任务一	认识电磁流量计
任务二	选择电磁流量计
任务三	分析判断电磁流量计常见故障
任务四	电磁流量计的校验

三、理实一体化教学内容

（一）电磁流量计的工作原理

电磁流量计是测速式流量计，适用于具有导电性液体体积流量的测量。流量传感器测量通道内壁涂有防腐层，在测量通道内无任何固定或可动的节流部件，对流体无压力损失，其输出特性与被测液体的密度、黏度、流动状况无关，可用于测量有腐蚀性或带有固体微粒的流体及浆状物料。但是，它不能测量气体、蒸汽和非导电性液体。

电磁流量计工作原理基于法拉第电磁感应定律。定律要点是导体在磁场中做切割磁力线方向运动时，导体受磁场感应产生感应电势 E（即发电机工作原理）。传感器测量通道内的磁场是由安装在测量通道外壳壁上的励磁线圈在励磁电流作用下产生的交变磁场。检测元件为两根电极棒，分别安装在传感器壳体两侧的棒孔部位，且两极棒各有一端头在传感器通道内壁处，与通道内流体保持良好的电气接触，如图 4-17 所示。

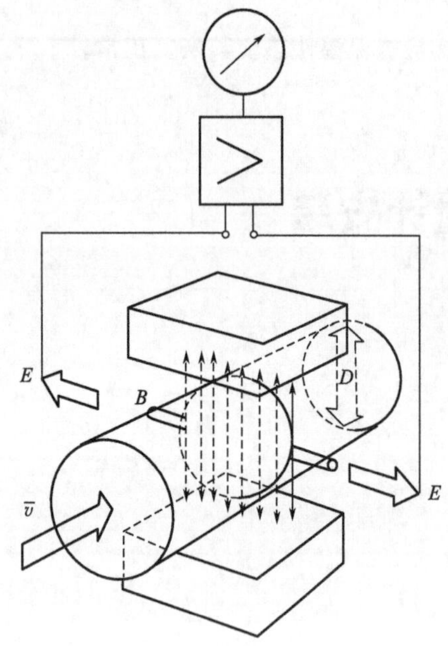

图 4-17　电磁流量计工作原理图

当导电流体流经传感器通道时，导电流体流向垂直于磁力线方向，流体流动时切割磁力线，在导电流体中有感应电势 E 产生，感应电势与流速之间的关系式为：

$$E=KBD\overline{v} \tag{4-10}$$

式中　E——感应电势，V；

K——系数；

B——交变矩形波磁感应强度，T；

D——传感器通道的内径，m；

$\overline{v}$——流体在通道内的平均流速，m/s。

由式(4-10) 可知，感应电势与流体的平均流速成正比关系，所以说电磁流量计属测速式流量计。流体所感应的电势由两支与液体接触的电极检出，并传送至转换器，由转换器完成信号放大，并转换成标准的输出信号输送至显示器和累计单元。

电磁流量计的特性与被测介质的物性和压力、温度无关，电磁流量计经出厂前的校准后，在测量导电性介质的流量时，所测得的体积流量示值无需进行修正。

信号转换器的输出是频率输出，转换器的转换标准是：无论传感器的口径及测量范围如何，其输出均为标准频率，即 1m/s 流速转换为 1000 脉冲/s，当被测液体流速为 2.304m/s 时，其输出频率为 2.304kHz。

频率与流量之间的关系：知道频率就知道平均流速，平均流速与传感器流通截面积（即 $\pi D^2/4$）的乘积即为流体的体积流量 Q，关系式如下：

$$Q=\frac{\pi D^2}{4}\overline{v} \tag{4-11}$$

（二）电磁流量计安装注意事项

1. 传感器的安装规范

(1) 安装场所的要求

通常电磁流量传感器外壳防护等级为 IP67（IP65 为防喷水型），对安装场所有以下要求。

① 测量混合相流体时，选择不会引起相分离的场所；测量双组分液体时，避免装在混合尚未均匀的下游；测量化学反应管道时，要装在反应充分完成的下游。

② 尽可能避免测量管内变成负压。

③ 选择振动小的场所，特别是一体型仪表。

④ 避免附近有大电机、大变压器等，以免引起电磁场干扰。

⑤ 选择易于实现传感器单独接地的场所。

⑥ 尽可能避开周围环境有高浓度腐蚀性气体。

⑦ 环境温度在－25℃/－10～50℃/600℃范围内，一体形结构温度还受制于电子元器件，范围要窄些。

⑧ 尽可能避免受阳光直射。

(2) 安装直管段的要求

首先注意传感器本身不能作为荷重支撑点，它不能支撑比邻的工作管道，应由夹持它的管道承重。为获得正常测量精确度，电磁流量传感器上游也要有一定长度直管段，但其长度与大部分其他流量仪表相比要求较低。90°弯头、T形管、同心异径管、全开闸阀等局部阻力件要离传感器进口端法兰连接面5倍直径（5D）长度的直管段，不同开度的阀则需要10D；下游直管段为（2～3）D，但要防止蝶阀阀片伸入到传感器测量管内。各标准或检定规程所提出上下游直管段长度亦不一致，有的电磁流量计要求比通常要求高。这是由于为保证达到当前0.5级精度仪表的要求。

(3) 安装位置和流动方向

传感器安装方向水平、垂直或倾斜（流体必须水平或倾斜向上方向流动）均可，不受限制。但要保证测量管与工艺管道同轴。其轴线偏离不得超过2mm。测量固液两相流体最好垂直安装，自下而上流动。这样能避免水平安装时衬里下半部局部磨损严重，低流速时固相沉淀等缺点。在传感器邻近管道进行焊接或火焰切割时，要采取隔离措施，防止衬里受热，且必须确认仪表转换器信号线未连接，防止损坏转换器。水平安装时要使电极轴线平行于地平线，不要垂直于地平线，因为处于地部的电极易被沉积物覆盖，顶部电极易被液体中偶存气泡擦过遮住电极表面，使输出信号波动。

(4) 负压管系的安装

氟塑料衬里传感器须谨慎地应用于负压管系；正压管系应防止产生负压，例如液体温度高于室温的管系，关闭传感器上下游截止阀停止运行后，流体冷却收缩会形成负压，应在传感器附近装负压防止阀。

(5) 不导电管道的安装

对于不导电管道，接地法兰夹装在传感器法兰和管道法兰之间。

(6) 接地

传感器必须单独接地（接地电阻10Ω以下）。分离型原则上接地应在传感器一侧，转换器接地应在同一接地点。如传感器装在阴极腐蚀保护管道上，除了传感器和接地环一起接地外，还要用较粗铜导线（16mm）绕过传感器跨接管道两连接法兰，使阴极保护电流于传感器之间隔离。有时杂散电流过大，如电解槽沿着电解液的泄漏电流影响EMF正常测量，则可采取流量传感器与其连接的工艺之间电气隔离的办法。同样有阴极保护的管线上，阴极保护电流影响EMF测量时，也可以采取本方法。

2. 转换器及其附件的安装规范

① 转换器和传感器之间的信号电缆长度不能大于50m，且信号电缆必须用镀锌管套穿。如镀锌管在空中，应把镀锌管用导线可靠接地，接地电阻小于10Ω。

② 供电电源为220V单相交流电，在仪表箱里面加装空气开关，避雷器和空气开关并联连接，导线从空气开关出来后接一个三相插座。

③ 避雷器接地线长度不能超过1m，应选用截面积大于6mm^{2}的多股铜芯绝缘导线。如附近没有地网，应在避雷器附近做一个简易地网，方法如下：用三条长度为1.5m的扁钢或者角钢，按正三角形排列打入地下，上面用扁钢条把三条扁钢焊接起来，在其中一角焊接螺栓，然后把避雷器接地线接上即可。

3. 电磁流量计安装注意事项

电磁流量计无可动部分，安装并不复杂，只是电气方面的要求较严格。

传感器和转换器是成套包装，配套使用，不可随意更换。传感器体较重，搬运过程中应注意设备与人身安全。传感器的使用条件是流经测量通道内的液体必须处在充满状况，传感器安装位置应优选在垂直管道上，且垂直管道内液体必须是自下而上流动。传感器不可安装在工艺管路最高水平管段上，管段最高处易集聚气体。在水平或倾斜的工艺管道上安装，传感器上游侧直管段不可小于 $5D$，下游直管段不小于 $2D$。传感器安装位置应远离强磁场，安装位置附近应无动力设备或磁力启动器等。如果传感器测量通道内有防腐衬里，传感器不可在负压状态下工作或在泵吸入口管道上安装。传感器与工艺管道之间采用法兰连接，紧固螺栓时不可拧得过紧，否则会损坏传感器法兰口聚四氟乙烯涂层，建议用力矩扳手紧固螺母。传感器在水平或倾斜工艺管道上安装，其两支检测电极应处于水平位置，不允许处在工艺管道的正上方和正下方的位置。口径大于 300mm 的传感器应专设支架支撑。

因外界存在的电磁场感应电流、绝缘故障漏电流和危险区域采用的电位平衡器所产生的电位平衡电流会沿着金属管道和工艺介质流动，这些电流在传感器的电极上会产生干扰电压，其电压等级远超过电极所测得的感应电势，因此，要求将传感器外壳、被测介质和工艺管道三者必须连成等电位，并接地，接地电阻小于 10Ω，以消除外界干扰。

电磁流量计供货通常根据工艺管道材质配置接地环，接地环外形如图 4-18 所示。

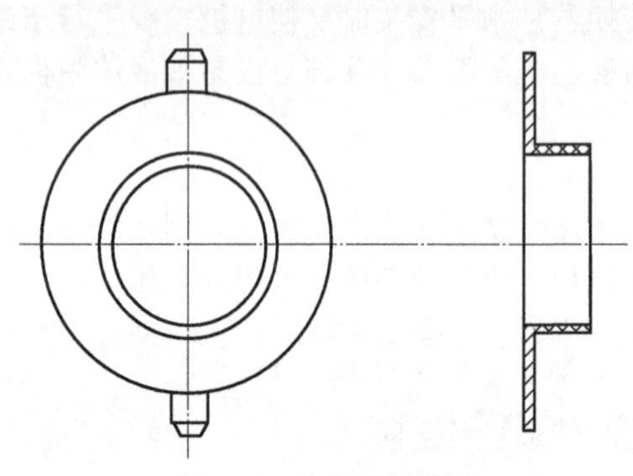

图 4-18 接地环外形图

接地环材质为耐腐蚀不锈钢，接地环长约 30mm。

工艺管道为了防腐常采用塑料管或在金属管道内涂绝缘防腐漆或衬里，而电磁流量计常常应用在腐蚀性较强的场合。

对于绝缘材质管道或管道内涂绝缘层的管道，仅用接地线将法兰连接起来的办法是不可能实现等电位接地的，应采取特殊措施，在传感器两端法兰口处各装一只接地环，把接地环圆管颈插入法兰口内，使接地环与管内液体有良好的电气接触，再用接地线将法兰与接地环连接起来。接地连接线应选用 $16mm^2$ 多股铜芯线。传感器的接地方法如图 4-19 所示。

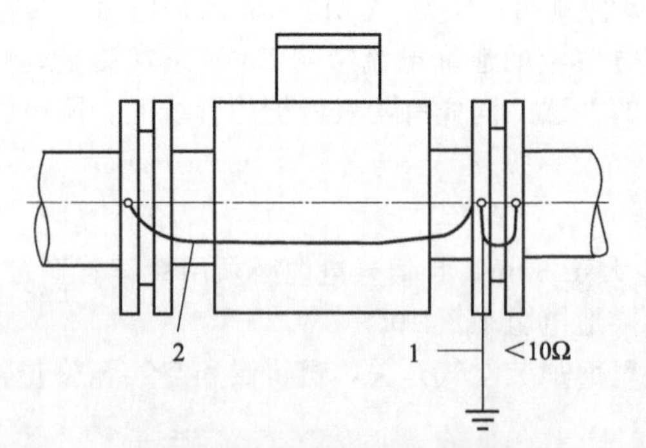

(a) 金属管道内无绝缘材料涂层接地方式

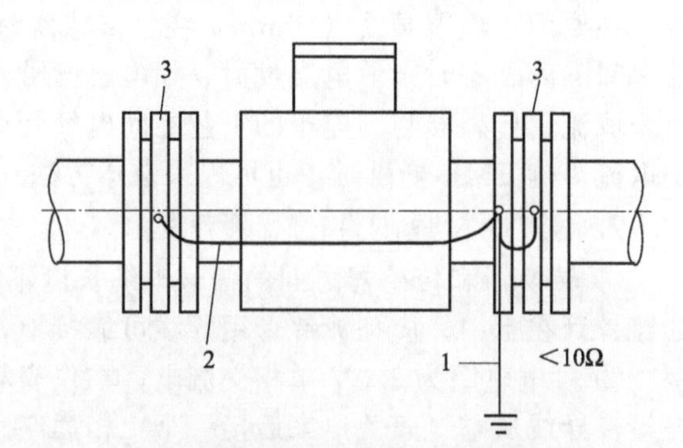

(b) 金属管内涂绝缘涂层或非金属管接地方式

图 4-19 等电位接地连接图

1—测量接地；2—接地线 $16mm^2$ 铜线；3—接地环

转换器与传感器匹配成套，信号转换器根据传感器的检测参数设定电气参数。成套仪表应成套安装，否则转换器必须重新设定。

信号转换器安装位置应尽可能靠近传感器，因为这样有利于减小外部电磁干扰对信号传输线的影响和信号强度的损失。通常使用制造厂提供的 5m 长度的屏蔽信号电缆将转换器与传感器连接起来。厂家提供的屏蔽信号电缆有两种型号，一种为单层屏蔽信号电缆，另一种为三层屏蔽信号电缆。两种型号电缆的接地方式是有区别的，应根据到货的电缆决定屏蔽接地方式。

如果信号电缆为单层屏蔽，要求外屏蔽层为一端接地，接地端接于传感器端子 1，三芯电缆中的两根线为信号线，分别接于 2、3 端子，另一根芯线作为内屏蔽线，内屏蔽应两端接地，屏蔽线的两端应分别接在传感器和转换器的 1 端子上，如图 4-20(a) 所示。如果到货电缆为三层屏蔽信号电缆，则按图 4-20(b) 所示接线，最外层屏蔽层（铁质）为一端接地，接于传感器 1 端子，第二层为内屏蔽层（铜质），屏蔽层两端分别接于传感器和转换器的 1 端子，两根芯线屏蔽层为一端接地，分别接于转换器 20、30 端子。

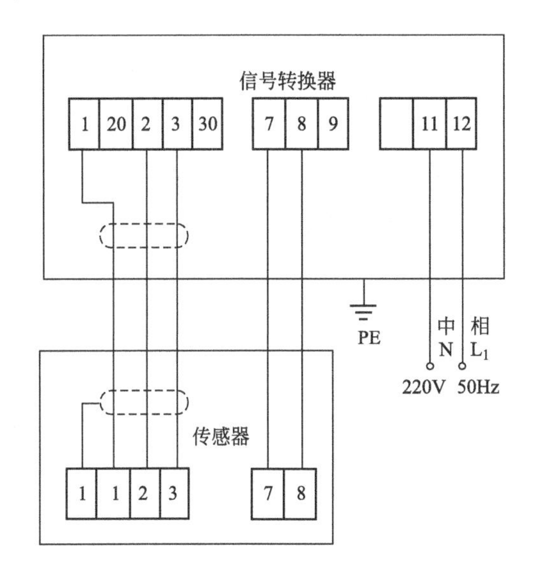

(a) 单层屏蔽电缆接线图

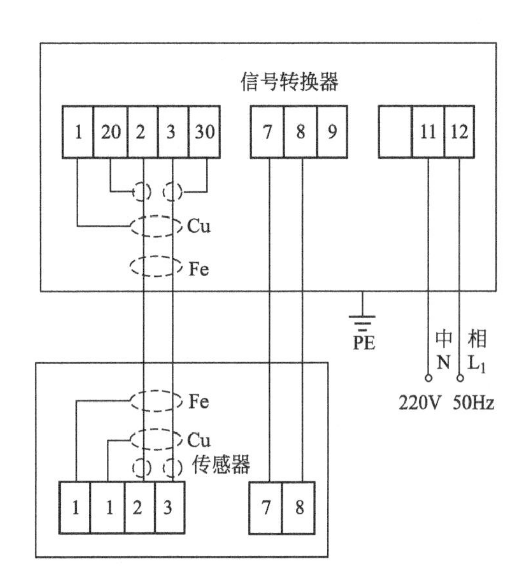

(b) 三层屏蔽电缆接线图

图 4-20　电磁流量计接线图

另外，在转换器与传感器之间还有一根供电电缆，是转换器给传感器激励线圈提供交变脉动电流用的专用电缆。为避免直流磁场对导电液体产生极化现象，给测量精确度带来影响，电磁流量计通常采用交变电流励磁，产生交变磁场。

（三）电磁流量计常见故障分析及处理

1. DCS 无显示或出现错误代码

（1）DCS 无显示，转换器有显示

① 转换器有无输出：首先，在保持流量计供电正常的情况下，到相应的机柜后（根据图纸）查找到对应的隔离器，然后挑开隔离器输入端任意一端子，用万用表直流挡测量其电流信号（注意万用表表笔插入位置及挡位是否正确）；如果转换器有输出应转入②操作项，无输出进行④操作项。

② 隔离器有无输出：拆开隔离器输出端任意一接线端子，串入万用表测量其输出信号；无输出信号的话应更换隔离器，有输出应转入③操作项。

③ 采集模块有无输出：根据图纸查出其通道地址，拆下其接线；接入模块的另一流量通道中，观察数值显示。有数值显示说明通道已被烧坏，更换通道并在 DCS 系统 ICC 中修改，下载，保存并做好记录；如果无数值输出应检查隔离器与模块间的电缆通断及接线是否牢固正确。

④ 线路问题：校验转换器至隔离器之间及电缆是否断路；切断流量计电源，挑开盘柜

隔离器输入端电缆，短接流量计 IC+、IC-，用万用表通断挡测量电缆通断，电缆不通则更换电缆。

(2) DCS 无显示，错误代码

① 二次表没有上电：首先应排查二次表有没有供电。没供电应先检查空开输出电源线 L、N 之间是否短路或接地（短路：电阻挡测量 L、N 之间的电阻值较小；接地：通断挡测量对地通断）。然后找到相应的空开送电，并用万用表交流电压挡测量其输出电压情况，观察电源电压是否在仪表工作电压范围（10%范围内）。如电源正常，转入②操作项。无电压应检查电源盘柜接线端。

② 保险熔断或损坏：切断电源，确认断电后拆下保险，用万用表通断挡测量电阻是否导通；如不导通应找相匹配的保险更换（或在带电情况下测量保险两端电压是否为零，如果为零说明保险正常），如保险正常转入③项操作。

注意：断电后，应告知一起参与检修的人员在电源开关处挂上“禁止合闸”的工作牌（或工作人员在就地监护断送电情况）；更换保险时应保持断电状态。

③ 二次表电路模板损坏：上述情况都正常，二次表还无显示，应更换二次表或与其配套的电路模板。

2. 输出值波动

(1) 电磁信号干扰

观察历史曲线，最高点和最低点短时间内其变化接近直线，说明有干扰源信号干扰。现场观察仪表运行环境是否有大型电器或电焊机在工作，并排除电磁干扰。

(2) 接触不良

检查二次表、隔离器、模块之间的连接端子的电缆是否虚接，重新固定牢固即可。

(3) 介质本身不稳定

确认是否为工艺操作原因，若流体确实发生脉动，此时流量计仅如实反映流动状况，脉动结束后故障可自行消除（通过历史曲线观察输出电流的波形可以判断，如波形呈弦波状，说明流体自身产生脉动）。

(四) 电磁流量计在线校准方法

在电磁流量计出厂时，其精确度是经过标定的。但在使用现场，由于受环境条件、流体特性以及仪表本身如元器件损坏等原因引起仪表运行故障等情况，对于长期使用后的流量计有必要进行一次常规的现场校准。由于电磁流量计的传感器安装在管道上，难以拆下送至标定线进行检查，而目前在流量计量范围内，国家和地方对大口径流量计尚未有现场条件下进行在线检验的规程和其他法规文件。为了保证电磁流量计在故障修复后以及长期使用后的精度和可靠性，而又不影响日常生产，列出以下几点在线校准方法：

① 对电磁流量计励磁线圈进行安全绝缘测试，应大于 20MΩ。

② 对电磁流量计励磁线圈进行铜电阻测试，应与原出厂值相同（环境温度相同时）。

③ 对电磁流量计传感器电极对地电阻进行测试，若电阻值在 2～20kΩ 之间，并伴有充放电现象，两只电极的电阻相近，则认为是好的。

④ 对电磁流量计转换器励磁电流进行测试，观察其输出与转换器原电流的值，误差不超过±0.25mA。

⑤ 对电磁流量计转换器模拟量输出及频率输出进行测试，观察其线性变化情况，并计算其最大线性误差，应不超过±0.5%。

⑥ 对 *DN*1200mm 以上的电磁流量计，应测试推动级，电流误差不超过 12mA。

项目三　涡街流量计安装

一、学习目标

1. 知识目标

① 熟悉涡街流量计的构成和测量原理；

② 掌握涡街流量计安装注意事项；

③ 掌握涡街流量计的故障判断方法；

④ 掌握涡街流量计的校验方法。

2. 能力目标

① 具备选择流量计的能力；

② 初步具备安装涡街流量计的能力；

③ 初步具备对涡街流量计的常见故障进行分析判断及处理的能力；

④ 具备校验涡街流量计的能力。

二、理实一体化教学任务

理实一体化教学任务参见表 4-5。

表 4-5　理实一体化教学任务

任务	内　　容
任务一	认识涡街流量计
任务二	分析判断涡街流量计常见故障
任务三	涡街流量计的校验
任务四	涡街流量计的安装与调试

三、理实一体化教学内容

（一）涡街流量计的工作原理

涡街流量计由由旋涡发生体和频率检测器构成的变送器、信号转换器等环节组成。输出 4～20mA DC 信号或脉冲电压信号，可检测 Re 在 5×10^3～7×10^6 范围的液体、气体、蒸汽流体流量。涡街流量计外形如图 4-21(a) 所示。

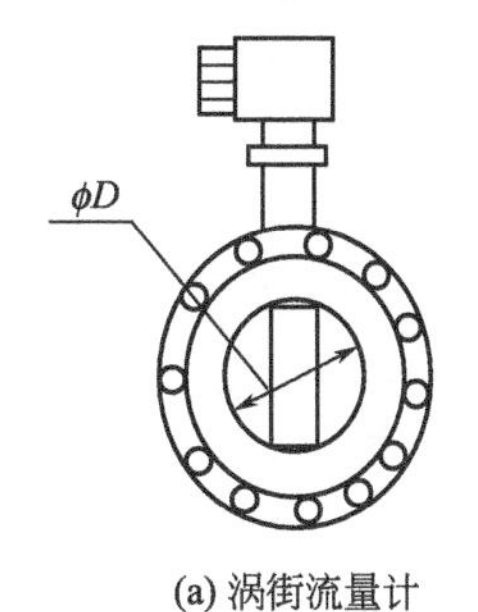

(a) 涡街流量计

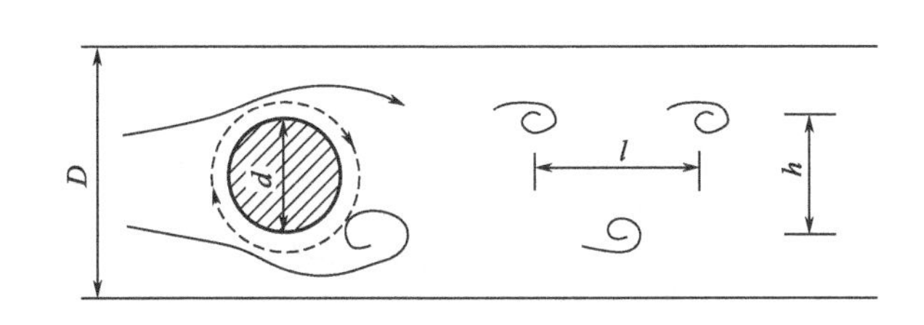

(b) 卡曼旋涡原理图

图 4-21　涡街流量计

在流动的流体中，若垂直流动方向放置一个圆柱体，如图 4-21(b) 所示。在某一雷诺数范围内，将在圆柱体的后面的两侧交替产生有规律的旋涡，称为卡曼旋涡。旋涡的旋转方向向内，如图 4-21(b) 上面一列顺时针旋转，下面一列逆时针旋转。

旋涡列在旋涡发生体下游非对称地排列。设旋涡的发生频率为 f，被测介质的平均流速为 v，旋涡发生体迎面宽度为 d，根据卡曼旋涡原理，单侧旋涡产生的频率 f 与流速 v 和 d 之间有如下关系式：

$$f = Sr \times \frac{v}{d} \tag{4-12}$$

式中，Sr 是雷诺数的函数，Re 与 Sr 的关系示于图 4-22 中，由此得到：

$$q_{\text{v}} = A_0 v = A_0 \times \frac{d}{Sr} \times f = \xi f \tag{4-13}$$

式中，A_0 为流通截面积；ξ 为仪表常数。由上式可知，在斯特劳哈尔数 Sr 为常数时，流量 q_{v} 与单侧旋涡产生的频率 f 成正比。

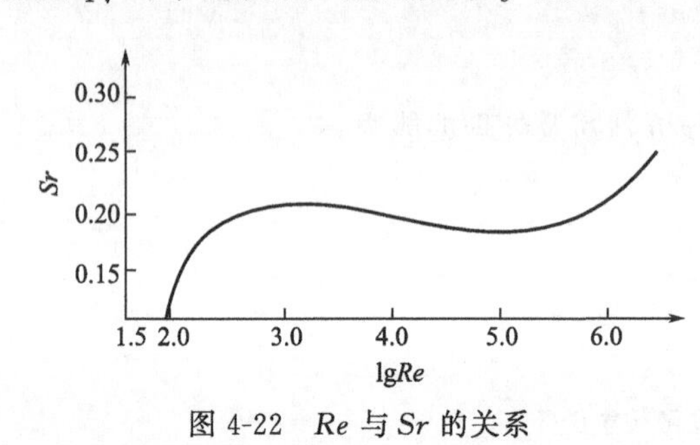

图 4-22　Re 与 Sr 的关系

斯特劳哈尔数为无量纲参数，它与旋涡发生体形状及雷诺数有关，图 4-22 所示为圆柱状旋涡发生体的斯特劳哈尔数与管道雷诺数的关系图。由图可见，在 $Re_{\text{D}} = 2 \times 10^4 \sim 7 \times 10^6$ 范围内，Sr 可视为常数，这是仪表正常工作的范围。

常见的旋涡发生体有圆柱形、三角柱形、T 柱形等，圆柱形的斯特劳哈尔数较大，稳定性也强，压力损失小，但旋涡度较低。T 柱形的稳定性高，旋涡强度大，但压损较大。三角柱形的压力损失适中，旋涡强度较大，稳定性也好，使用较多。

（二）涡街流量计常见故障分析与处理

1. 管道有流量仪表无输出

发生管道有流量仪表无输出现象可能的原因和处理措施见表 4-6。

表 4-6　管道有流量仪表无输出

现象		原因	处理措施
管道有流量仪表无输出	仪表无显示无输出	电源出现故障	重新供电或者更换电源
		供电电源未接通	接通电源
		连接电缆断线或者接线错误	重新接线，检查电缆
	仪表有显示无输出	流量过低，没有进入测量范围	增大流量或者重新选择流量计
		放大板某级有故障	更换主板
		探头体有损伤	更换探头
		管道堵塞或者传感器被卡死	重安装仪表

2. 通电后无流量但有输出

发生通电后无流量但有输出现象可能的原因和处理措施见表 4-7。

表 4-7　通电后无流量但有输出

现象		原因	处理措施
通电后无流量但有输出	输出信号稳定	输出频率为 50Hz 工频干扰	选用带屏蔽的电缆重新按规定接线
		输出频率为任意恒定频率或者恒定输出电流值(放大板损坏,产生自励)	更换放大器
	输出信号有变化	流量计附近有强电设备或高频干扰	重新选择安装地点
		管道有强烈振荡	加固流量计安装部分的管道
		放大板的放大倍数或触发灵敏度过高	逆时针减小放大倍数或灵敏度
		管道阀门未彻底关闭,有漏流量	检查阀门

3. 流量输出不稳定

发生流量输出不稳定现象可能的原因和处理措施见表 4-8。

表 4-8　流量输出不稳定

现象		原因	处理措施
流量输出不稳定	选型安装及其管道原因	有较强电干扰信号,仪表未接地,流量与干扰信号叠加	重新接好屏蔽地
		直管段不够或者管道内径与仪表内径不一致	重新更换安装位置
		管道振动的影响	加固管道,减小振动
		流量计安装不同心	重新安装仪表
		流体为满管	重新安装仪表
		流量低于下限或者超过上限	增大减小流量或调整放大板滤波参数 K_1、K_2、K_3
		流体中存在气穴现象	仪表下游加装阀门,增大背压
	仪表原因	仪表菜单设置错误	重新按要求设置菜单
		主板损坏	更换主板

4. 仪表显示流量与工艺流量不符

发生仪表显示流量与工艺流量不符现象可能的原因和处理措施见表 4-9。

表 4-9　仪表显示流量与工艺流量不符

现象		原因	处理措施
仪表显示流量与工艺流量不符	仪表原因	流量计未能正常工作	按要求重新安装
		4～20mA 满量程设置错误	根据实际用量按说明书重新设置满度量程
	选型设计原因	测量气体或者蒸汽没有实时温度补偿或固定设置温度压力进行补偿	加装温压补偿元件或者设置固定值补偿
		测量气体或者蒸汽测温测压元件安装方法或者安装位置不正确	按要求重新安装温压补偿元件
		用户以设备的额定输出核算流量计流量	重新核算工艺流量
		饱和蒸汽不是饱和状态	改变工艺条件

（三）涡街流量计的安装与调试

1. 安装说明

涡街流量计可以安装在室内或室外，最好安装在振动较小的地方，防止振动影响测量的准确性；当管道振动较大时，应对管道安装支撑物；如果管道始终充满被测介质液体，那么管道可以垂直安装或进行任何角度的安装；流量计的衔接管道的内径必须稍大于涡街流量计的内径。最理想的是能在流量计的上游安装一个储能器，很好地减少液体的震动，提高测量的准确性。

2. 缩管、扩管、弯管

对应缩管，要保证其上游侧的直管道段长度应至少为 25D，其下游侧的直管道段长度应至少为 5D；对应扩管，要保证其上游侧的直管道段长度应至少为 25D，其下游侧的直管道段长度应至少为 5D；对应每一段弯管，要保证其上游侧的直管道段长度应至少为 25D，其下游侧的直管道段长度应至少为 5D。（D：涡街流量计的公称内径）

3. 阀门定位和管段长度及测温测压点的选择

① 阀门应安装在流量计的下游，上游直管段的长度取决于上游的管道状况（如缩管、扩管、弯管等，下游的直管段长度应保持至少 5D。

② 如果阀门一定要安装在流量计的上游，那么要保证上游的直管段长度至少在 50D 以上，下游的直管段长度应至少在 5D。需要测压时，将测压点设置在流量计的上游 D～3D 之间的地方；测温时，将测温孔设置在离流量计下游 3D～5D 之间的地方。

4. 脉动流对流量测量的影响

在使用活塞式或罗茨式的鼓风机或空压机的气管道上或者使用活塞式或柱式泵的高压液体管道上，流体可能会发生强烈的振动。通常应把阀门安装在流量计的上游，如果不得不将流量计安装于阀门的上游时，可在流量计的上游安装一个脉动流衰减器，如节流板等。在使用 T 形管道时，阀门安装在流量计前可避免脉动压力波动导致仪表零位的波动。

5. 零点调整

正确接线，通过低频信号发生器给涡街流量计输入幅度为零的信号，调整零点调节电位计，数字万用表的显示值应为 4mA。

6. 满量程的调整

正确接线，用信号发生器输出信号至电荷放大器，加大输入信号幅值，转换输出方波，改变信号发生器的输出频率，直到频率计上显示的值为满量程频率时为止。此时，固定频率不变，并调整量程电位计，数字万用表的示值为 20mA 时为止。

项目四　转子流量计安装

一、学习目标

1. 知识目标

① 熟悉转子流量计的构成和测量原理；

② 掌握转子流量计安装注意事项；

③ 掌握转子流量计的故障判断方法；

④ 掌握转子流量计的校验方法。

2. 能力目标

① 具备选择转子流量计的能力；

② 初步具备安装转子流量计的能力；

③ 初步具备对转子流量计的常见故障进行分析判断及处理的能力；

④ 具备校验转子流量计的能力。

二、理实一体化教学任务

理实一体化教学任务参见表 4-10。

表 4-10 理实一体化教学任务

任务	内　　容
任务一	认识转子流量计
任务二	分析判断转子流量计常见故障
任务三	转子流量计的校验
任务四	转子流量计的安装与调试

三、理实一体化教学内容

（一）转子流量计的工作原理

转子流量计又称面积式流量计或恒压降式流量计，也是以流体流动时的节流原理为基础的一种流量测量仪表。

转子流量计的特点：可测多种介质的流量，特别适用于测量中小管径雷诺数较低的中小流量；压力损失小且稳定，反应灵敏，量程较宽（约 10∶1），示值清晰，近似线性刻度；结构简单，价格便宜，使用维护方便；还可测有腐蚀性的介质流量。但转子流量计的精度受测量介质的温度、密度和黏度的影响，而且仪表必须垂直安装等。

转子流量计由一段向上扩大的圆锥形管子 1 和密度大于被测介质密度，且能随被测介质流量大小上下浮动的转子 2 组成，如图 4-23 所示。

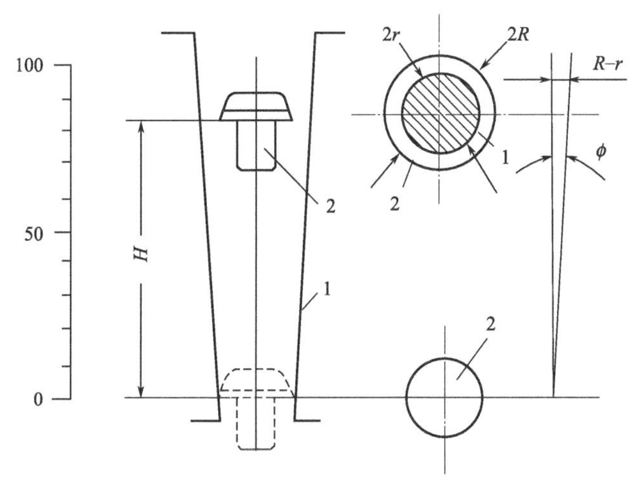

图 4-23　转子流量计原理示意图

从图 4-23 可知，当流体自下而上流过锥管时，转子因受到流体的冲击而向上运动。随着转子的上移，转子与锥形管之间的环形流通面积增大，流体流速降低，冲击作用减弱，直到流体作用在转子上向上的推力与转子在流体中的重力相平衡。此时，转子停留在锥形管中某一高度上。如果流体的流量再增大，则平衡时转子所处的位置更高；反之则相反，因此，根据转子悬浮的高低就可测知流体流量的大小。

从上可知，平衡流体的作用力是利用改变流通面积的方法来实现的，因此称它为面积式流量计，此外，无论转子处于哪个平衡位置，转子前后的压力差总是相同的。这就是转子流量计又被称为恒压降式流量计的缘故。它的流量方程式为：

$$Q=\alpha\pi[2Hr\tan\phi+(H\tan\phi)^2]\sqrt{\frac{2gV(\rho_f-\rho)}{F\rho}} \tag{4-14}$$

式中　r——转子的最大半径；

ϕ——锥形管的倾斜角；

V——转子的体积；

$V(\rho_f-\rho)$——转子在流体中的质量；

ρ_f——转子材质密度；

ρ——流体的密度；

F——转子的最大截面积；

α——与转子几何形状和雷诺数有关的流量关系。

由式(4-14) 可知：

① Q 与 H 之间并非线性关系，但因 ϕ 很小，可以视作线性，所以引入测量误差，故精度较低（±2.5%）；

② 影响测量精度的主要因素是流体的密度 ρ 的变化，因此在使用之前必须进行修正。

（二）转子流量计安装注意事项

1. 仪表安装方向

绝大部分转子流量计必须垂直安装在无震动的管道上，不应有明显的倾斜，流体自下而上流过仪表。图 4-24 所示为管道连接示例，装有旁路管系以便不断流进行维护。转子流量计中心线与铅垂线间夹角一般不应超过 5°，高精度（1.5 级以上）仪表 $\theta\leqslant2°$。如果 $\theta=12°$ 则会产生 1%附加误差。仪表无严格上游直管段长度要求，但也有制造厂要求（2～5)D 长度的，实际上必要性不大。

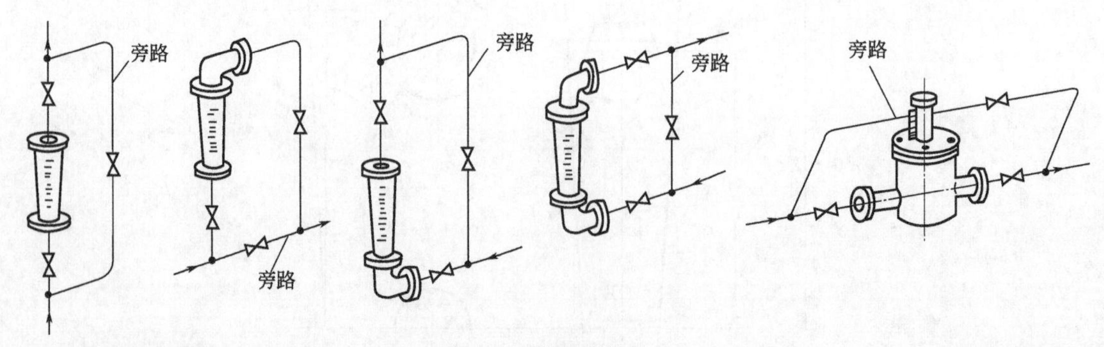

图 4-24　管道连接示例

2. 用于污脏流体的安装

应在仪表上游装过滤器。带有磁性耦合的金属管转子流量计用于可能含铁磁性杂质流体时，应在仪表前装如图 4-25 所示的磁过滤器。

要保持浮子和锥管的清洁，特别是小口径仪表，浮子洁净程度明显影响测量值。例如

6mm 口径玻璃管浮子流量计，在实验室测量看似清洁水，流量为 2.5L/h，运行 24h 后，流量示值增加百分之几，浮子表面黏附肉眼观察不出的异物，取出浮子用纱布擦拭，即恢复原来的流量示值。必要时可如图 4-26 所示设置冲洗配管，定时冲洗。

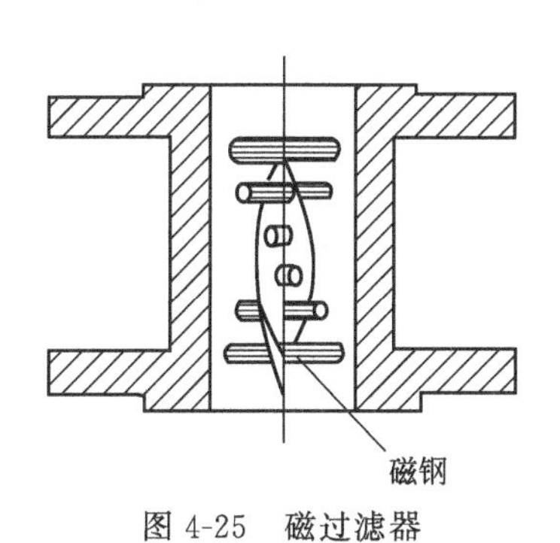

图 4-25　磁过滤器

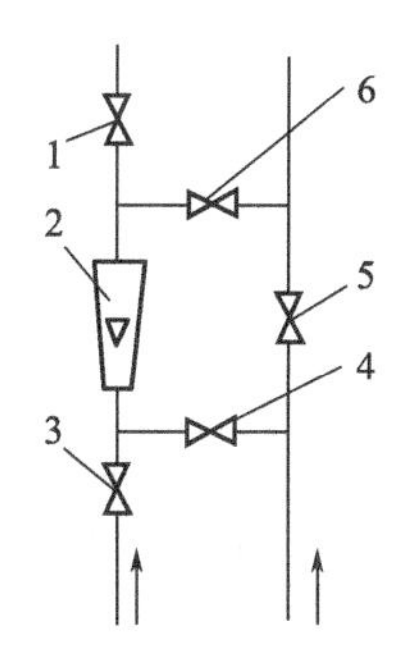

图 4-26　设置冲洗管线

1,3—冲洗阀；2—转子流量计；4,6—工作阀；5—旁路阀

3. 脉动流的安装

流体本身的脉动，如拟装仪表位置的上游有往复泵或调节阀，或下游有大负荷变化等，应改换测量位置或在管道系统予以补救改进，如加装缓冲罐；若是仪表自身的振荡，如测量时气体压力过低，仪表上游阀门未全开，调节阀未装在仪表下游等原因，应针对性改进克服，或选用有阻尼装置的仪表。

4. 扩大范围度的安装

如果测量要求的流量范围很宽，范围度超过 10 时，经常采用 2 台以上不同流量范围的玻璃管转子流量计并联，按所测流量择其一台或多台仪表串联，小流量时读取小流量范围仪表示值，大流量时取大流量范围的值，串联法比并联法操作简便，无须频繁启闭阀门，但压力损失大。也可以在一台仪表内放两只不同形状和重量的浮子，小流量时取轻浮子读数，浮子到顶部后取重浮子读数，范围度可扩大到 50～100。

5. 要排尽液体用仪表内气体

进出口不在一条直线的角形金属管浮子流量计，用于液体时应注意外传转子位移的引伸套管内是否残留空气，若有必须排尽；若液体含有微小气泡流动时极易积聚在套管内，更应定时排气。这点对小口径仪表更为重要，否则明显影响流量示值。

6. 流量值作必要换算

若非按使用密度、黏度等介质参数向制造厂专门定制的仪表，液体用仪表通常以水标定流量，气体仪表用空气标定，定值在工程标准状态。使用条件的流体密度、气体压力温度与标定不一致时，要作必要换算。换算公式和方法各制造厂使用说明书都有详述。

（三）转子流量计常出现的三种故障及处理方法

转子流量计（浮子流量计）是一种变面积式流量计，液体在流量计管道中流动，使管道中浮子向上移动，当流速与流量一定的时候浮子与管道之间的面积达到一定值。此面积与浮子的高度成正比，也与流量成正比。指针式的转子流量计的指针根据浮子的高度通过内部零件的转动显示在表盘上。电子表头显示的则是电路板智能计算值。

1. 转子流量计测量误差大

① 气体介质由于受到温度压力影响较大，建议采用温压补偿的方式来获得真实的流量。

② 由于长期使用及管道震动等多因素引起浮子流量计传感磁钢、指针、配重、旋转磁钢等活动部件松动，造成误差较大。解决方法：可先用手推指针的方式来验证。首先将指针按在 RP 位置，看输出是否为 4mA，流量显示是否为 0%，再依次按照刻度进行验证。若发现不符，可对部件进行位置调整。一般要求专业人员调整，否则会造成位置丢失，需返回厂家进行校正。

③ 安装不符合要求：对于垂直安装转子流量计要保持垂直，倾角不大于 20°；对于水平安装转子流量计要保持水平，倾角不大于 20°；转子流量计周围 100mm 空间不得有铁磁性物体。安装位置要远离阀门变径口、泵出口、工艺管线转弯口等。要保持前 $5D$ 后 250mm 直管段的要求。

④ 液体介质的密度变化较大也是引起误差较大的一个原因。由于仪表在标定前，都将介质按用户给出的密度进行换算，换算成标准状态下水的流量进行标定，因此如果介质密度变化较大，会对测量造成很大误差。解决方法：可将变化以后的介质密度带入公式，换算成误差修正系数，然后再将流量计测出的流量乘以系数换成真实的流量。

2. 转子流量计指针抖动

① 剧烈指针抖动：主要由于介质脉动，气压不稳或用户给出的气体操作状态的压力、温度、流量与转子流量计实际的状态不符，有较大差异造成转子流量计过量程。

② 轻微指针抖动：一般由介质波动引起。可采用增加阻尼的方式来克服。

③ 中度指针抖动：一般由介质流动状态造成。对于气体一般由于介质操作压力不稳。可采用稳压或稳流装置来克服或加大转子流量计气阻尼。

3. 转子流量计指针停到某一位置不动

主要原因是转子流量计的转子卡死。一般由于转子流量计使用时开启阀门过快，使得转子飞快向上冲击止动器，造成止动器变形而将转子卡死。但也不排除由于转子导向杆与止动环不同心，造成转子卡死。处理时可将仪表拆下，将变形的止动器取下整形，并检查与导向杆是否同心，如不同心可进行校正，然后将转子装好，手推转子，感觉转子上下通畅无阻即可，另外，在转子流量计安装时一定要垂直或水平安装，不能倾斜，否则也容易引起卡表并给测量带来误差。

（四）转子流量计的校验和标定

液体常用标准表法、容积法或称量法；气体常用钟罩法，小流量用皂膜法。

国外有些制造厂的大宗产品已做到干法标定，即控制锥形管尺寸和转子重量尺寸，间接地确定流量值，以降低成本，只对高精度仪表才作实流标定。国内也有些制造厂严格控制锥形管起始点内径和锥度以及浮子尺寸，实流校验只起到检查锥形管内表面质量的作用。这类制造厂生产的仪表、锥形管和转子已具有互换性，无须成套更换。

转子流量计采用标准表法校验是一种高效率方法，应用较为广泛。有些制造厂将某一流量范围的标准表制成数段锥度较小的玻璃管浮子流量计，扩展标准表标尺长度，提高标准表精度，使校验标定工作做到高精度、高效率。

项目五　腰轮流量计安装

一、学习目标

1. 知识目标

① 熟悉腰轮流量计的构成和测量原理；

② 掌握腰轮流量计安装注意事项；
③ 掌握腰轮流量计的故障判断方法。

2. 能力目标

① 具备选择腰轮流量计的能力；
② 初步具备安装腰轮流量计的能力；
③ 初步具备对腰轮流量计的常见故障进行分析判断及处理的能力。

二、理实一体化教学任务

理实一体化教学任务参见表 4-11。

表 4-11　理实一体化教学任务

任务	内　　容
任务一	认识腰轮流量计
任务二	选择腰轮流量计
任务三	分析判断腰轮流量计常见故障
任务四	认知腰轮流量计安装注意事项

三、理实一体化教学内容

（一）腰轮流量计（罗茨流量计）的工作原理

腰轮流量计也叫罗茨流量计，腰轮流量计与椭圆齿轮流量计工作原理相同，都属于容积式流量计。椭圆齿轮流量计的测量部分由两只相互啮合的椭圆齿轮、轴和壳体（它与椭圆齿轮构成计量室）等组成。其测量原理如图 4-27 所示。当被测流体流过椭圆齿轮流量计时，它将带动椭圆齿轮旋转，椭圆齿轮每旋转一周，就有一定数量的流体流过仪表，只要用传动及累积机构记录下椭圆齿轮的转数，就能知道被测流体流过仪表的总量。

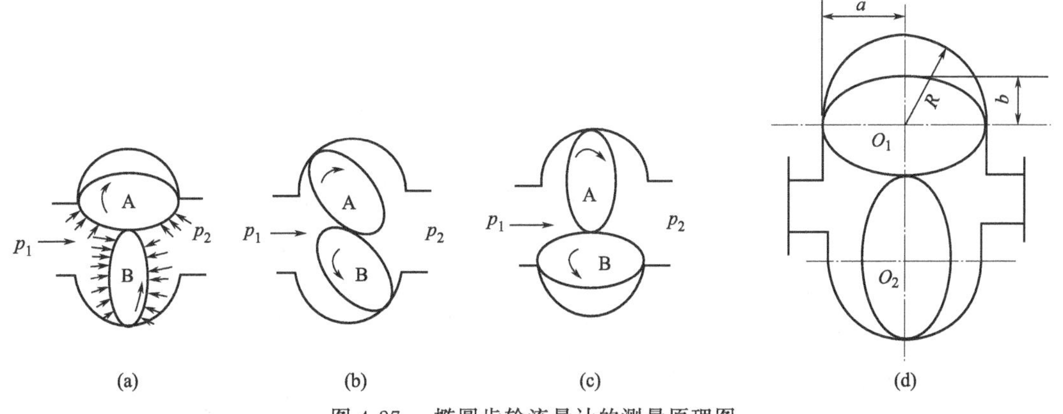

图 4-27　椭圆齿轮流量计的测量原理图

当流体流过齿轮流量计时，因克服仪表阻力必将引起压力损失而形成压力差 $\Delta p=p_1-p_2$，p_1 为入口压力，p_2 为出口压力。在压力差的作用下，图 4-27(a) 中的椭圆齿轮 A 将受到一个合力矩的作用，使它绕轴顺时针转动，而此时的椭圆齿轮 B 所受到的合力矩为零。但因两个椭圆齿轮是紧密啮合的，故椭圆齿轮 A 将带动 B 绕轴做逆时针转动，并将 A 与壳体之间月牙形容积内的介质排至出口。

显然，此时 A 为主动轮，B 为从动轮。当转至如图 4-27(b) 所示的中间位置时，齿轮 A 与 B 均为主动轮。当再继续转至图 4-27(c) 所示位置时，A 轮上的合力矩降为零。而作用在 B 轮上的合力矩增至最大，使它继续向逆时针方向转动，从而也将 B 齿轮与壳体间月牙形容积内的介质排至出口。显然这时 B 为主动轮，A 为从动轮，这与图 4-27(a) 所示的情况刚好相反。齿轮 A 和齿 B 就这样反复循环，相互交替地由一个带动另一个转动，将被测介质以月牙形容积为单位，一次一次地由进口排至出口。图 4-27(d) 表示了椭圆齿轮转过 1/4 周的情形。在这段时间内，仪表仅排出了其量为一个月牙形容积的被测介质。所以，椭圆齿轮每转一周所排出的被测介质量为月牙形容积的 4 倍，因而从齿轮的转数便可以计算出介质的数量，由图 4-27(d) 可知，通过流量计的体积总量 V 为：

$$V=4nV_0=4n\left(\frac{1}{2}\pi R^2-\frac{1}{2}\pi ab\right)\delta=2\pi n(R^2-ab)\delta \tag{4-15}$$

式中　n ——椭圆齿轮的旋转次数；

V_0 ——椭圆齿轮与壳体间形成的月牙形体积；

R ——壳体容室的半径；

a,b ——椭圆齿轮的长半轴和短半轴；

δ ——椭圆齿轮的厚度。

LCB-9400 系列不锈钢椭圆齿轮流量计不仅具有直读式计数器显示流量总量，还可通过高速输出口，配上脉冲传感器，将其信号输入计算机或显示仪表，实现流量的远距离显示和控制。

LCB-9000 S/P 系列流量计是在 9400 基础上，省去了衔接器、齿轮箱和直读式计数器，然后装上 S/P 脉冲发生器而成的流量变送器，故它只有远传功能，而没有现场显示功能。

9400 流量计和 S/P 流量计主要用于直接测量流经管道内流体的瞬时流量和总量。它们具有耐腐蚀、测量精度高、使用寿命长、压力损失小、容易安装和维修等特点。

腰轮流量计测量流量的基本原理和椭圆齿轮流量计相同，只是轮子的形状略有不同，如图 4-28 所示。两个轮子不是互相啮合滚动进行接触旋转，轮子表面无牙齿，它是靠套在伸出壳体的两根轴上的齿轮啮合的，图 4-28 展示了轮子的转动情况。

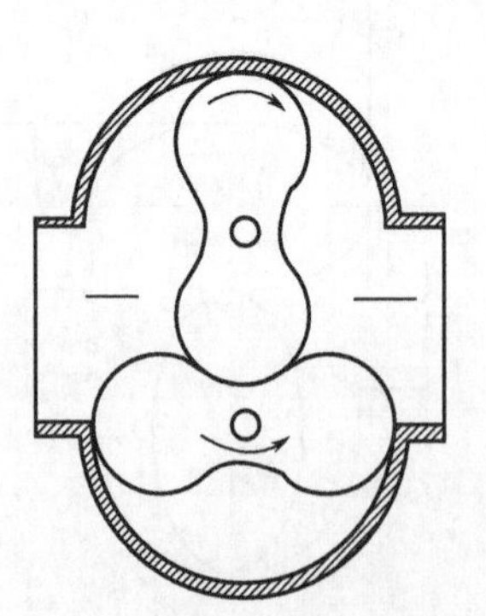

图 4-28　腰轮流量计示意图

腰轮流量计除了能测量液体流量外，还能测量出大流量的气体流量。由于两只腰轮上无齿，所以对流体中的固体杂质没有椭圆齿轮流量计那样敏感。

容积式流量计还有刮板流量计、活塞式流量计等。

（二）腰轮流量计安装注意事项

以气体腰轮流量计安装过程为例说明仪表的安装步骤及需要注意的事项。

① 安装流量计应将进出口封装物去掉，必须防止颗粒状杂质掉入计量室内，如计量室表涂有防锈油，可用汽油或煤油冲洗干净，并严格清除管道内杂质。流量计上应安装过滤器和过滤网，防止锈渣、焊渣及其他杂质进入计量室。

② 流量计安装时，无论进出口为垂直或水平位置，都应尽量保持转子轴线水平。

③ 当气体压力波动范围较大时，为保证计量精度，流量计上游应安装调压器。

④ 为防止新安装管道中有锈渣、焊渣及其他杂质进入流量计内，用户应先将过渡管安装在流量计的安装位置上，通气一段时间，确保无大颗粒杂质后，在装上流量计。如管道配

焊，应使用过渡管，不可直接与流量计焊接。

⑤ 流量计的安装有两种形式：进出口垂直安装（见图 4-29）和进出口水平安装（见图 4-30）。强烈建议垂直安装流量计，这时气体流向为上进下出，这样安装时的转子对管路中的杂质具有自清洁能力，以减少维修，提高使用寿命并保证计量精度。在特殊情况下可采取水平安装（又称左进右出），安装流量计时应设置前后阀门和旁通管路，以保证维修保养时不必停气。

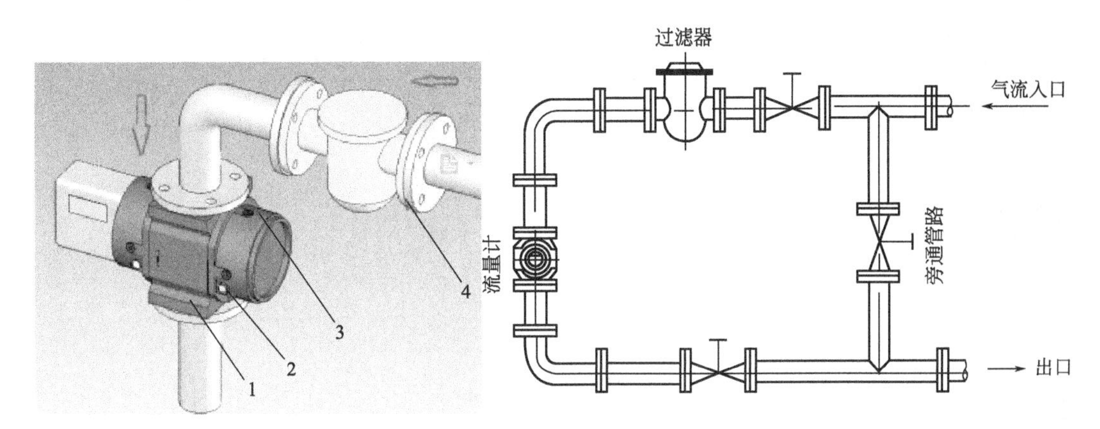

图 4-29　罗茨流量计垂直安装图

1—气体智能罗茨流量计；2—视油孔；3—注油孔；4—过滤器

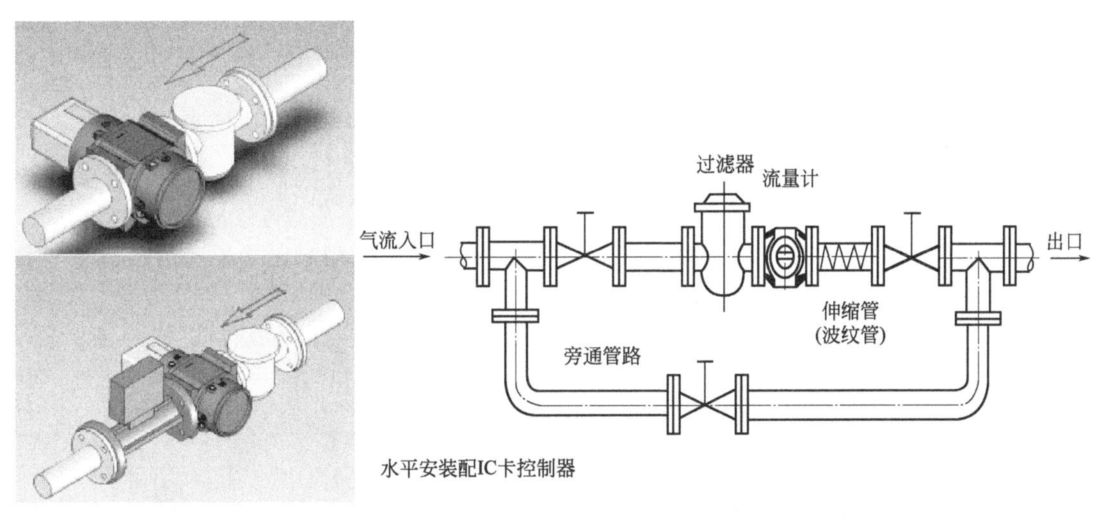

图 4-30　罗茨流量计水平安装图

⑥ 流量计安装管路各部分配管和管件尺寸必须适当，安装流量计时，应确保流量计中心与管线中心对齐，无错位，并使流量计本体承受不正常外力（包括轴向与径向）。

⑦ 安装完毕，可拧下后盖上螺塞，用内六角扳手转动转子，检查转子是否自由转动。若转子转动有卡阻，应拆下仪表，清除脏物。然后重新安装，待转子自由转动后，拧上螺塞。

⑧ 流量计正确安装后，从注油孔中注入专用润滑油至油窗中线（注意不能多加），使用过程中定期或不定期检查，确保润滑油的足够洁净。在使用中若发现润滑油发黑或油位高于油窗中线，则说明润滑油变质或有杂质，此时应更换新润滑油。若油位低于油窗中线 3mm，

则说明润滑油损耗，需补充至油窗中线。加注润滑油时，必须关闭流量计前后阀门，将流量计内气体排空后，再加注润滑油。见图 4-31。

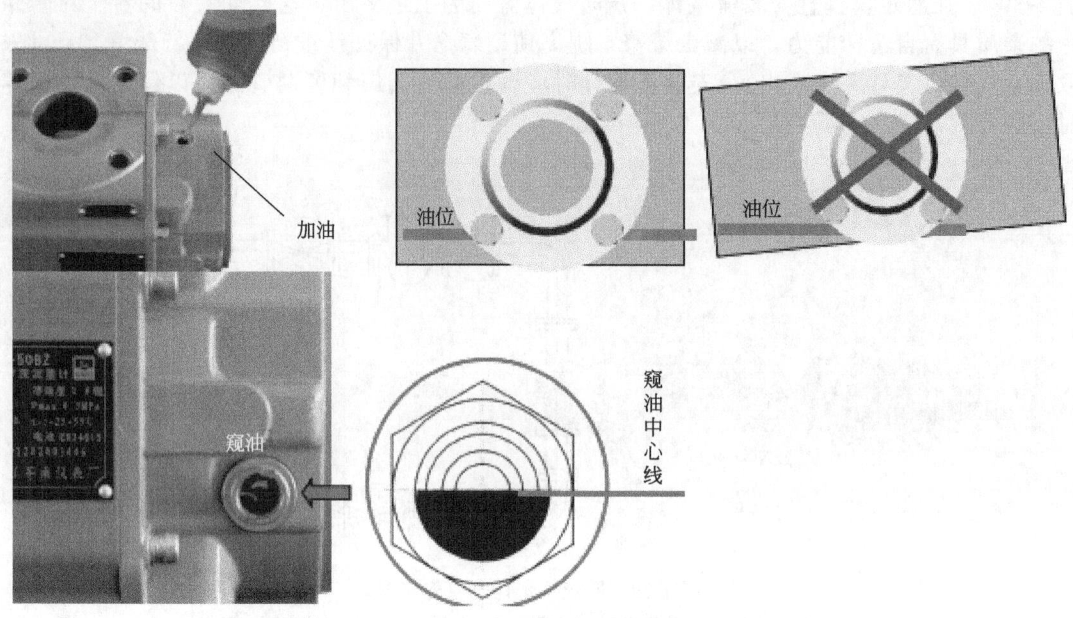

图 4-31 加注润滑油操作图

⑨ 流量计投入运行时，先打开旁通阀和流量计出口阀，缓慢打开进口阀，使流量计在小流量下运转几分钟，并倾听是否有异常声音，待流量计启动正常后，逐渐关闭旁通阀，调节出口阀至某一开度，使流量计在某一流量下正常运转。

注意：门阀开闭动作一定要缓慢，以防止气流的强烈冲击而损坏流量计。

⑩ 流量计投入运行一段时间后，如果发现过滤器压降增大，应清洗过滤器或更换过滤介质；如果发现流量计压降增大，起步流量升高时，可用干净汽油或煤气冲洗计量室。

⑪ 流量计务必要等间距、前后同轴、法兰面平行安装。合理采用等距离短接管道代替流量计进行管道施工、试压和吹扫，见图 4-32。

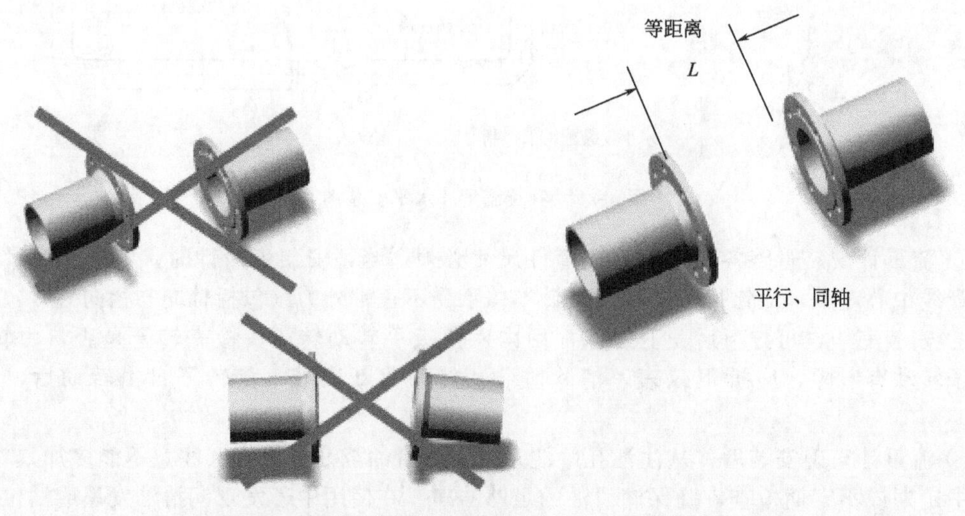

图 4-32 流量计等间距、前后同轴、法兰面平行安装图

（三）罗茨流量计清洗

罗茨流量计外观如图 4-33 所示。

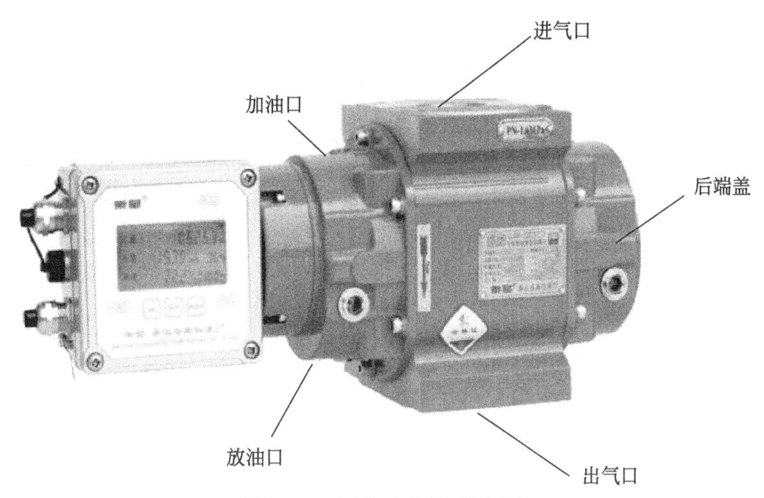

图 4-33　罗茨流量计外观图

第一步：将表内润滑油放掉，储存起来（可重复使用），后端盖拆下。如图 4-34 所示。

图 4-34　清洗步骤示意图（一）

第二步：将干净的汽油或其他洗涤剂灌入进气口，同时转动同步齿轮，不断循环清洗，直至转动灵活。见图 4-35。

（四）腰轮流量计现场维修

1. 故障现象：表不计量

故障图片显示如图 4-36 所示。

① 无流量通过，检查供气压力，开阀调节流量。

② 检查确认管道流量是否大于仪表始动流量。

③ 转子被脏物卡住，拆下流量计，彻底清除管道内焊渣等脏物。

④ 安装应力过大，重新安装，排除管道安装应力。

图 4-35　清洗步骤示意图（二）

2. 故障现象：表不显示

故障图片显示如图 4-37 所示。

图 4-36　仪表显示（一）

图 4-37　仪表显示（二）

① 电池电压小于 3.2V 时，更换电池。

② 检查电池插头是否存在接触不良情况。

③ 如果仍不显示，更换电路板。

3. 故障现象：温度、压力不正常

故障图片显示如图 4-38 所示。

图 4-38　仪表显示（三）

① 检查前置温度、压力接线是否有脱线、压线现象。

② 检查温度传感器和压力传感器是否正常。

流量检测仪表安装总则

一、节流件安装

在管道吹扫、清洗完后，试压之前，仪表工要将节流件装入节流装置中，安装时要使节流装置、垫片、管道三者同心，可用钢板尺插入两片法兰中间，法兰边沿到节流装置边沿的尺寸应相同，并应达到同心的要求。拧螺栓时要均匀用力，并按对角顺序均匀坚固。

节流件安装要注意以下事项。

① 节流件必须在管道吹扫、清洗后，试压之前安装。

② 安装前应进行外观检查，孔板的入口、喷嘴的出口边缘应无毛刺、圆角和可见损伤，并按设计数据和制造标准规定测量验证其制造尺寸，并且填写《隐藏工程记录》。

③ 安装前进行清洗时不要划伤节流件。

④ 节流件的安装方向是流体从节流件的上游端面流向节流件的下游端面。孔板的锐边或喷嘴的曲面侧要迎着被测流体的流向，不可装反。

⑤ 在水平和倾斜的管道上安装的孔板或喷嘴，若有排泄孔时，排泄孔的位置为：当流体是液体时，应在管道的正上方；当流体是气体或蒸汽时，应在管道的正下方。

⑥ 环室上有“+”号的一侧应在被测流体流向上游侧，当用箭头标明流向时，箭头的指向要与设计被测流体的流向一致。

⑦ 节流件的端面要垂直于管道轴线，其允许偏差为1°。

⑧ 安装节流件的密封垫片的内径不应小于管道内径，夹紧后不得突入管道内壁，否则会影响测量的准确性，产生较大的测量误差。

⑨ 节流件与管道或夹持件同轴，其轴线与上、下游道轴线之间的不同轴线误差 e_x 要符合下式的要求。

$$e_x \leqslant \frac{0.0025D}{0.1+2.3\beta^4} \tag{4-16}$$

式中　D——管道内径；

β——工作状态下节流件的内径与管道内径之比。

如图4-39所示为同心锐孔板装配及安装图。

中华人民共和国行业标准设计	*PN* 6.3MPa 同心锐孔板(*DN*50～400mm) 装配及安装图 STANDARD ORIFICE INSTL. DWG.	HG/T 21581—95　HK06—5	
		第　张　共　张 OF　SHEET	总　张　第　张 OF　TOTAL

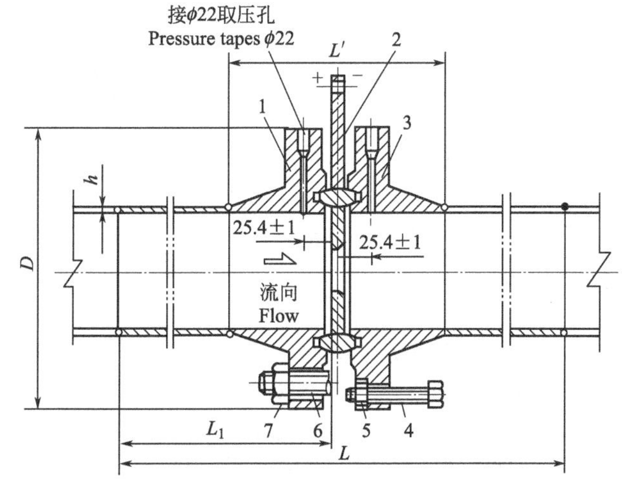

mm

公称直径 Nomi. size	50	65	80	100	125	150	175	200	250	300	350	400
台阶 *h* Step	±2.5	±3	±3	±3	±3	±3	±3.5	±3.5	±4.5	±5	±5.5	±6

图4-39

说明：

1. 安装时应保证锐孔板和取压法兰配套，上游取压法兰、锐孔板的正负方向及下游取压法兰都应根据介质流向正确安装。取压口的方位应符合工程设计文件的要求，便于安装差压仪表引线。两顶丝一般应成180°。

2. 取压法兰所带管段与管道焊接时，其端面与管道轴线的不垂直度不得大于1°，接口处由于焊接及管子内径尺寸误差所产生的台阶 h 应不大于上表所列数值。

3. 取压法兰、螺柱、螺母等材质的选用由工程设计确定，上述材料的数量见装配及安装材料明细表。

4. 锐孔板安装应在管线吹扫后进行。

件号 NO.	代码 CODE	图号与标准件 DWG&STD. NO.	名称与规格 NAME&SIZE	材料 MATERIAL	数量 0′TY	备注 REMARKS
7		GB 6170—86	螺母 Nut		—	
6		GB 6901—88	双头螺柱 Stud bolt		—	
5		GB 6170—86	螺母 Nut		2	
4		GB 5783—86	顶丝 Jack bolt		2	
3			下游取压法兰 Downward orifice flange		1	
2			同心锐孔板 Standard orifice		1	
1			上游取压法兰 Upward orifice flange		1	

安装材料图 INSTALLATION MATERIAL LIST

图 4-39 同心锐孔板装配及安装

二、差压变送器安装

目前与节流装置配套的流量计最常用的是差压变送器。差压变送器大多数安装于现场保温箱内。室内差压变送器一般是裸露安装的，可安装在支架上，也可固定于墙壁上。

用差压变送器测量流量配测量管道时，应注意正、负导压管要始终保持同样的高度，辅助容器（如冷凝器、隔离器、集气器等）也必须保持相同高度，避免产生附加静压误差。

变送器与节流装置的相对位置不同，其测量管道敷设方式也不同，但无论位置如何变化，安装原则均不变。即测液体介质时，测量管道应向变送器倾斜，使测量管道中装满液体，并在保温箱上安装排气阀，排除液体介质中的气体，测量气体介质时，测量管道向节流装置倾斜，使测量管道中充满气体，并在保温箱下方安装排污阀，排除测量管道中的液体。

测量液体流量管路连接如图 4-40 所示。

中华人民共和国行业标准标准设计	测量液体流量管路连接图 (差压仪表低于节流装置三阀组) HOOK-UP DRAWING OF LIQUID FLOW MEASUREMENT(D/P TRANSMITTER BELOW TAP 3-VALVE MANIFOLD)		HG/T 21581—95 HK03—115	
			第 张 共 张 OF SHEET	总 张 第 张 OF TOTAL
压力等级:6.3MPa RATING:	管件连接形式:对焊式连接方式 CONN TYPE:BUTT-WELDING CONNECTION	序号 NO.	位号 TAG NO.	管道或设备号 PIPE(VESSEL)NO.
		1		
		2		
		3		
		4		
		5		
		6		
		7		
		8		
		9		
		10		

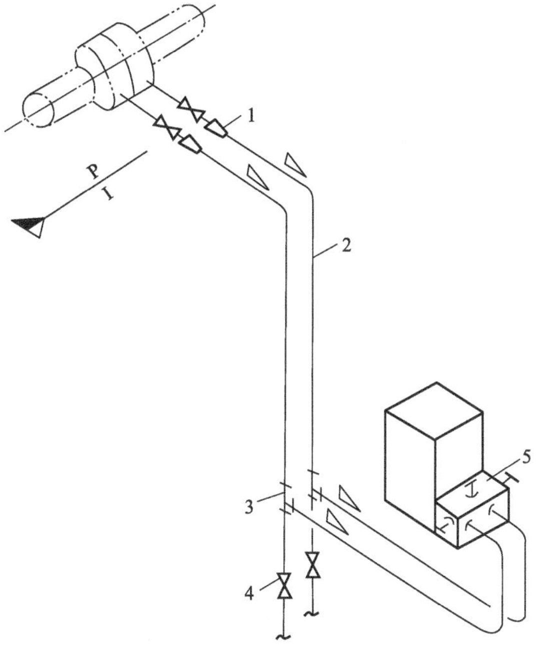

件号 NO.	代码 CODE	图号与标准件 DWG&STD. NO.	名称与规格 NAME&SIZE	材料 MATERIAL	数量 0'TY	备注 REMARKS
5	VM301 VM302		三阀组 PN16MPa DN5mm 3-VALVE MANIFOLD	CS 0Cr18Ni10Ti	1	附接头 ϕ14 WITH CONNECTOR
4	VB212 VB217	Q21F-64	外螺纹球阀 PN6.3MPa DN10mm ϕ14/ϕ14 MALE THREADED BALL VALVE	CS 0Cr18Ni10Ti	2	
	VC210 VC211	J21W-64C 64P	外螺纹截止阀 PN6.3MPa DN10mm ϕ14/ϕ14 MALE THREADED GLOBE VALVE	CS 0Cr18Ni10Ti	2	
3	FB167 FB182		对焊式三通中间接头 PN6.3MPa ϕ14 B. W TEE	CS 0Cr18Ni10Ti	2	
2	PL005 PL205	GB 8163—87 GB 2270—80	无缝钢管 ϕ14×2 SEAMLESS STEELPIPE	CS 0Cr18Ni10Ti		
1	FB009 FB054		对焊式异径活接头 PN6.3MPa ϕ22/ϕ14 B. W REDUGING UNION	CS 0Cr18Ni10Ti	2	

安装材料图 INSTALLATION MATERIAL LIST

图 4-40 测量液体流量管路连接图

三、其他流量检测仪表安装要求

① 转子流量计应安装在无震动的管道上，其中心线与铅垂线间的夹角不应超过 2°，被测流体流向必须自下而上，上游直管段长度不宜小于 2 倍管子直径。当被测介质温度高于 70℃时，应加防护罩，以防冷水溅到玻璃管上，管子破裂被测介质喷出。

② 靶式流量计靶的中心应与管道轴线同心，靶面应迎着流向且与管道轴线垂直，上、下游直管段长度应符合设计文件要求。当被测量温度较高时，还需配冷却水管。靶式变送器必须在工艺管道吹扫后、试压之前安装。

③ 电磁流量计安装时要使流量计外壳、被测流体和管道连接法兰三者之间等电位连接，并接地；在垂直的管道上安装时，被测流体的流向应自下而上，在水平的管道上安装时，两个测量电极不应在管道的正上方和正下方；流量计上游直管段长度和安装支撑方式按施工图施工。

④ 涡轮流量计信号线要使用屏蔽线，上、下游直管段的长度应符合设计文件要求，前置放大器与变送器间的距离宜小于 3m。

⑤ 涡街流量计信号线需使用屏蔽线，上、下游直管段的长度应符合设计文件要求，放大器与流量计分开安装时，两者之间的距离应小于 20m。

⑥ 椭圆齿轮流量计入口端必须加装过滤器，防止固体颗粒卡住齿轮。椭圆齿轮流量计的刻度盘应处于垂直平面内。椭圆齿轮流量计和腰轮流量计在垂直管道上安装时，管道内流体流向应自下而上。

⑦ 超声波流量计上、下游直管段长度应符合设计文件要求。对于水平管道，换能器的位置应在与水平直径成 45°的范围内。被测管道内壁不应有影响测量精度的结垢层或涂层。

⑧ 均速管流量计的安装要符合下列规定：流量检测元件的取源部件的轴线与管道轴线必须垂直相交；总压侧孔应迎着流向，其角度允许偏差应小于 3°；检测杆应通过并垂直于管道中心线，其偏离中心和与轴线不垂直的误差均应小于 3°；流量计上、下游直管段的长度要符合设计文件要求。

液体流量计的校验

1. 实验目的

① 了解几种常见流量计的结构、工作原理、主要特点以及安装和使用方法。

② 学习流量计的校验方法。

③ 掌握测量数据处理方法和 A 类标准不确定度的计算方法。

2. 仪器与设备

(1) 常用流量计

节流件、转子流量计、涡轮流量计、涡街流量计、电磁流量计等。

(2) 流量计标定平台与设备

电机、水泵、管道、计算机、仪表、水箱、调节阀、电控柜、数据采集与参数监视柜等。

(3) 标准表型号与性能参数

电磁流量计：

① IFS4300-50：量程 2.12～84.82m^3/h。

② IFS4300-80：量程 5.429～217.1m^3/h。

（4）被校表型号与性能参数

① 涡街流量计：

VF-105：量程 4～40m^3/h。精度：1.0%。

② 涡轮流量计：

LWGY-80：量程 10～100m^3/h。精度：1.0%。

3. 实验原理及设备系统

采用示值比较法，流量计标定平台示意图如图 4-41 所示。选用高精度的电磁流量计作为标准流量计，使标准流量计与被校的流量计安装于同一管径的水平直管上，感受相同介质作用。比较二者的示值，从而确定被校流量计的基本误差。

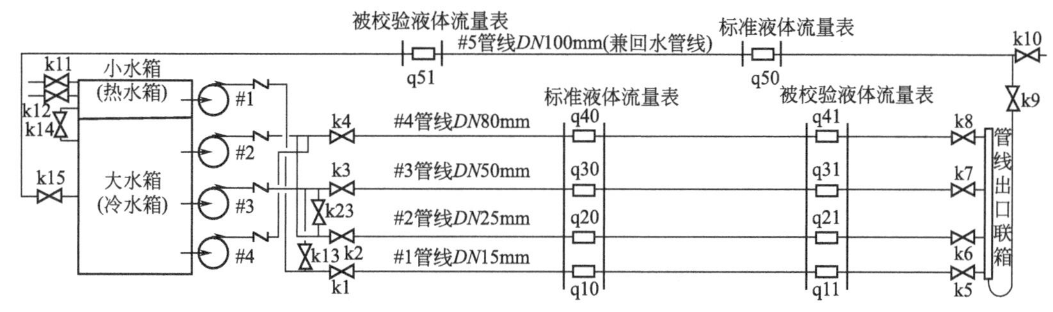

图 4-41　液体流量计标定平台系统图

4. 实验工况与步骤

实验工况安排如表 4-12 所示。水泵出口阀门全开，通过调整电机频率来实现不同流量工况的切换。共设 7 个测量工况。每个工况测数据 9 组。

表 4-12　实验工况

工况序号	1	2	3	4	5	6	7
水泵电机频率/Hz	20	25	30	35	40	45	50

（1）实验前的检查与准备

① 盘动各实验泵（＃3、＃4）的转轴，转轴应灵活转动，如卡涩严重或转动中存在碰磨声响，应对泵进行检查，必要时进行检修，排除故障。

② 总电源通电，各实验泵通电，各实验泵变频调节器通电（变频器频率、电流指示在“0”状态），检查各开关、表计初始状态是否正确。

③ 检查各阀门操作是否灵活、阀门行程是否正常，如卡涩严重或阀门行程与原始值有较大差异，应对阀门进行检查，必要时进行检修，排除故障。

④ 将各阀门调整至实验前的初始状态，即各实验泵出口阀门（k3、k4 电动）全开，各测量管线末端阀门（k5～k8 手动）全开，回水总管上的阀门（k9、k15 手动）全开。

⑤ 开启水箱进水阀门 k11（在墙角水池边），让水箱、水泵进水，水箱内有浮球阀，水箱充满后，会自动停止进水。

⑥ 检查泵进口管路法兰、螺纹接口等处是否漏水，如存在漏水应拧紧连接螺栓或螺纹。

⑦ 对实验学生进行分组，每台泵的实验可由 4～8 人完成。

（2）实验操作步骤

① 启动配电柜总电源，仪表及设备上电。启动控制电脑。

② 启动设备控制和测量软件。按软件提示，在学生实验栏下依次填写实验序号、学生

姓名等，并按指导教师提示，设置采样时间、采样数目、工况数目、电机频率、阀门开度等信息。

③ 点击实验开始按钮，等待工况稳定。

④ 开始实验后，实验过程将由电脑全自动控制完成，同学只需密切观察，并根据软件进程提示完成相应操作即可。

⑤ 保存并导出实验数据，请指导教师初步审核数据。

⑥ 全部设定工况结束后，点击实验结束按钮，本组实验结束。

5. 实验数据记录

如表 4-13 所示。

表 4-13 原始数据表 m^3/h

工况序号	项目	组别								
		1	2	3	4	5	6	7	8	9
1	标准流量									
	被校流量									
2	标准流量									
	被校流量									
3	标准流量									
	被校流量									
4	标准流量									
	被校流量									
5	标准流量									
	被校流量									
6	标准流量									
	被校流量									
7	标准流量									
	被校流量									

6. 实验数据处理分析与报告

对数据进行分析并得到：

① 标准表的测量标准不确定度；

② 被校表的测量标准不确定度；

③ 被校表的基本误差；

④ 对照被校表出厂性能参数判断其是否合格。

思考题

1. 如何进行孔板计算和选择差压计？

2. 如何操作三阀组？

3. 安装差压式流量测量仪表应注意哪些问题？

4. 差压式流量计有哪些常见故障？并给出相应的处理方法。

5. 电磁流量计是怎样实现流量测量的？

6. 安装电磁流量计时注意哪些问题?
7. 电磁流量计有哪些常见故障? 并给出相应的处理方法。
8. 涡街流量计是怎样实现流量测量的?
9. 安装涡街流量计时注意哪些问题?
10. 腰轮流量计是怎样实现流量测量的?
11. 安装腰轮流量计时注意哪些问题?
12. 腰轮流量计有哪些常见故障? 并给出相应的处理方法。

模块五
温度检测仪表安装

温度是表征物体冷热程度的物理量。温度也是工业生产中最普遍、最重要的变量之一。许多生产过程都是在一定的温度范围内进行的。因此温度的检测和控制是保证生产正常进行、确保产品质量和安全生产的关键。在本模块中，理实一体化教学的内容主要介绍温度检测元件热电偶和热电阻的安装。

项目一　热电偶安装

一、学习目标

1. 知识目标

① 熟悉热电偶测温原理；

② 掌握热电偶的安装注意事项；

③ 掌握热电偶的故障判断方法；

④ 掌握热电偶的校验方法。

2. 能力目标

① 具备选择热电偶的能力；

② 初步具备安装热电偶的能力；

③ 初步具备对热电偶的常见故障进行分析判断及处理的能力；

④ 具备校验热电偶的能力。

二、理实一体化教学任务

理实一体化教学任务参见表 5-1。

表 5-1　理实一体化教学任务

任务	内　容
任务一	认识热电偶
任务二	选择热电偶
任务三	分析判断热电偶常见故障
任务四	热电偶的校验

三、理实一体化教学内容

（一）热电偶测温原理及结构

1. 热电偶测温原理

热电偶温度计的测温原理基于由两种不同材质的金属线组合成的闭合回路，如图 5-1 所示。当两接点 A、B 所处温度不同时，回路内有电流产生，当 A、B 两接点所处温度相同时，则回路中电流消失，这种现象称为热电效应。

热电效应：不同材质的导体自由电子的密度不同，当两种不同材质的导体接触时，电子密度较大的导体电子向电子密度较小的导体扩散，随着扩散过程进行，电子在 A、B 接触处形成电场，这个电场又阻碍电子继续进行扩散，直到电子的转移速度等于电场所引起的反向电子转移速度，此时就处于动平衡状态。在这种状态下，两根导线之间就存在一定的电位差。

对同一导体而言，如果一根导线的两端所处的温度不同，它两端的自由电子密度也不相等，高温端的电子向低温转移，直至平衡。高温端带正电荷，低温端带负电荷，高、低温端之间也存在一定电位差。

测量温度时应将热电偶接入测量仪表，如图 5-1 所示，可将热电偶的一端 B 接点拆开，接入测量仪表 M，如图 5-2 所示。热电偶接入测量仪表时可接入第三种导体，只要第三种导体导线的两端温度相同，热电偶的热电势就不会因第三种导线的介入而变化。如果第三种导线的两端温度不等，热电偶的热电势将会发生变化，热电势的变化与导体材质和接点处温度 t_0 有关。

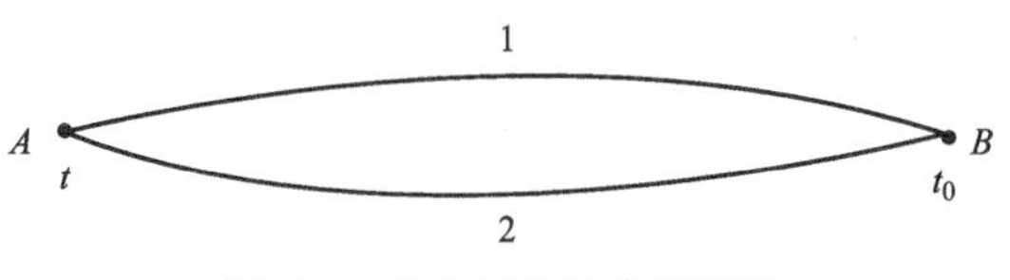

图 5-1　热电偶的工作原理图

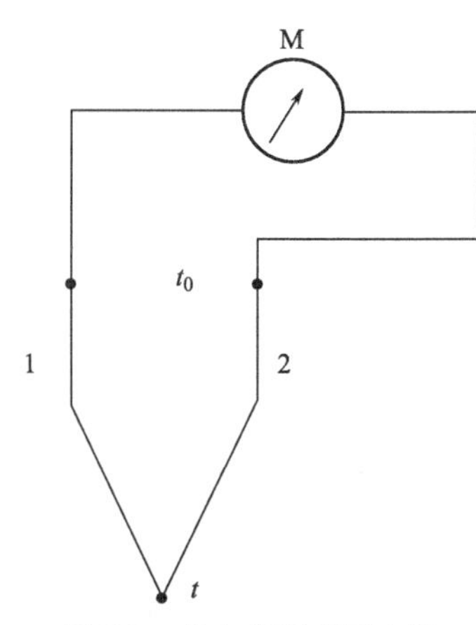

图 5-2　热电偶温度计电路

通常我们将热电偶电子密度较大的金属极称为正极，电子密度较小的金属极称为热电偶的负极。用于测温的接点 t 称为热端或工作端。热电偶的接线端 t_0 称为冷端或参考端。

接线端 1、2 两端点之间的热电势可用下式表示：

$$E_t = E(t) - E(t_0) \tag{5-1}$$

式中　E_t——热电偶的热电势；

$E(t)$——工作端温度为 t 时的热电势；

$E(t_0)$——冷端温度为 t_0 时的热电势。

从式中可知，当冷端温度恒定时，热电偶产生的热电势仅与工作端温度有关。热电偶分度表已规定了各种热电偶的热电势（mV）与工作端温度（℃）的对应关系。各分度号热电偶的分度值是在冷端温度为 0℃的条件下，使工作端处在不同温度下实测获取的。在冷端温度恒定的条件下，热电偶产生的热电势仅与工作端的温度有关，与热电偶的电极直径、长度无关。热电偶的热电特性近似为线性。

热电偶的种类较多，我国目前推荐使用品种有：铂铑 10-铂（分度号 S），长期使用最高温度为 1300℃，短期使用最高温度为 1600℃；铂铑 30-铂铑 6（分度号 B），长期使用最高温度为 1600℃，短期使用最高温度为 1800℃；镍铬-镍硅（分度号 K），其使用范围为－200～

1300℃；铁-铜镍（分度号 J），也称铁-康铜，其使用范围为 0～750℃；铜-康铜（分度号 T），使用温度为－200～350℃；镍铬-康铜（分度号 E），该热电偶的使用温度为－200～900℃；铂铑 13-铂（分度号 R），测温范围与分度号 B 相同；钨铼 3-钨铼 25（分度号 WRe3～WRe25），使用温度范围 0～2300℃；镍铬硅-镍铬（分度号 N），温度范围为－200～1300℃，该热电偶综合性能优于 K 型热电偶。

2. 热电偶结构

热电偶由热电偶电极、绝缘子、保护管和接线盒组成。热电偶电极的接点是焊接而成，可以是对接焊，也可以预先把两根电极绞缠在一起再焊，缠绕圈数不可超过 3 圈，否则测温工作点不是在焊接点，而是在缠绕处的末端。为保证两热电极之间的绝缘，在两热电极上分别套入绝缘子（瓷管、石英管），防止极与极之间、极与保护管之间短路。保护管用于保护热电极免受化学腐蚀和机械损伤。保护管的材质一般为无缝钢管、不锈钢管、陶瓷管及石英管，工作端通常为封闭端（少数场合也使用露头端），热电极插入保护管内，热电极冷端两极分别接于保护管上端接线盒的接线端子上。另外，还有一种铠装式热电偶，是将热电偶丝、绝缘粉（氧化镁）组装于不锈钢管内，再经模压拉实成整体，它与上述组装式热电偶相比，具有外径小、长度较长、抗振、有挠性、热响应速度快、安装方便等优点。

保护管材质是依据最高使用温度和被测介质的化学性质来选取的，热电偶多数用于测量中高温区，尤其在高温区 1000℃以上，多选用 Cr25Ti 不锈钢、工业陶瓷及氧化铝、钢玉套管等。

热电偶的形式除了普通装配式、铠装式外，还有为了提高响应速度或抑制干扰源影响的接壳式（即热电极热端接点与保护管端头内壁接触）；有用于测量设备、管道外壁或旋转体表面温度的端（表）面热电偶；有用于测量含有坚质颗粒介质的耐磨热电偶；有用于多点测量的铠装多点热电偶。

热电偶在应用时要注意冷端温度补偿问题。

（二）热电偶的使用

① 热电偶的选型。目前，工业生产中普遍使用的热电偶型号有 S、K、E、N、J 型等几种，购买热电偶时，应该选择与测量仪表分度号相同的热电偶。在满足工艺规程要求的情况下，同时使用多台测温仪表，应尽可能选择分度号相同的热电偶，以防止由于人为的原因造成不同分度号的热电偶与测量仪表混用，出现质量事故。

② 热电偶的测量端应确实插到保护管的末端，以保证测量结果的准确性。

③ 仪表的连接，必须使用与热电偶用的补偿导线，热电偶与补偿导线的正负极应正确连接，否则，不但起不到补偿作用，而且还会给测量结果带来更大的误差。

④ 使用中的热电偶，应保护好接线盒。热电偶的接线盒用于连接热电偶和测量仪表，为了防止热电偶被污染，接线盒的出线口和盖子都用垫片进行密封，使用中应保护好密封垫片，防止丢失和损坏。

⑤ 保证绝缘材料的完好。在热电偶回路中，如果两热电极间绝缘不好或短路，将会引起测量误差的出现或不能测量。所以，应切实保证两热电极始终用绝缘材料隔开。

⑥ 使用中的热电偶，应定期送计量部门进行检定，对于检定不合格的热电偶应及时更换；新购买的热电偶应先检定，然后再投入使用。热电偶的检定周期一般为半年。

（三）热电偶的安装

① 首先应测量好热电偶螺牙的尺寸，车好螺牙座。

② 要根据螺牙座的直径，在需要测量的管道上开孔。

③ 螺牙座的焊接。把螺牙座插入已开好的孔内，把螺牙座与被测量的管道焊接好。

④ 把热电偶旋进已焊接好的螺牙座。

⑤ 按照接线图将热电偶的接线盒接好线，并与表盘上相对应的显示仪表连接。注意接线盒不可与被测介质管道的管壁相接触，保证接线盒内的温度不超过 0～100℃范围。接线盒的出线孔应朝下安装，以防因密封不良、水汽灰尘等沉积造成接线端子短路。

⑥ 热电偶安装的位置，应考虑检修和维护方便。

（四）热电偶常见故障分析

1. 热电偶使用的注意事项

为了保证热电偶温度计可靠、稳定地工作。对它的结构要求如下：

① 组成热电偶的两个热电极的焊接必须牢固；

② 两个热电极彼此之间应该有很好的绝缘，以防短路；

③ 补偿导线与热电偶自由端的连接要方便可靠；

④ 保护套管应能保证热电极与有害介质充分隔离。

2. 热电偶测温常见故障现象、原因及处理方法

（1）热电势比实际值小（显示仪表指示值偏低）

故障原因 1：热电极短路。

处理方法：① 如因潮湿造成短路，需要干燥热电极；

② 如因绝缘子损坏导致短路，需更换绝缘子。

故障原因 2：热电偶的接线柱处积灰造成短路。

处理方法：清扫积灰。

故障原因 3：补偿导线间短路。

处理方法：找出短路点，加强绝缘或更换补偿导线。

故障原因 4：热电极变质。

处理方法：长度允许时剪去变质段，重新焊接，或者更换热电偶。

故障原因 5：补偿导线与热电偶极性接反。

处理方法：重接热电偶和补偿导线。

故障原因 6：补偿导线与热电偶不配套。

处理方法：更换配套的补偿导线。

故障原因 7：冷端温度补偿器与热电偶不配套。

处理方法：更换配套的冷端温度补偿器。

故障原因 8：冷端温度补偿器与热电偶极性接反。

处理方法：重接热电偶和冷端温度补偿器。

故障原因 9：显示仪表与热电偶不配套。

处理方法：更换配套的显示仪表；对于提供编辑功能的仪表，可对仪表的热电偶类型进行更改。

故障原因 10：显示仪表未进行机械零点校正。

处理方法：正确进行仪表机械零点调整。

故障原因 11：热电偶安装位置不当或插入深度不符合要求。

处理方法：按规定重新安装。

（2）热电势比实际值大（显示仪表指示值偏高）

故障原因 1：补偿导线与热电偶不配套。

处理方法：更换配套的补偿导线。

故障原因 2：显示仪表与热电偶不配套。

处理方法：更换配套的显示仪表；对于提供编辑功能的仪表，可对仪表的热电偶类型进行更改。

故障原因 3：冷端温度补偿器与热电偶不配套。

处理方法：更换配套的冷端温度补偿器。

故障原因 4：有直流干扰信号。

处理方法：找到干扰源，消除直流干扰信号。

(3) 热电势输出不确定

故障原因 1：热电偶接线柱与热电极接触不良。

处理方法：拧紧接线柱螺钉。

故障原因 2：热电偶测量线路绝缘破损，引起断续短路或接地。

处理方法：找出故障点，恢复绝缘。

故障原因 3：热电偶安装不牢或外部震动。

处理方法：紧固热电偶，消除震动或采用减震措施。

故障原因 4：热电极将断未断。

处理方法：修复或更换热电偶。

故障原因 5：外界干扰（如交流漏电、电磁场等）。

处理方法：找出干扰源，采取屏蔽措施。

(4) 热电势误差大

故障原因 1：热电极变质。

处理方法：更换热电偶。

故障原因 2：热电偶安装位置不当。

处理方法：更换安装位置。

故障原因 3：保护套管表面积灰。

处理方法：消除积灰。

（五）热电偶安装注意事项

1. 安装的位置

热电偶的安装应尽可能靠近欲测的温度控制点，使其测量端与被测介质充分接触，远离强磁场和强电场。热电偶的测温点选择应具有代表性，不能安放在被测介质很少流动的区域内。当测量管道内气体的温度时，必须使热电偶逆着流动方向安装；当测量管道中流体的温度时，必须使热电偶的测量端处于管道中流速最大处，且使其保护套管的末端越过流速中心线；当测量固体温度时，必须使热电偶的测量端与被测体表面紧密顶靠，并减少接触点附近的温度梯度，以减少导热误差。

2. 插入的深度

热电偶安装时，应将其浸入被测介质之中，并有一定的浸入深度。一般情况下，当采用金属保护管时，插入深度应为其直径的 15～20 倍；当采用非金属保护管时，插入深度应为其直径的 10～15 倍。

3. 热辐射作用

在热电偶附近如果存在与其具有一定温差的很大物体时，热电偶将接受辐射能，从而显著改变了被测介质的温度，此时可采用辐射屏蔽罩来使其温度接近气体温度，亦即使用屏蔽式热电偶。

4. 补偿导线的作用

补偿导线是指连接热电偶接线盒与温度指示仪表的一对带有绝缘层的导线。正确地使用补偿导线，不但可以将热电偶的参考端延伸到环境温度较恒定的地方，改善其测温线路的机械物理性能，而且还能降低测量线路的成本，提高测温准确性，即起到补偿温度作用。补偿导线的使用还应注意，其两连接点的温度应相同，且不得超过规定的使用温度（普通型不大于 100℃，耐热型不大于 200℃），同时保证其与热电偶连接时极性不得接反，否则将产生附加热电动势，对回路总热电动势产生影响，从而增大测温误差。

（六）热电偶校验

1. 实验内容

熟悉热电偶的测温原理及中间温度定律，掌握热电偶的校验方法。

2. 实验目的

了解工业用热电偶的结构及测量端的形状、特征；学会正确使用校验中的仪器仪表；掌握热电偶校验及数据处理方法。

3. 实验基本原理

热电偶使用一段时间后，测量端由于氧化腐蚀和高温下的再结晶等原因，其热电特性会发生变化，因而产生测量误差，为了确保热电偶测温精确度，必须对热电偶进行校验。

本实验采用比较法进行校验，将标准铂铑-铂热电偶与被校热电偶捆扎起来，放入管式加热炉中心，为了确保标准热电偶与被校热电偶的测量端的温度尽量相同，加热炉高温区域内放有钻孔的耐高温镍块套。

双极性比较法实验装置如图 5-3 所示。此方法直接测量标准热电偶与被校热电偶的热电势，通过比较、换算，最后确定被校热电偶的示值误差。

此方法的优点是测量直观，被校热电偶和标准热电偶可以是不同的类型；其缺点是对炉温的稳定性要求较高，为此，本实验附有一套炉温控制器，以稳定地检定炉内的温度，确保在一个温度校验点的测量时间内，检定炉内温度变化不超过±0.5℃，否则将带来较大的测量误差。

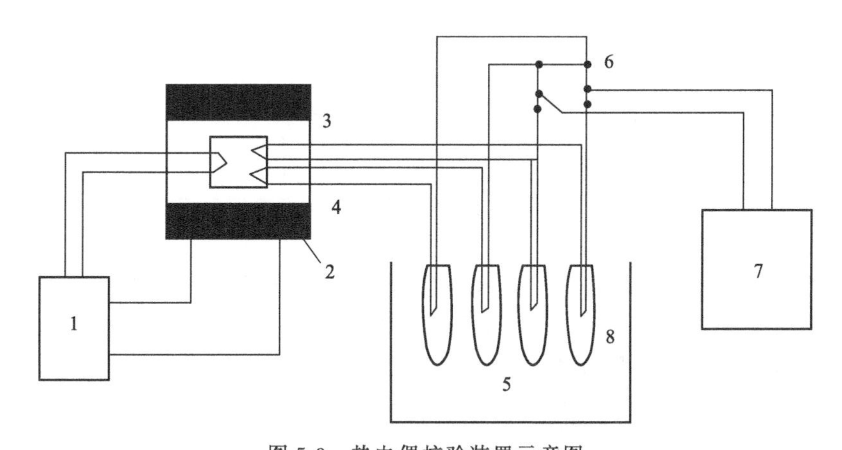

图 5-3 热电偶校验装置示意图

1—炉温控制器；2—管式加热炉；3—标准热电偶；4—被校热电偶；5—冰点槽；6—转换开关；7—直流电子电位差计；8—试管

4. 实验设备

管式加热炉一台、炉温控制器一套、冰点恒温器一个、直流电子电位差计一台、标准热电偶和被校热电偶各一支、转换开关一个。

5. 实验内容和实验步骤

① 给管式加热炉通电。

② 将电子电位差计调零。将“K”拨至中间，将功能挡放在×0.2 挡，若检流计有偏差，调零。

③“K”拨至标准，调节 RP，将检流计调零。

④ 送入电势信号，UJ-36“K”至“未知”，测出标准与被校热电偶的热电势。

⑤ 从标准热电偶开始，依次测量被校热电偶的热电势值。

⑥ 温度从 200℃开始，每隔 100℃设一个检测点，直到 800℃（检测时一定要等到温度达到平衡时再读数）。将一个温度校验点数据取完后，将炉温升到另一个温度校验点，重复上述测量直到将各温度校验点测完为止。

6. 实验数据处理及记录

① 将所测量的数据记录在表 5-2 中，并画出曲线。

表 5-2 热电偶校验数据表

温度/℃	200	300	400	500	600	700	800
被校热电偶热电势/mV							
标准热电偶热电势/mV							

② 双极性比较法误差计算见表 5-3。

表 5-3 误差计算表

温度校验点	标准热电偶		被校热电偶		误差/℃
	热电势均值	对应温度	热电势均值	对应温度	
200℃					
300℃					
400℃					
500℃					
600℃					
700℃					
800℃					

7. 问题与思考

① 被校热电偶在温度校验点的误差是否符合工业用热电偶允许误差的要求？

② 分析热电偶校验中产生误差的主要原因，如何克服？

③ 用什么方法来检定炉温的稳定？

（七）温度检测仪表的选择

正确选择和使用温度测量仪表是实现对温度参数进行正确、有效测控的首要前提。

1. 仪表功能的选择

如果我们需要随时了解温度的变化趋势，就应该选择具有记录功能的仪表；如果温度变化对安全生产、产品质量有重大影响，一定要选择具有报警功能的仪表；在一般只需要监视温度的情况下，用指示类测温仪观察温度值就行了；在需要对温度参数进行随时调节时，设计温度测控系统来对温度进行控制。

2. 仪表精度的选择

精度的选择，一般要考虑生产工艺过程对温度仪表的要求以及温度参数对生产的重要程度；在需要对温度参数进行控制的情况下，我们还要考虑仪表的精度与整个测控系统的匹配问题。

3. 仪表量程的选择

量程选择既要考虑到正常的生产情况，又要考虑在故障情况下温度的变化范围。

4. 其他注意事项

进行现场中低温测量时，宜选择双金属温度计，同时要注意其刻度盘直径和径向；有震动的地方，不宜选用工业玻璃棒式温度计；测温点较高或现场环境不好时，宜选择压力式温度计，但与温包相连的毛细管的长度不能超过 20m；热电阻、热电偶的选择要考虑它们的测量范围、响应速度、分度号、使用安全等方面；对于需要对温度参数进行控制时，需要设计一个测控系统，同时要考虑敏感元件、变送器、执行器、显示仪表等之间的匹配、安全等问题。

项目二　热电阻安装

一、学习目标

1. 知识目标

① 熟悉热电阻的测温原理；

② 掌握热电阻安装注意事项；

③ 掌握热电阻的故障判断方法；

④ 掌握热电阻的校验方法。

2. 能力目标

① 具备选择热电阻的能力；

② 初步具备安装热电阻的能力；

③ 初步具备对热电阻的常见故障进行分析判断及处理的能力；

④ 具备校验热电阻的能力。

二、理实一体化教学任务

理实一体化教学任务参见表 5-4。

表 5-4　理实一体化教学任务

任务	内　　容
任务一	认识热电阻
任务二	选择热电阻
任务三	分析判断热电阻常见故障
任务四	热电阻的校验

三、理实一体化教学内容

（一）热电阻测温原理

热电阻温度计是生产过程中常用的一种温度计，常规检测系统由热电阻感温元件、显示仪表和连接导线组成。热电阻利用了金属导体的电阻值随着温度的变化而变化这一基本特性来测量温度。

热电阻温度计的特点是精确度高、性能稳定，便于实施远距离测量和温度集中控制。缺点是感温元件存在传感滞后，连接导线线路电阻受环境温度变化影响。

热电阻材质都用纯金属丝制成，金属铂和铜应用最为广泛。另外，也采用镍、锰等金属。制作感温元件的电阻材料，一般应具有电阻温度系数大、热容量小，在测温范围内其物理、化学性能稳定，电阻与温度之间的特性近似线性，易于加工制造等特性。用于绕制电阻丝的骨架有一定的技术要求，如绝缘性能、强度要求等，常用的骨架材料有石英玻璃、云母片、陶瓷。用于较低温度范围的骨架还可用塑料材质。

铂热电阻以 0℃时的电阻值 R_0 定义分度号，$R_0=10\Omega$ 时，分度号为 Pt_{10}；$R_0=100\Omega$ 时，分度号为 Pt_{100}。Pt_{10} 铂热电阻感温元件是用较粗的铂丝绕制而成的，耐温性能优于 Pt_{100} 铂热电阻，主要用于 650～850℃温区。Pt_{100} 铂热电阻主要用于 650℃以下温区。Pt_{100} 铂热电阻的分辨率是 Pt_{10} 铂热电阻分辨率的 10 倍，对显示仪表的要求相应要低一个数量级，因此在 650℃以下温区一般选用 Pt_{100} 铂热电阻。

铜热电阻测量范围较窄，只适合于－50～150℃温度范围。铜热电阻温度系数较大，且材料提纯容易，价格便宜，适用于一些测量准确度要求不很高，且温度较低的场合。

（二）热电阻的安装

① 首先应测量好热电阻螺牙的尺寸，车好螺牙座。

② 要根据螺牙座的直径，在需要测量的管道上开孔。

③ 螺牙座的焊接。把螺牙座插入已开好的孔内，把螺牙座与被测量的管道焊接好。

④ 把热电阻旋进已焊接好的螺牙座。

⑤ 按照接线图将热电阻的接线盒接好线，并与表盘上相对应的显示仪表连接。注意接线盒不可与被测介质管道的管壁相接触，保证接线盒内的温度不超过 0～100℃范围。接线盒的出线孔应朝下安装，以防因密封不良、水汽灰尘等沉积造成接线端子短路。

⑥ 热电阻安装的位置，应考虑检修和维护方便。

（三）常见故障分析判断

常见的热电阻是中低温区最常用的一种温度检测器，它不仅广泛应用于工业测量，而且被制成标准的基准温度计。下面分析四种常见的故障现象及处理方法。

1. 显示热电阻的指示值比实际值低或示值不稳

可能原因：保护管内有金属屑、灰尘，接线柱间脏污及热电阻短路。

处理方法：除去金属屑，清扫灰尘、水滴等，找到短路点加强绝缘。

2. 热电阻的显示仪表指示无穷大

可能原因：热电阻或引出线短路或接线端子松开等。

处理方法：更换电阻体或焊接及拧紧接线螺钉等。

3. 显示仪表指示负值

可能原因：显示仪表与热电阻接线有错或热电阻有短路现象。

处理方法：改正接线，或找出短路处，加强绝缘。

4. 热电阻值与温度关系有变化

可能原因：热电阻丝材料腐蚀变质。

处理方法：更换热电阻。

四、热电阻的校验

1. 外观检查

① 铭牌及设备的型号、规格、材质、测量范围、技术条件应符合设计要求。

② 无变形、损伤、油漆脱落、零件丢失等缺陷；外形主要尺寸、连接尺寸符合设计要求。

③ 端子、接头固定件等应完整；附件齐全；合格证及检定证书齐备。

2. 热电阻的导通及绝缘性能的检验

用万用表检查正、负极两端的导通；利用兆欧表分别检查正、负极两端对壳体的绝缘性能，绝缘电阻不小于 5MΩ。

3. 热电阻的热电性能检验

(1) 接线

依据图 5-4 正确接线。

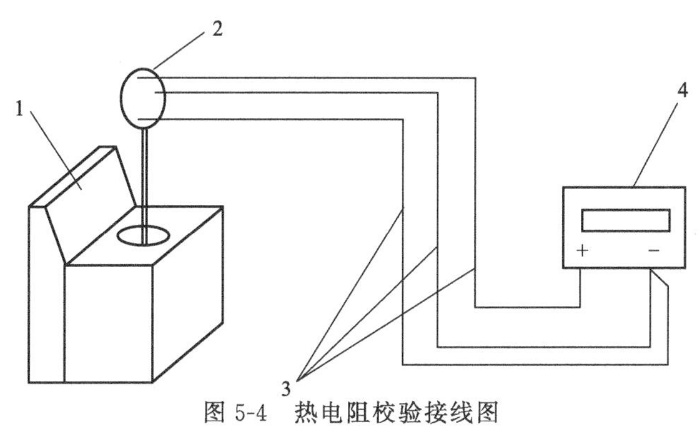

图 5-4　热电阻校验接线图

1—温度校验器；2—热电阻；3—铜线；4—数字多用表

(2) 零点检查

将热电阻的测温部分与标准温度计插入冰水混合物中，待温度稳定后，将热电阻测得温度与标准温度计比较，计算出误差。

(3) 误差检测

将热电阻插入温度校验器中，分别升温至量程的 25%、50%、75%、100%，换算出所测温度，与标准温度比较，基本误差应符合表 5-5 所示的规定。

表 5-5　热电阻分度允许误差

名称		分度号	R_0/Ω	允许误差/℃
铂热电阻	A 级	Pt_{10}	10	$\pm(0.15+0.002\|t\|)$
		Pt_{100}	100	
	B 级	Pt_{10}	10	$\pm(0.30+0.005\|t\|)$
		Pt_{100}	100	

续表

名称	分度号	R_0/Ω	允许误差/℃
铜热电阻	Cu_{50}	50	±(0.30+0.006|t|)
	Cu_{100}	100	

注：1. R_0 为0℃时的标准电阻。
2. t 为被测温度。

（4）记录

记录表格见表 5-6。

表 5-6 热电阻校验数据表

测量范围		允许误差		分度号			
测量范围		标准值/(℃/Ω)	实测值/(℃/Ω)				
%	℃/Ω		上行	误差	下行	误差	回差
调校结果							

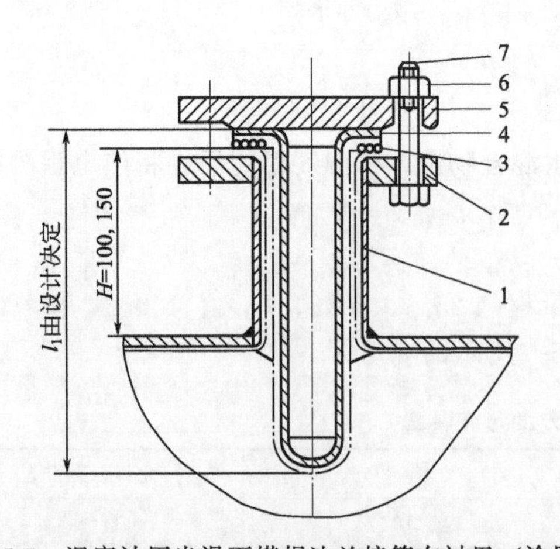

图 5-5 温度计用光滑面搭焊法兰接管在衬里（涂层）管道、设备上焊接（带附加保护套）（单位：mm）

1—接管；2—法兰；3—垫片；4—衬（涂）层保护外套；5—法兰盖；6—螺母；7—螺栓

温度检测仪表安装总则

常用测温仪表有双金属温度计、玻璃液体温度计、压力式温度计、热电偶和热电阻。

一、取源部件安装

1. 安装方式

常用温度仪表取源部件安装见图 5-5～图 5-11。

2. 取源部件安装注意事项

① 取源部件安装位置应选在被测介质温度变化灵敏并具有代表性的地方，不能选在阀门等阻力部件附近、介质流束呈死

角处以及震动较大的地方。

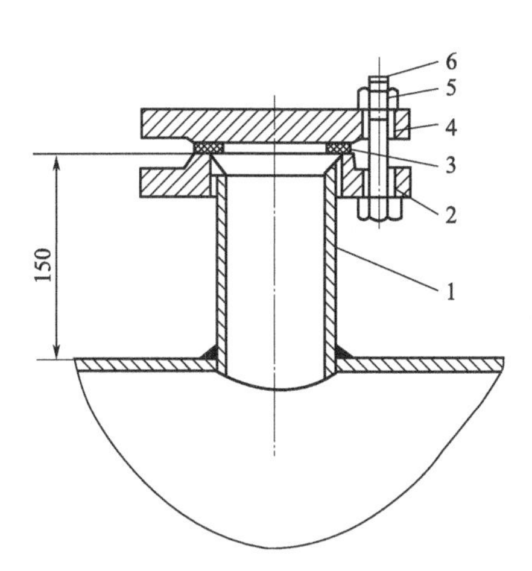

图 5-6　温度计用平焊法兰接管在钢管道、设备上焊接（单位：mm）

1—接管；2—法兰；3—垫片；4—法兰盖；5—螺母；6—螺栓

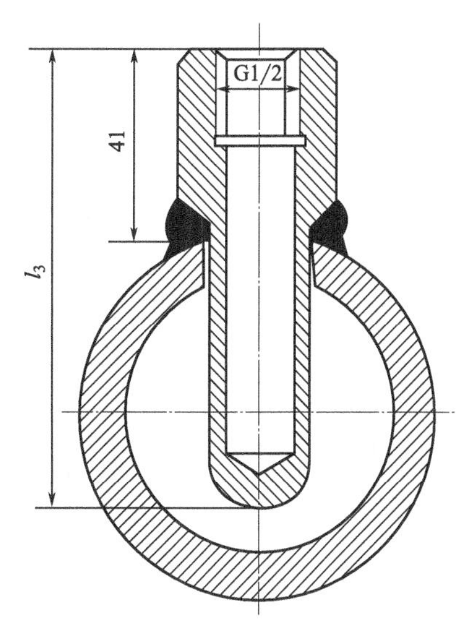

图 5-7　温度计高压套管在钢管道上焊接（单位：mm）

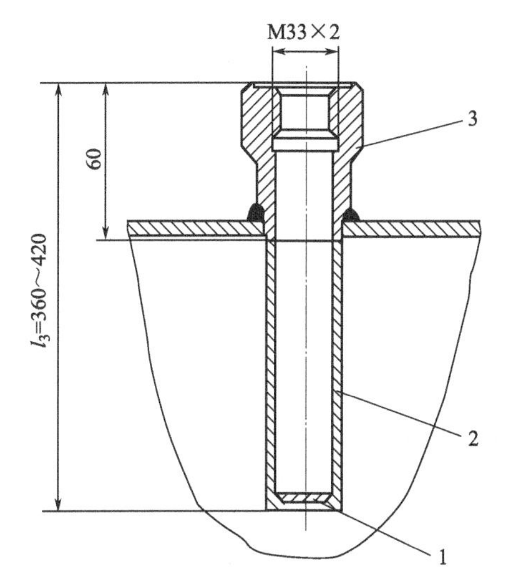

图 5-8　温包连接头及附加保护套在钢或耐酸钢设备上焊接（单位：mm）

1—底；2—套管；3—直形连接头

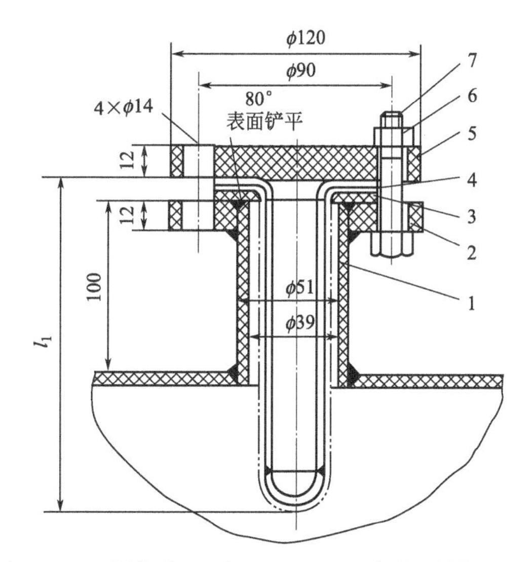

图 5-9　聚乙烯管道、设备上的测温取源部件（单位：mm）

1—接管；2—法兰；3—垫片；4—衬（涂）层保护外套；5—法兰盖；6—螺母；7—螺栓

② 管道上测温元件的感温部分，要处于管道中心介质流速最大区域，保护管末端要超过管道中心线。超过的长度要符合设计规定。

③ 与管道垂直安装时，取源部件轴线应与管道轴线垂直相交，如图 5-12(a) 所示。

④ 与管道呈倾斜角度安装时，宜逆着物料流向，取源部件轴线应与管道轴线相交，如图 5-12(b) 所示。

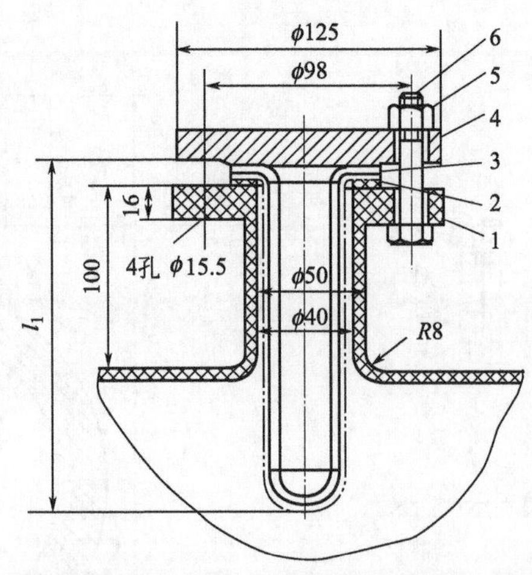

图 5-10　玻璃钢管道、设备上的测温取源部件（单位：mm）

1—法兰；2—光滑面法兰垫片；3—衬（涂）层保护外套；4—法兰盖；5—螺母；6—螺栓

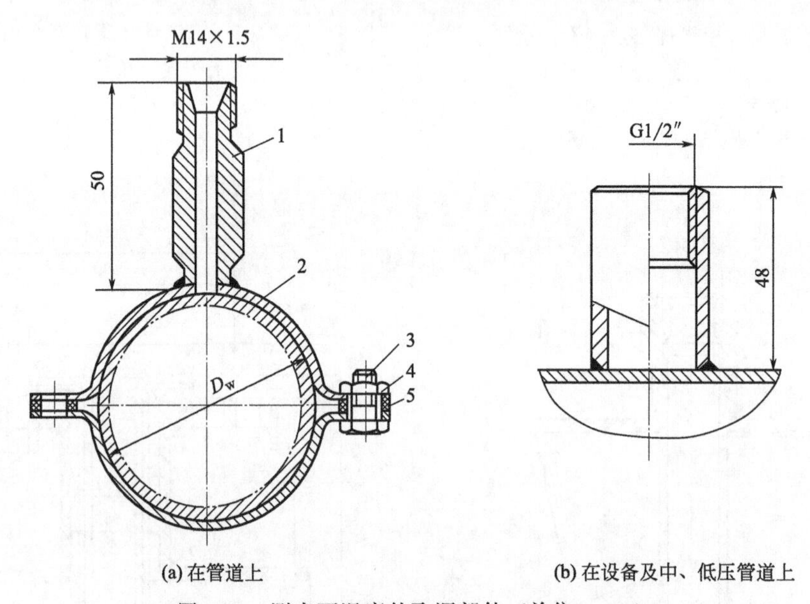

图 5-11　测表面温度的取源部件（单位：mm）

1—铠装热电偶连接头（卡套式）；2—管卡；3—螺母；4—螺栓；5—垫片

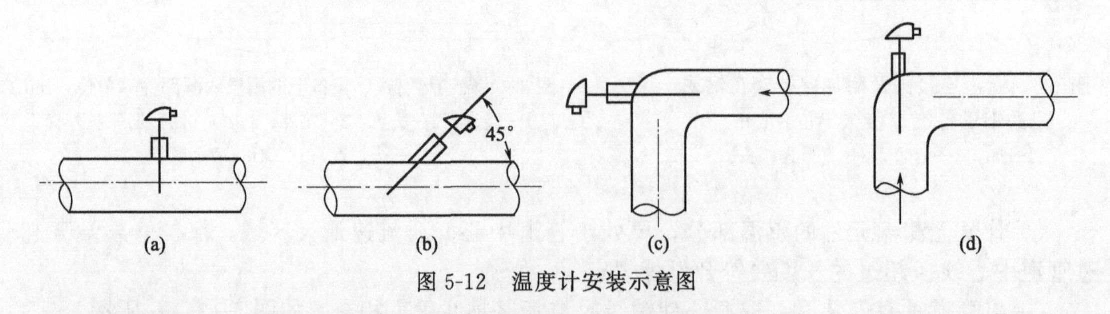

图 5-12　温度计安装示意图

⑤ 在管道的拐弯处安装时，宜逆着物体流向，取源部件轴线应与工艺管道轴线相重合，如图 5-12(c)、(d) 所示。

⑥ 工艺管道直径太小时，应加扩大管。一般公称直径小于 50mm 时，安装水银温度计或热电偶时要加扩大管；公称直径小于 80mm 时，安装热电阻温度计或双金属温度计时需要加扩大管。根据温度计的尾长，确定扩大管直径的大小及凸台的高度，要保证温度计的最大插入深度。

扩大管的材质应与工艺管道材质相同。当工艺管道垂直时，应采用同心扩大管；当工艺管道水平时，应根据被测介质和工艺要求采用同心或偏心扩大管。扩大管制作安装要符合设计文件规定。扩大管安装如图 5-13 所示。

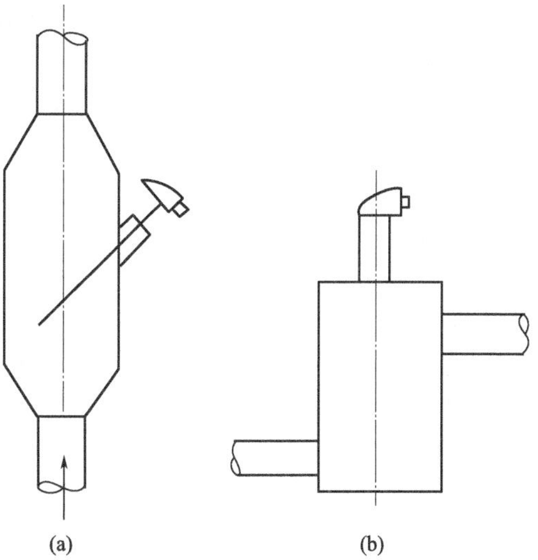

(a)　(b)

图 5-13　扩大管安装

二、温度检测仪表安装

1. 测温元件的安装方式

测温元件安装按固定形式可分四种：法兰固定安装、螺纹连接固定安装、法兰和螺纹连接共同固定安装、简单保护套插入安装。

① 法兰固定安装适用于高温、腐蚀性介质的中、低压管道上安装测量元件，具有适应性广、利于防腐蚀、方便维护等优点。

② 螺纹连接固定安装一般适用于在无腐蚀性介质的管道上安装温度计，炼油厂按习惯常采用这种安装方式，具有体积小、安装紧凑等优点。高压（*PN*22MPa，*PN*32MPa）管道上安装温度计采用焊接式温度计套管，属于螺纹连接安装形式，有固定套管和可换套管两种形式。前者用于一般介质，后者用于易腐蚀、易磨损且需要更换的场合。

螺纹连接固定中的螺纹有五种，英制的有 1″、3/4″和 1/2″，公制的有 M33×2 和 M27×2。G3/4″与 M27×2 外径很接近，并且也能拧进 1～2 扣，安装时要小心辨认，否则焊错了温度计接头（凸台）就装不上温度计了。

③ 法兰和螺纹连接共同固定的安装方式当带附加保护套时，适用于在有腐蚀性介质的管道、设备上安装。

④ 简单保护套插入安装有固定套管和卡套式可换套管（插入深度可调）两种形式，适用于棒式温度计在低压管道上作临时检测的安装。

2. 温度检测仪表安装注意事项

① 工艺吹扫后，应随即安装所有的温度计，随同工艺设备、工艺管道一起试压。

② 安装热电偶、热电阻时，注意将接线盒盖子置于上面，防止油、水浸入接线盒内。

③ 在温度计保护管上焊连接件时，要将测温元件抽出来，以免使元件受损伤。抽热电偶时不能碰碎瓷环。

④ 热电偶温度计、热电阻温度计不允许安装于强磁场区域内。

⑤ 表面温度计的感温面必须与被测对象表面紧密接触、固定牢固。

⑥ 压力式温度计的温包必须全部浸入被测对象中，毛细管的敷设应有保护措施，其弯曲半径不应小于 50mm，周围温度变化剧烈时应采取隔热措施。

⑦ 测温元件安装在易受被测物料强烈冲击的位置，以及当水平安装时其插入深度大于 1m 或被测温度大于 700℃时，应采取防弯曲措施。

⑧ 在粉尘部位安装测温元件，应采取防止磨损的保护措施。

⑨ 特殊热电偶、热电阻和仪表线路敷设应符合设计文件要求。

思考题

1. 怎样选择测温元件？
2. 热电偶、热电阻的结构是怎样的？
3. 使用热电偶时为什么要进行冷端温度补偿？
4. 使用热电阻时为什么要采用三线制接线？
5. 安装热电偶、热电阻时注意些什么？
6. 热电偶常见故障有哪些？如何处理？
7. 热电阻常见故障有哪些？如何处理？

模块六
执行器安装

执行器是过程控制系统中一个重要的组成部分，人们常把执行器比喻为生产过程自动化的“手脚”。它的作用是接收来自控制器输出的控制信号，并转换成直线位移或角位移来改变控制阀的流通面积，以改变被控参数的流量，控制流入或流出被控过程的物料或能量，从而实现对过程参数的自动控制，使生产过程满足预定的要求。

执行器安装在现场，直接与工艺介质接触，通常在高温、高压、高黏度、强腐蚀、易结晶、易燃易爆、剧毒等场合下工作，如果选用不当，将直接影响过程控制系统的控制质量，甚至造成严重事故。

项目一　气动薄膜调节阀安装

一、学习目标

1. 知识目标

① 初步掌握气动薄膜调节阀的结构特点、使用方法；

② 熟悉气动薄膜调节阀的流量特性；

③ 熟悉气动薄膜调节阀的正反作用选择；

④ 熟悉气动薄膜调节阀的校验方法；

2. 能力目标

① 初步具备识读气动薄膜调节阀铭牌数据的能力；

② 初步具备进行气动薄膜调节阀电气接线的能力；

③ 初步具备气动薄膜调节阀选型的能力；

④ 初步具备气动薄膜调节阀及电气阀门定位器的组装校验能力；

⑤ 初步具备气动薄膜调节阀的故障判断维护能力。

二、理实一体化教学任务

理实一体化教学任务参见表 6-1。

表 6-1　理实一体化教学任务

任务	内　容
任务一	气动薄膜调节阀的结构及工作原理
任务二	气动薄膜调节阀的选型
任务三	气动薄膜调节阀的常见故障分析判断
任务四	气动薄膜调节阀安装注意事项
任务五	气动薄膜调节阀拆装

三、理实一体化教学内容

（一）气动薄膜调节阀的结构及工作原理

执行器是自动控制系统中的执行机构和控制阀组合体。它在自动控制系统中的作用是接受来自调节器（或手操器）发出的信号，以其在工艺管路的位置和特性，调节工艺介质的流量，从而将被控参数控制在生产过程所要求的范围内。

执行器按其动力源可分为三大类别：气动执行器、电动执行器和液动执行器。

气动执行器以气动薄膜调节阀为主导产品。

气动薄膜调节阀结构分为两大部分：执行机构和调节机构（或控制阀），如图 6-1 所示。

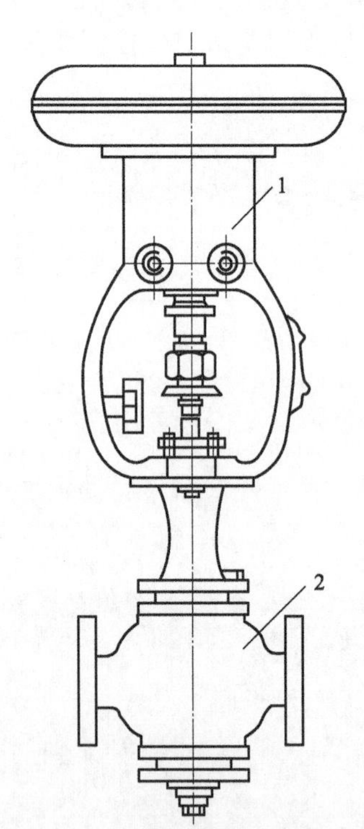

图 6-1　气动薄膜调节阀外形图
1—执行机构；2—控制阀

气动执行机构以压缩空气为动力源，接受 0.02～0.1MPa 或 0.04～0.2MPa 的气动信号，输出与信号压力成比例的位移，其推杆位移形式一般为直线形式，若通过曲柄杠杆机构，则可转换成角位移形式。

执行机构结构由气室、胶塑（或金属）膜、推杆和弹簧组成。执行机构有正、反两种作用形式，如图 6-2 所示。正作用形式是当气室压力 p 增大时，薄膜在 p 的作用下克服弹簧的反作用力，使推杆向下移动。反作用形式是当气室压力 p 增大时，推杆向上移动。薄膜推力大小与薄膜的有效面积和控制信号压力成正比。弹簧拉伸和压缩所产生的反作用力与弹簧的变形位移量成正比。当弹簧的反作用力与薄膜上的作用力相平衡时，推杆稳定在某一位置。当信号压力发生变化时，推杆在正向和反向作用力的作用下处在另一新的平衡位置。执行机构的行程，即推杆的行程规格有 10mm、16mm、25mm、40mm、60mm、100mm 等。

调节机构即控制阀，控制阀是与工艺介质直接接触，在执行机构的推动下，改变阀芯与阀座间的流通面积，而调节流体流量的机构。

控制阀的流量特性主要有直线特性（即线性特性）、对数特性（即等百分比特性）和快开特性三种，前两种特性的控制阀应用最为广泛。

调节阀气开、气关的选择对于生产过程和自动控制系统都有重大意义。首先应从生产安全考虑，当仪表气源供气中断或调节器无控制信号输出或调节阀薄膜破损漏气时，将导致调节阀薄膜失去动力，气开阀则回复到全关，气关阀回复到全开，调节阀在故障状况下也应确

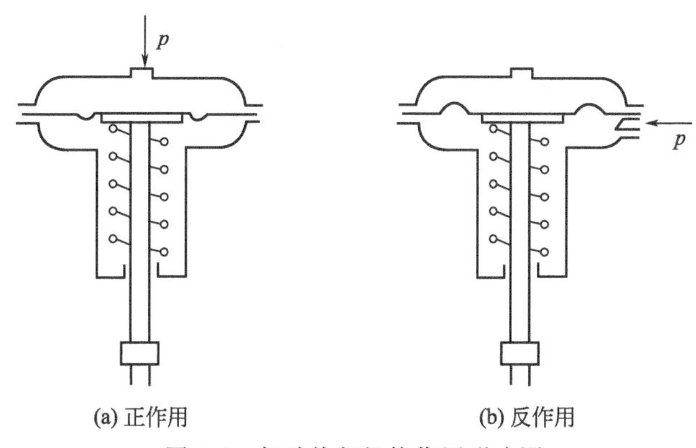

图 6-2　气动执行机构作用形式图

保生产装置和生产工况的安全。其次从生产过程中的物料物化性质考虑，若生产装置中的物料性质易聚合、结晶，则蒸汽调节阀应选气关式，以利于减小物料损失和生产状态的尽快恢复。最后从降低事故损失考虑，若控制精馏塔进料的调节阀采用气开式，在事故状态下，调节阀全关，停止继续进料，避免不合格品的产生或物料损耗。因此，调节阀气开、气关形式的选择对生产具有极其重要的意义。

调节阀的气开、气关形式还关系到调节器正、反作用的判断和预置。阀门随操作压力增大，阀截流件趋于开启的动作方式，即为气开阀，符号为 K；阀门随操作压力增大，阀截流件趋于关闭的动作方式，即为气关阀，符号为 B。

（二）气动薄膜调节阀的选型

随着工业自动化程度的不断提高，调节阀作为自动调节系统的最终执行机构，得到越来越广泛的应用，调节阀应用得好坏直接关系着生产的质量与安全。在各种调节阀中，气动薄膜调节阀作为结构简单，使用、维护方便，且具有本质安全特性的调节阀种类，得到最广泛的应用。气动薄膜调节阀的正常使用、精确控制，与选型有很大的关系，下面结合工业设计和生产经验，介绍气动薄膜调节阀的选型注意事项。

1. 根据使用要求选型

气动薄膜调节阀由阀芯和阀体（包括阀座）两部分组成，如图 6-3 所示。按不同的使用要求有不同的结构形式。气动薄膜调节阀主要有直通单座阀、双座调节阀和高压角式调节阀。直通单座阀泄漏量小，流体对单座阀芯的推力所形成的不平衡力很大，因此直通单座阀适用于要求泄漏量小、管径小和阀前后压差较低的场合。双座调节阀阀体内有上下两个阀芯，由于流体作用于上下阀芯的推力方向相反而大致抵消，所以双座阀的不平衡力很小，允许阀前后有较大的压差。但由于阀体内流路复杂，用于高压差时对阀体的冲蚀损伤较严重，不宜用于高黏度、含悬浮颗粒或含纤维的介质。此外由于受加工条件的限制，双座阀上下两个阀芯不易同时关严，所以关闭时泄漏量大，尤其是在高温或低温的场合下使用时，因材料的热膨胀系数不同，更易引起严

图 6-3　气动薄膜调节阀外形图

重的泄漏。高压角式调节阀阀体为直角式，流路简单、阻力小，受高速流体的冲蚀也小，特别适用于高压差、高黏度和含悬浮物颗粒状物质的流体，也可用于处理汽液混相、易闪蒸汽蚀的场合。这种阀体可以避免结焦、黏结和堵塞，便于清洁和自净。

2. 选择流量特性

在自控系统的设计过程中选择气动薄膜调节阀应着重考虑流量特性。典型的理想特性有直线流量特性、等百分比流量特性（对数流量特性）、快开流量特性和抛物线流量特性四种。直线流量特性在相对开度变化相同的情况下，流量小时流量相对变化值大；流量大时，流量相对变化值小。因此，直线流量特性调节阀在小开度（小负荷）情况下调节性能不好，不易控制，往往会产生振荡，故直线流量特性调节阀不宜用于小开度的情况，也不宜用于负荷变化较大的调节系统，而适用于负荷比较平稳，变化不大的调节系统。百分比流量特性的调节阀在小负荷时调节作用弱，大负荷时调节作用强，它在接近关闭时调节作用弱，工作和缓平稳，而接近全开时调节作用强，工作灵敏有效，在一定程度上，可以改善调节品质，因此它适用于负荷变化较大的场合，无论在全负荷生产还是在半负荷生产都较好地起调节作用。

3. 调节阀流量系数的计算

流量系数是一个与阀门的结构和给定行程有关的系数，用来衡量阀门的流通能力，即把不同工作条件下所需要的流量转化为一个标准条件下的流量。

表示调节阀流量系数的符号有 C、C_v、K_v，它们的意义是相同的，都表示特定的流体（如温度 5～40℃的水），在一定的压降下（如 100kPa），1h 内流过调节阀的体积数。只是由于定义和运算单位不同（即标准状态不同）在数值上有一些差别。

C、C_v、K_v 三者之间的关系为：

$$C_v=1.17K_v，K_v=1.01C$$

虽然三者的定义是“1h 内流过调节阀的体积数”，但由于是系数，所以是没有量纲的。

只要确定了阀门的最大流量、阀全开时的压力、介质密度等参数，就可以根据表 6-2 的公式计算流体的最大流量系数。

表 6-2　公式计算流体的最大流量系数

液体		$C_v=1.17Q_N\sqrt{\dfrac{\rho}{\Delta p}}$
气体	$p_1>2\Delta p$	$C_v=\dfrac{Q_N}{287}\sqrt{\dfrac{\rho_N(273+t)}{\Delta p(p_1+p_2)}}$
	$p_1<2\Delta p$	$C_v=Q_N\dfrac{\sqrt{\rho_N(273+t)}}{\rho\Delta p_2}$
蒸汽	$p_1>2\Delta p$	$C_v=G_s\dfrac{1+0.013(T-T_0)}{13.87\sqrt{\Delta p(p_1+p_2)}}$
	$p_1<2\Delta p$	$C_v=G_s\dfrac{1+0.013(T-T_0)}{11.8p_1}$

注：其中，p_1、p_2 为阀全开时的进出口压力，气体和蒸汽用绝压；Δp 为阀的进出口压力差，即 $\Delta p=p_1-p_2$；Q_N 为标况下气体的流量，m^3/h；ρ 为工况下液体的相对密度，水为 1；ρ_N 为标况下气体的相对密度，空气为 1；G_s 为蒸汽流量，kg/h；T 为工况下的温度，℃；T_0 为工况下，饱和蒸汽的温度，℃；t 为气体的操作温度，℃。

流量系数的计算公式有很多种，大的方面就可以分为压缩系数法和平均重度法两大派，不论选哪种，计算的都是一种理想状态，出入并不大，从选型上讲，有一种就够了。

4. 调节阀结构形式的选择

这是阀门选型中最重要的方面，直接决定阀门的使用和维护，所以要结合具体的使用工况综合考虑。

工艺介质：必须清楚工艺介质的物理状态，像高黏度、含悬浮物、闪蒸液体、气体、蒸汽都必须选择适当的阀门，以解决对阀门的冲蚀及耐磨损问题。

泄漏量：阀门长期使用的泄漏量必须满足工艺要求。有些种类的阀门，长期使用后泄漏量会增加很多，在一些对泄漏要求高的场合就不能使用。

压差：阀门工作压差应小于阀的允许压差，如不行，则须从特殊角度考虑或另选它阀。

温度：介质的温度应在阀的工作温度范围内，环境温度也要符合气动薄膜调节阀的选型要求。

根据介质的洁净情况考虑阀的防堵问题。

根据介质的化学性能从结构方面考虑阀的耐腐蚀问题。

综合性价比后，考虑顺序一般为：蝶阀—单座阀—双座阀—套筒阀—角形阀—三通阀—球阀—偏心旋转阀—隔膜阀。

5. 弹簧范围的选择

弹簧是气动调节阀的主要零部件，用来使膜片克服气室压力反方向运动，所以是用压力来表示，即××～×××kPa，也就是一台阀在静态时从开始移动到走完行程的膜室压力的变化范围。

为了保证调节阀的正常关闭，就必须用执行机构的输出力来克服压差对阀芯产生的不平衡力。对气闭阀来说，膜室压力必须先保证阀门关闭到位，然后继续增加这部分力，才能把阀芯紧压在阀座上；对气开阀来说，当控制要求关阀时，弹簧必须克服膜室压力，才能把阀芯紧压在阀座上。

由于执行机构的输出力是膜片压力、弹簧张力、摩擦力等的合力，所以，在选择弹簧的时候，要充分利用气源250kPa的压力，才能使阀门稳定、可靠地运行。

6. 材料的选择

材料的选择主要是根据介质的压力、温度、腐蚀性、汽蚀、冲蚀五方面决定的。

阀体耐压等级、使用温度和耐腐蚀性能等方面应不低于工艺连接管道的要求，并应优先选用制造厂定型产品。

金属的耐腐蚀材料的选择是调节阀材料选择的主要内容，在强腐蚀类的介质中选择耐腐蚀材料时，必须根据其浓度、温度、压力三者结合起来综合考虑，这方面有专门的耐腐蚀材料手册，必要时可考虑防腐衬里。

选择衬里材料（橡胶、塑料）还要考虑阀动作时对它物理、机械的破坏（如剪切破坏）和老化。

真空阀不宜选用阀体内衬橡胶、塑料结构。

对于汽蚀、冲蚀严重的阀门，如高压介质、含固体颗粒的介质，首先应从结构上考虑，然后再考虑材料的耐磨损问题。对于切断类硬密封调节阀，必须加强密封面的保护，因为密封面是最容易被磨损的，可选用的最常用的耐磨材料是司太立合金表面堆焊和钴基合金耐磨涂层。

阀体与节流件分别对待，阀体内壁流速小并允许有一定的腐蚀，其腐蚀率可以在1mm/年左右；节流件受到高速冲刷、腐蚀会引起泄漏增大，其腐蚀率应小于0.1mm/年。

7. 作用方式的选择

气动调节阀按执行机构的作用方式分为两种：气开阀和气闭阀。气开阀随着调节信号的增加，逐步加大调节阀的开度，无信号时，阀门处于关闭位置；气闭阀则相反。

气开、气闭的选择主要是从生产安全的角度考虑，也就是考虑当系统出故障，调节阀无信号压力时，调节阀处于哪种位置对生产最有利，若阀处于全关位置时对生产危害小，则选用气开阀，反之，则选用气闭阀。

控制系统中规定：当气动薄膜执行机构信号增加时，推动阀杆向下运动的，为正作用；推动阀杆向上运动的，为反作用。

8. 调节阀的工作流量特性的选择

调节阀的工作流量特性是指介质流过阀门的相对流量与阀门相对开度的关系，其数学表达式为：

$$Q/Q_{\max}=F(l/L)$$

一般说来，改变调节阀的节流面积，便可以调节流量。在实际使用中，节流面积的改变，流量改变，会导致系统中所有阻力的改变，使调节阀前后压差改变。在日常的选型过程中，我们假定阀门前后压差不变，称为理想流量特性，又称为固有流量特性。在调节系统中，理想流量特性主要有线性、等百分比两种，特性曲线如图 6-4 所示。

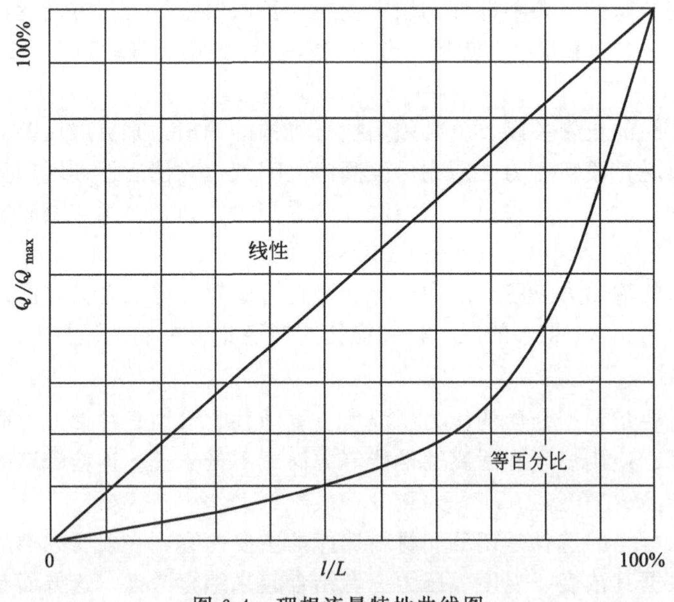

图 6-4　理想流量特性曲线图

线性特性是指调节阀的相对流量和相对开度成直线关系，即单位行程变化引起的流量变化是常数。

线性特性的阀门在小开度工作时，流量相对变化太大，调节作用太强，容易引起振荡；而在大开度时，变化太小，调节作用太弱。等百分比特性是指单位行程变化引起的流量变化，与该点的相对流量成正比，即调节阀的放大系数是变化的，它随着流量的增加而变大。等百分比特性的调节阀在小开度时，流量小，调节阀的放大系数小，调节平稳缓和；大开度时，流量大，调节阀的放大系数大，调节灵敏有效。

在实际使用中，系统的各种阻力会严重地削弱调节阀的灵敏性，永远达不到上述的理想状态。

9. 流向的选择

在节流口，介质对着阀芯开方向流为流开，向关方向流为流闭。一般阀门对流向的要求可分为三种情况：

① 对流向没要求，如球阀、蝶阀；

② 流向不得改变，如三通阀、文丘里阀；

③ 可双向工作的阀门，如单座阀、角阀。

一般情况下选流开，即阀门全关时，介质的流向使阀门打开，因为这时候阀门的背压低，阀盖及阀杆的密封压力小。对于高压、有汽蚀作用或是杂质较多的管道，则宜选用流闭阀，以提高寿命。

10. 上阀盖的选择

上阀盖的作用是容纳填料函中的填料，并使之在一定的温度范围内稳定地工作而保证密封性能。所以根据调节阀的使用温度分为三种：

① 普通型，温度范围：铸铁－40～200℃，铸钢－40～250℃；

② 散热型，温度范围：碳钢－40～450℃，不锈钢－60～250℃；

③ 长颈型，温度范围：－250～200℃。

11. 填料和附件的选择

填料指的是阀杆和阀体之间的密封材料。

① 有些介质对密封填料有特殊要求，比如氧气要求填料要禁油。

② 对于有毒有害或贵重流体，可选择波纹管密封。

调节阀的附件主要有定位器、转换器、减压阀、过滤器、行程开关、电磁阀、手轮机构等。选择原则主要有以下几点：

① 附件起补充和保证阀运行的作用，不必要的不要增加。

② 定位器的主要功能是提高输出力和动作速度，提高精度，不需要这些功能时，可不带。

③ 电磁阀用来切换气信号，通常在联锁等关键时候动作，应选择可靠的产品，防止要它动作时不动作。选择时，不但要提供信号方式、防爆要求，更应该提供响应速度、失电时主阀状态。

④ 所有附件最好由生产厂家提供并总成在阀上供货，以保证系统和总成连接的可靠性。订货时，应提供附件的名称、型号、规格、响应速度、输入信号、输出信号等。

12. 阀门泄漏量的选择

泄漏量指规定测试条件下，控制阀关闭时流过控制阀的流体流量。GB/T 4213—2008有相关规定，需要时可查阅，这里就不赘述。

调节阀主要的作用是调节，在没有特殊要求的情况下，不必追求过高的切断性能，以免造成对资金的浪费。

13. 阀门口径的选择

下列计算步骤适用于阀芯属于直线、对数及其他任何一种流量特性的各类调节阀的口径计算：

① 按工艺参数，计算出最大及最小流量时的 C_{max} 及 C_{min}。

② 选定调节阀的流量特性。

③ 按调节阀的理想流量特性曲线先预定最大流量时相对开启度 K（60%～90%，一般取 $K=80\%$）；然后查出对应的相对流量 $G\%$；算出上述理想情况下的理想流量特性的 C_g

$(C_{max}/G\%)$；依此值预选调节阀标准系列中的 C_g 值；再验算真实的开启度，为此：

a. 求真实的相对流量 $G_{max}\%(C_{max}/C_g)$；

b. 依此值反查曲线得出真实的相对开启度 $K_{max}\%$；同时，依 $G_{min}=C_{min}/C_g$，查出 $K_{min}\%$；如果 $K_{max}\%$ 在 60%～90%，$K_{min}\%>10\%$ 即为合格。依上述验算合格的 C_g 值，最后选定调节阀的口径。

注意：如果 $K_{max}\%$ 不在 60%～90%，$K_{min}\%\leqslant 10\%$，应重新预选 K 值，重复上述计算步骤，直到合格为止。

（三）气动薄膜调节阀的常见故障分析判断

1. 卡堵

调节阀常见的问题是卡堵，通常出现在新系统投运初期和大修后投运初期。造成卡堵的原因有：

① 由于管道内的焊渣、铁屑等停留在节流口，造成导向部位堵塞。

② 调节阀在检修过程中填料安装过紧，导致摩擦力增大，造成小信号不动作而大信号动作过头。

故障修理措施：

① 可迅速开启和关闭副线或调节阀，让杂物从副线或调节阀处被冲走。

③ 用管钳夹紧阀杆，在外加信号压力的情况下，来回旋转阀杆，使阀芯闪过卡堵处。若无效，则适当加大气源压力以增加驱动功率，反复上下移动几次，即可解决问题。若仍不能动作，则需要进行解体修理。

2. 泄漏

（1） 填料泄漏

造成填料泄漏的原因主要是界面泄漏。界面泄漏通常的原因是填料接触压力逐渐下降以及填料自身老化等，这时压力介质就会沿着填料与阀杆之间的接触间隙向外泄漏。

解决措施：为使填料装入方便，在填料函顶端倒角，在填料函底部放置耐冲蚀的间隙较小的金属保护环（与填料的接触面不能是斜面），以防止填料被介质压力推出；填料函各部位与填料接触部分的表面要进行精加工，以提高金属表面的光洁度，减少填料的磨损；填料选用柔性石墨，因其具有气密性好、摩擦力小、长期使用后变化小、磨损烧损小、维修简单、压盖螺栓重新拧紧后摩擦力不发生变化、耐压性和耐热性良好、不受内部介质的侵蚀、填料底部的金属保护环不发生点蚀等优点。

（2） 阀芯、阀座变形泄漏

阀芯、阀座出现泄漏的主要原因是调节阀在生产过程中的铸造和锻造缺陷导致了腐蚀的加剧，而腐蚀介质的通过、流体介质的冲刷也可造成调节阀泄漏，腐蚀主要以侵蚀或汽蚀的形式存在。

解决措施：把好阀芯、阀座材料的选型关、质量关，应选择耐腐蚀性材料；若阀芯、阀座变形不太严重，可通过细砂纸研磨消除痕迹，提高密封面光洁度，提高密封性能；若阀门严重损坏，则应更换新阀。

3. 振荡

调节阀的弹簧刚度不足，调节输出信号不稳定而急剧变化，易引起调节阀振荡。当调节阀的振动频率与系统频率相同时，管道基座振动剧烈，阀门随之振动；调节阀选型不当，当阀门在小开度情况下工作时，流阻、流量和压力发生急剧变化，当变化超过阀门刚度时，阀门的稳定性降低，从而产生振荡。

解决措施：对于轻微的振动，可以通过增加阀门的刚度来消除，还可以选用刚度较高的弹簧，改用活塞式执行机构，管道和基座振荡剧烈可以通过增加支撑来消除干扰；若阀门的振动频率与系统频率相同，则更换不同结构的阀门；工作在小开度情况下造成的振荡，则是由阀门流量值选择过大造成的，这种情况必须重新选择流量值与工艺相近（略大）的调节阀，或者采用分程调节方式，或者使用子母阀门以满足调节阀在小开度情况下的工作。

4. 动作迟钝

一般来说，用于紧急停车场合的自调阀，如紧急切断阀、紧急放空阀等，在紧急情况出现时需要可靠的动作，否则会给系统生产带来严重的威胁。造成调节阀动作迟钝的主要原因有：

① 气动薄膜执行机构中膜片破损泄漏；

② 执行机构中的 O 形密封圈泄漏；

③ 阀体内有杂物堵塞；

④ 聚四氟乙烯填料变质硬化或石墨-石棉填料润滑油干燥；

⑤ 填料压得太紧，摩擦阻力增大；

⑥ 由于阀杆不直导致摩擦阻力增大。

解决措施：

① 更换破损的膜片；

② 更换 O 形密封圈；

③ 清理阀体内的杂物；

④ 更换填料；

⑤ 适当调整填料压盖；

⑥ 更换阀杆。

5. 阀门定位器故障

普通定位器采用机械式力平衡原理工作，即喷嘴挡板技术，主要存在以下故障：

① 因其采用机械式力平衡工作原理，可动部件过多，容易受温度、振动的影响，造成调节阀的波动；

② 采用喷嘴挡板技术，由于喷嘴孔很小，容易被空气中的灰尘堵塞，使定位器不能正常工作；

③ 采用力平衡工作原理，弹簧在条件恶劣的现场中长期工作，其弹性系数易发生改变，导致定位器线性变差，阀门的控制质量出现下降。

由于阀门定位器的阀位工作传感电位器工作在现场，电阻值易发生变化，造成小信号不动作、大信号全开的危险情况。为了确保智能定位器的可靠性和可利用性，必须经常对阀门的定位器进行测试。

气动调节阀常见故障与处理见表 6-3。

表 6-3　气动调节阀常见故障与处理

常见故障		主要原因	处理方法
阀不动作	定位器有气流，但没有输出	定位器中放大器的恒截流孔堵塞	疏通
		压缩空气中有水分凝聚于放大器球阀处	排出水分
	有信号而无动作	阀芯与衬套或阀座卡死	重新连接
		阀芯脱落（销子断了）	更换销子
		阀杆弯曲或折断	更换阀杆
		执行机构故障	更换执行机构

续表

常见故障		主要原因	处理方法
阀的动作不稳定	气源信号压力一定,但调节阀动作仍不稳定	定位器有毛病	更换定位器
		输出管线漏气	处理漏点
		执行机构刚度太小,推力不足	更换执行机构
		阀门摩擦力大	采取润滑措施
阀振动,有鸣声	调节阀接近全关位置时振动	调节阀选大了,常在小开度时使用	更换阀内件
		介质流动方向与阀门关闭方向相同	流闭改流开
	调节阀任何开度都振动	支撑不稳	重新固定
		附近有振源	消除振源
		阀芯与衬套磨损	研磨或更换
阀的动作迟钝	阀杆往复行程动作迟钝	阀体内有泥浆或黏性大的介质,有堵塞或结焦现象	清除阀体内异物
		四氟填料硬化变质	更换四氟填料
	阀杆单方向动作时动作迟钝	气室中的波纹薄膜破损	更换波纹薄膜
		气室有漏气现象	查找处理漏源
阀的泄漏量大	阀全关时泄漏量大	阀芯或阀座腐蚀、磨损	研磨或更换
		阀座外圆的螺纹被腐蚀	更换阀座
	阀达不到全关位置	介质压差太大,执行机构输出力不够	更换执行机构
		阀体内有异物	清除异物
填料及连接处渗漏	密封填料渗漏	填料压盖没压紧	重新压紧
		四氟填料老化变质	更换四氟填料
		阀杆损坏	更换阀杆
	阀体与上、下阀盖连接处渗漏	六角螺母松弛	重新紧固
		密封垫片损坏	更换密封垫片

(四)气动薄膜调节阀安装注意事项

调节阀的工作环境温度要在$-30\sim+60$℃，相对湿度不大于95%；调节阀前后位置应有直管段，长度不小于10倍的管道直径（$10D$），以避免阀的直管段太短而影响流量特性；在安装阀门之前，先阅读指导手册（指导手册介绍了该产品以及安装前和安装时应注意的安全事项及预防措施）；确认管道清洁，管道中的异物可能会损坏阀门的密封表面，甚至阻碍阀芯、球或蝶板的运动而造成阀门不能正确地关闭，为了减小危险情况发生的可能性，需在安装阀门前清洗所有的管道，确认已清除管道污垢、金属碎屑、焊渣和其他异物。另外，要检查管道法兰以确保有一个光滑的垫片表面。如果阀门有螺纹连接端，要在管道阳螺纹上涂上高等级的管道密封剂。不要在阴螺纹上涂密封剂，因为在阴螺纹上多余的密封剂会被挤进阀体内。多余的密封剂会造成阀芯的卡塞或脏物的积聚，进而导致阀门不能正常关闭。安装之前，检查并除去所有运输挡块、防护用堵头或垫片表面的盖子，检查阀体内部以确保不存在异物。调节阀应安装在水平管道上，并上下与管道垂直，一般要在阀下加以支撑，保证稳固可靠。对于特殊场合，需要调节阀水平安装在竖直的管道上时，也应将调节阀进行支撑（小口径调节阀除外）。安装时，要避免给调节阀带来附加应力，确保在阀门的上面和下面留有足够的空间，以便在检查和维护时容易地拆卸执行机构或阀芯。对于法兰连接的阀体，确保法兰面准确地对准以使垫片表面均匀地接触。在法兰对中后，轻轻地旋紧螺栓，最后以交错形式旋紧这些螺栓。调节阀应存放在干燥的室内，通路两端必须堵塞，不准堆置存放。长期存放的调节阀应定期检查，清除污垢，在各运动部分及加工面上应涂以防锈油，防止生锈；调节阀应安装在水平管道上，必须垂直安装，阀杆向上；必须按调节阀上箭头所指示介质方向进行安装。

① 控制阀的安装位置应便于观察、操作和维护。

② 执行机构应固定牢固，操作手轮应处在便于操作的位置。

③ 安装螺纹连接的小口径控制阀时，必须装有可拆卸的活动连接件。

④ 执行机构的机械传动应灵活，无松动和卡涩现象。

⑤ 执行机构连杆的长度应能调节，并应保证调节机构在全开到全关的范围内动作灵活、平稳。

⑥ 当调节机构能随同工艺管道产生热位移时，执行机构的安装方式应能保证其和调节机构的相对位置保持不变。

⑦ 执行机构的信号管应有足够的伸缩余度，不应妨碍执行机构的动作。

气动薄膜调节阀安装与校验步骤及要求见表 6-4。

表 6-4　安装与校验步骤及要求

序号	安装与校验步骤	安装与校验内容及要求
1	气动薄膜调节阀组装	阀内件安装是否正确
		上阀盖安装是否牢靠不松动
		上阀盖螺钉是否均匀带紧
		压下阀杆使阀芯与阀座接触
		气动执行器支架与阀体安装正确、牢靠
		指针安装方向或锁紧螺钉是否正确
		推杆与膜片、托盘、上下限位件、弹簧定位板安装是否正确
		弹簧位置安放是否正确
		推杆与膜片连接牢靠，加弹簧垫
		膜头长短螺钉安装次序是否正确
		膜头螺钉是否均匀带紧
		膜头无漏气
		正确连接气管经过滤减压阀至膜头
		正确对执行机构施加其下限值的气压(80kPa)使推杆移动
		在上一步基础上，增加气压后再降低至弹簧范围的下限值
		开口螺钉在上一步状态下正确安装锁紧
		指针是否在初始位置时指向刻度盘“0”刻度处
		初始位置正确安装百分表并调零
		指针是否锁紧
		是否安装防雨帽
2	气动薄膜调节阀与定位器的连接	阀门定位器安装是否垂直
		定位器未落地、损坏
		定位器连接是否牢固

续表

序号	安装与校验步骤	安装与校验内容及要求
2	气动薄膜调节阀与定位器的连接	插销件安装位置是否正确
		阀门定位器反馈杆与插销件连接是否正确
		加气压使推杆至行程中间位置,反馈杆与定位器垂直时固定
3	电路、气路连接	数显表信号线连接是否正确
		数显表电源线连接是否正确
		气路连接是否正确
		气路无漏气
		是否在后防护板未安装后供电
4	气动薄膜调节阀与阀门定位器调校	气源压力是否按要求设定为280kPa
		读数时,操作员正反行程操作是否正确
		基本误差计算是否正确
		回差计算是否正确
		绝对误差计算是否正确
		基本误差是否≤±1%
		回差是否≤1%
		校验结论填写是否正确
		调校完毕行程旋钮是否锁紧
		校验单填写是否整洁
		校验过程中是否随意调整定位器中不允许调整的部件

（五）气动薄膜调节阀拆装与校验

1. 气动薄膜调节阀控制机构的拆卸

卸去控制机构阀体下方各螺母，依次卸下阀体外壳，慢慢转动并抽出下阀杆（因填料会对阀杆有摩擦作用），观察各部件的结构。在阀的拆卸过程中可观察如下几点。

① 阀芯及阀座的结构类型。拆开后可辨别阀门是单座阀还是双座阀。

② 阀芯的正、反装形式。观察阀芯的正、反装形式后可结合执行机构的正、反作用来判断执行机构的气开、气关形式。

③ 阀的流量特性。根据阀芯的形状可判断阀的流量特性。

2. 气动薄膜调节阀执行机构的拆卸

对照结构图，卸下上阀盖，并拧动下阀杆使之与阀杆连接螺母脱开。依次取下执行机构内的各部件，记住拆卸顺序及各部件的安装位置以便于重新安装。

在执行机构的拆装过程中，可观察到执行机构的作用形式，通过薄膜与上阀杆顶端圆盘的相对位置即可分辨出。若薄膜在上，则说明气压信号从膜头上方引入，气压信号增大使阀杆下移，弹簧被压缩，为正作用执行机构；反之，若薄膜在下，则说明气压信号是从膜头下方引入，气压信号增大使阀杆上移，弹簧被拉伸，为反作用执行机构。

3. 气动薄膜调节阀安装与电气阀门定位器校验

气动薄膜调节阀主要由气动薄膜执行机构、控制机构、电气阀门定位器和操作器四部分构成。其中执行机构为川仪十一厂生产的 HA2R，其工作的压力范围是 80～240kPa，压力信号从下膜盖进入，为反作用执行机构；控制机构的型号为 HTS，直通单座正装阀，直线流量特性，额定行程为 25mm；电气阀门定位器也采用川仪十一厂的 HEP-15；操作器为百特工控的 DFQ566F，其模拟实际过程控制系统中控制器的角色，可以产生 4～20mA、0～10mA 以及 1～5V 等标准的电流或电压信号，信号范围大小可通过面板上的加减按钮进行选择和调节，以控制调节阀的开度。气动薄膜调节阀的工作原理如图 6-5 所示。其中 u 为控制信号，x 为推杆行程，y 为阀门开度。

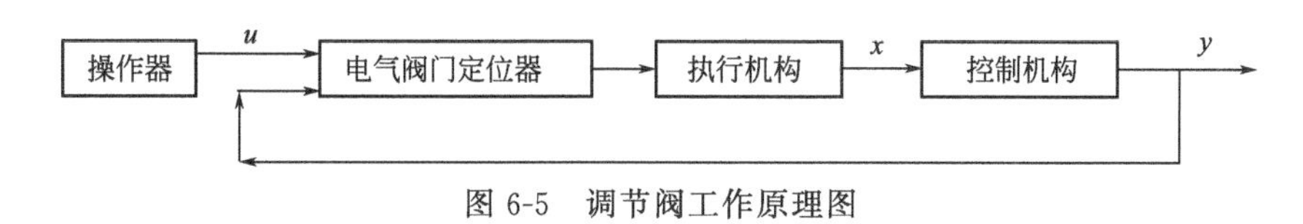

图 6-5　调节阀工作原理图

4. 气动薄膜调节阀校验系统的组装

（1）调节阀的组装

气动薄膜调节阀的组装从阀芯开始，然后安装阀盖，阀盖的 6 颗螺母要均匀上紧，以保证阀的密封性；为方便操作，先装执行机构支架再装膜头内件和上膜盖，执行机构支架安装的关键是牢固。否则，在使用过程中会发生危险；而膜盖的安装是组装过程中最费时的环节，但一定要有次序地均匀拧紧膜盖螺钉，以防漏气。

（2）推杆行程的校验

执行机构与控制机构都组装完成以后，因对膜头内件重新进行了组装，所以要进行推杆行程的校验。校验的目的有两个：一是保证执行机构能够正常工作，走够全行程；二是保证气压信号在压力范围下限值时，阀门全关。校验时首先给膜头施加信号下限的压力值（80kPa），使推杆稍稍向上移动，然后将压力增大再减小至下限值，此时，通过开缝螺钉连接推杆和阀杆，安装百分表并调零，固定指针，使其指向行程标尺的零位。

（3）定位器的安装

定位器的安装直接影响到了调节阀与定位器的联校，如果安装不到位，会使检验变得很困难。定位器首先要预固定在执行机构支架上，并且保持垂直；插销件安装在指针块的螺孔中，而不要装在开封螺钉的螺孔中；给膜头施加信号范围一半大小的压力值（160kPa），使指针指向行程的正中间（12.5mm），此时将定位器的反馈杆安装水平，即与定位器呈 90°夹角，若无法装水平，则重新调整定位器的上下位置，直至装平为止。

5. 气动薄膜调节阀的校验

气动薄膜调节阀与定位器的联校是工业现场一个难点，它不仅要求现场工人具有过硬的技能，还要有丰富的理论知识、实践经验以及良好的心理素质。常规的校验方法是在反馈杆已安装水平的前提下，通过操作器向系统施加 4mA 的电流信号，调整定位器的调零旋钮，使控制阀刚刚开启；然后向系统施加 20mA 的电流信号，调整定位器的行程旋钮，使控制阀全开，指针指向 25mm。由于零点与行程相互影响，故需要反复进行调整。该方法要达到检验精度，使 0％、25％、50％、75％、100％ 5 点均在所要求的误差范围±1％以内，至少要反复调整 4～5 次，若反馈杆没有安装水平，花费很长的时间也难以达到精度要求。

通过训练、摸索，总结出了一种更加快捷方便的校验方法，也更加有效地解决工业现场遇到的问题。在反馈杆已安装水平的前提下，首先通过操作器向系统施加 12mA（50％）的电流信号，调整定位器的调零旋钮，使指针指向行程标尺的中间位置，即 12.5mm。然后分别向系统施加 4mA、20mA 的电流信号，验证零点和量程，若两点均稍高或稍低且偏离较小，只需逆时针或顺时针微调调零旋钮即可；若零点与量程偏离方向正好相反且偏离大小相当，则调零旋钮保持不变，调整量程旋钮即可；若两点同方向偏离较大或两点偏离方向正好相反但偏离大小相差较大，则是反馈杆没有安装水平所致，需重新安装反馈杆再进行校验。

项目二　电动调节阀安装

一、学习目标

1. 知识目标

① 初步掌握电动调节阀的结构特点、使用方法；

② 熟悉电动调节阀的流量特性；

③ 熟悉电动调节阀的正反作用选择；

④ 熟悉电动调节阀的安装与维护方法。

2. 能力目标

① 初步具备识读电动调节阀铭牌数据的能力；

② 初步具备电动调节阀选型的能力；

③ 初步具备电动调节阀的组装校验能力；

④ 初步具备电动调节阀的故障判断维护能力。

二、理实一体化教学任务

理实一体化教学任务参见表 6-5。

表 6-5　理实一体化教学任务

任务	内　容
任务一	电动调节阀的工作原理
任务二	电动调节阀的选型
任务三	电动调节阀安装注意事项
任务四	电动调节阀的故障及检修方法

三、理实一体化教学内容

（一）电动调节阀的工作原理

电动调节阀由电动执行器（电动和电器控制）和阀主体两大部分组成。

电动执行器适用于需要大推力、动作灵敏、远距离、响应迅速的场合，或者缺少气源或供气比较困难的场合。电动执行器动作灵敏，输出功率大，结构坚实，不足之处是动作的惯性欠平稳，维护量较大。

电动执行器接受电动控制信号（4～20mA DC），经伺服放大器放大为大功率电力驱动信号，驱动伺服电动机旋转，经减速器减速，使输出轴做直线运动（直行程）或转角运动(角行程)，带动阀芯，从而改变阀的开度。

电动执行器的组成及其工作原理如图 6-6 所示。电动执行器包括伺服放大器 FC、电动执行机构 ZZ、控制阀 VP、VN 和电动操作器 DFD。电动操作器可实现手动/自动无扰动切换或“中途限位”。

电动执行机构输出形式分为直行程和角行程。控制阀的流量特性有线性和对数特性，阀盖结构有普通型和散热型。

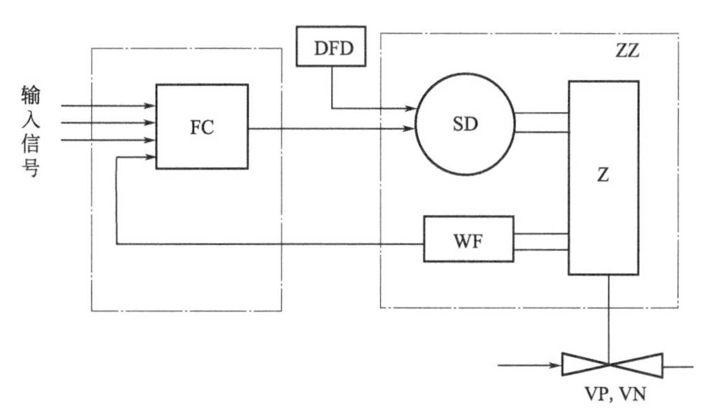

图 6-6 电动执行器组成及工作原理

FC—伺服放大器；SD—两相伺服电动机；Z—减速器，WF—位置发生器；DFD—电动操作器；ZZ—执行机构；VP,VN—控制阀

伺服放大器有多个输入信号通道和一个反馈信号通道。多个输入信号通道是为组成较复杂控制系统需要而设置的，对于简单控制系统，只需用一个输入信号通道和一个反馈信号通道。伺服放大器的作用是综合输入信号和反馈信号，将综合信号放大，输出一定功率的电力驱动信号。信号综合是将输入信号、反馈信号进行比较后，根据综合信号输出值的正、负决定两相伺服电动机的正、反转。两相伺服电动机是将电功率转换为机械功率的动力器件，电动机转速快、动作灵敏，但是惯性力大，不适宜执行器的平稳性要求，因此特设减速器，将高速、小力矩转换成低速、大力矩，带动控制阀。位置发生器即阀位检测器，是安装在执行机构输出轴上的位移发生器，它根据阀位位置输出一个与位移量成正比的电流信号，反馈到伺服放大器，它是伺服放大器中唯一的反馈信号。当位置发生器的输出信号与控制信号相平衡时，伺服放大器综合信号为零，无放大输出，电动机即刻停止转动，阀杆停止移动，控制阀稳定在某一开度。当伺服放大器的输入信号增大时，伺服放大器的综合信号输出值为正，输出正向驱动动力。当伺服放大器的输入信号减小时，输出反向驱动动力。反馈信号（即阀位）始终跟踪输入信号，直至平衡。

电动操作器的作用，是在自动控制系统未投入自动运行之前，通过手动操作使工艺被控变量接近或等于设定值，由于控制器的自动跟踪，用手动切换手动/自动开关，便可实现无扰动地投入自动控制。

电动执行机构上还备有手动操作机构。手动操作机构的作用是在控制系统发生故障或供电中断时能通过手动操作来改变阀门的开度，维持生产的连续性。另一个作用是执行机构投入使用之前的调试、阀位限位开关的定位和过力矩开关的动作检验与调整。

电动执行机构可与直行程控制阀配套，也可与偏心旋转阀、球芯阀、蝶阀等多种角行程阀配套，如图 6-7 所示。

（二）电动调节阀的选型

电动调节阀是工业自动化过程控制中的重要执行单元仪表。随着工业领域的自动化程度越来越高，正被越来越多地应用在各种工业生产领域中，与传统的气动调节阀相比具有明显的优点：电动调节阀节能（只在工作时才消耗电能），环保（无碳排放），安装快捷方便（无需复杂的气动管路和气泵工作站）。

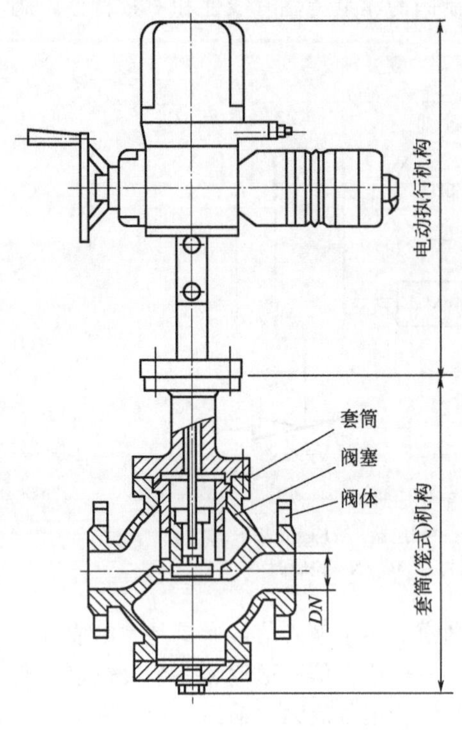

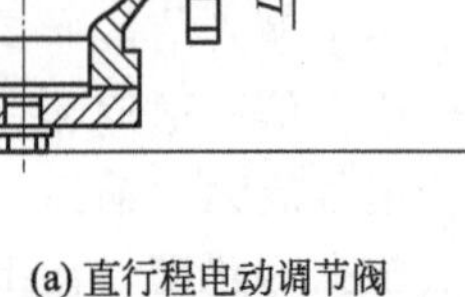

(a) 直行程电动调节阀

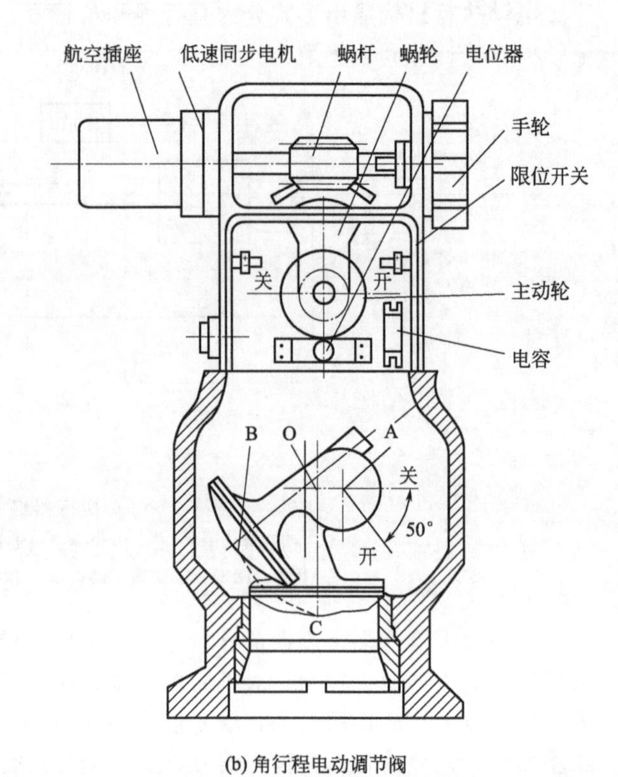

(b) 角行程电动调节阀

图 6-7　电动调节阀结构形式

选型依据：

① 介质的压差大时，选用电动双座调节阀或电动套筒调节阀，其内部阀芯采用平衡结构，可以抵消阀芯上的不平衡力。

② 当对泄漏量有严格要求时可以选用电动单座调节阀，其泄漏量为 $0.0001C_v$，当要求泄漏量为零时可以采用软密封阀芯结构。

③ 介质的温度比较高时，要根据材料温度许用应力来选择合适的调节阀公称压力等级，温度高时，材料的许用应力下降，应适当提高其压力等级。超过 200℃时上阀盖要采用高温带散热片形式的高温电动调节阀。

④ 介质有腐蚀性时，可以采用不锈钢阀体和阀芯材料，当腐蚀性强时，可以采用全衬四氟电动调节阀。

⑤ 低压大口径管路选用电动调节蝶阀具有较高的性价比。温度不高时可以使用软密封电动调节蝶阀，温度高时选用硬密封电动调节蝶阀。

⑥ 开关作用方式选用：随着控制信号的增加电动调节阀打开，为电开式；随着控制信号的增加电动调节阀关闭，为电闭式。根据要求可以实现当信号意外中断时，或当输入信号低于 3mA 时（视为断信号），执行机构可按用户要求设定停在全开、全关或保持原位上，并具有供报警用的输出接点。

⑦ 流量特性有直线、等百分比、抛物线、快开四种。根据控制系统和控制参数来选用适合的流量特性。

⑧ 三通管路进行流量配比或流量分配时，可以选用三通电动调节阀。

⑨ 调节阀口径的计算：验算开度，验算可调比。

（三）电动调节阀安装注意事项

电动执行器安装应注意控制阀与伺服放大器的配套性，不可随意更换。

电动执行器应安装在便于手动操作的地方，其他要求与气动调节阀基本相同。

电动执行器定位安装工作由管道专业负责，仪表专业应负责的内容：电动阀的机械、电气部件的检查、接线，限位（或过力矩）开关的检查、调整，送电试运检查。

电动调节阀在工艺管道上就位后，仪表专业对电动调节阀的机械传动、电气部件进行全面检查，检查内容包括：清理执行机构内部污垢、杂质，电动机绝缘检查，检查接线有无松动、虚焊现象。在未送电之前，应操作手动操作机构进行上、下全行程检查，阀杆动作应连续、均匀、灵活，无空行程，无卡涩现象。

电动执行器的接线较复杂，包括控制器、伺服放大器、电动操作器、伺服电动机、阀位发生器、限位开关、过力矩开关、电源等设备和部件之间的接线。接线之前应认真阅读电动调节阀的产品使用说明书，并核对设计施工图，核对无误后方可接线。另外，阀体保护接地也应接地良好。

限位开关和过力矩开关阀体保护试验之前，应检测供电电压是否符合产品供电电压要求；限位开关是否安装在电动阀门所规定的位置，触头是否灵活，接线是否良好，有无松动，检查无误后方可进行电动操作。操作可使用电动操作器，也可使用电动执行机构上的手动按钮。操作过程应密切观察阀杆移动状况，运行应平稳、无杂音，当阀位推板即将接触限位开关时，应随时准备按停止开关，谨防限位开关停车、联锁线路失灵。当阀位推板接触限位开关触头时，自动断电、停车为合格，否则，应进行人工手动停车以保证阀体安全。电力驱动行程试验应反复做2～3次，确认动作正常后，将限位开关固定可靠。电动阀除采用限位开关作为第一道保护防线外，为谨防第一道防线失灵，许多阀门还设置了第二道保护防线，即过力矩开关。过力矩的产生是由于阀芯与阀座接触（即全关位置）时，阀杆移动受阻，但是电力传动部分仍然运行，推力增大，阀芯、阀座间应力突然剧增，将会造成阀门损坏。过力矩检验必须慎重，过力矩开关动作检验必须在手动条件下进行，采用人力驱动检验。若产品说明书已规定了过力矩值，则应按照规定的力矩选用力矩扳手，对手操杆施加力矩。若产品说明书未注明力矩规定值，可采取人工操作手轮的办法，对手轮缓慢施加力矩，观察过力矩信号显示灯，如果过力矩信号灯亮，说明过力矩开关原装位置无误，否则，应重新进行调整、定位。在试验过程中应同时检查停车联锁线路动作的正确性。电动阀反行程的限位检查步骤与正行程检查相同。

在上述检查项目完全合格，则可进入自动调试过程，包括伺服放大器信号综合处理功能，电动执行机构的正、反转控制等。

（四）电动调节阀的故障及检修方法

在使用电动调节阀时发生故障，首先对其进行检查：①检查阀体内壁，在高压差和有腐蚀性介质的场合，阀体内壁、隔膜阀的隔膜经常受到介质的冲击和腐蚀，必须重点检查耐压耐腐情况；②检查阀座，因工作时介质渗入，固定阀座用的螺纹内表面易受腐蚀而使阀座松弛；③检查阀芯，阀芯是调节阀的可动部件之一，受介质的冲蚀较为严重，检修时要认真检查阀芯各部是否被腐蚀、磨损，特别是在高压差的情况下，阀芯的磨损因空化引起的汽蚀现象更为严重，损坏严重的阀芯应予更换；④检查密封填料，检查盘根石棉绳是否干燥，如采用聚四氟乙烯填料，应注意检查是否老化和其配合面是否损坏；⑤检查执行机构中的橡胶薄膜是否老化，是否有龟裂现象。

常见故障现象及处理方法：

1. 执行器不动作，但控制模块电源和信号灯均亮

处理方法：检查电源电压是否正确；电动机是否断线；电动调节阀内十芯航空插头从终端到各线终端是否断线；电动机、电位器、电容各接插头是否良好；用对比互换法判断控制模块是否良好。

2. 执行器不动作，电源灯亮而信号灯不亮

处理方法：检查输入信号极性等是否正确；用对比互换法判断控制模块是否良好。

3. 调节系统参数整定不当导致执行器频繁振荡

处理方法：调节器的参数整定不合适，会引起系统产生不同程度的振荡。对于单回路调节系统，比例带过小，积分时间过短，微分时间和微分增益过大都可能产生系统振荡。可以通过系统整定的方法，合理地选择这些参数，使回路保持稳定速度。

4. 执行器电机发热迅速、振荡爬行、短时间内停止动作

处理方法：用万用表交流 2V 电压挡进行测试；检查信号线是否和电源线隔离；电位器及电位器配线是否良好；反馈组件动作是否正常。

5. 执行器动作呈步进、爬行现象，动作缓慢

处理方法：检查操作器传来的信号动作时间是否正确。

6. 执行器位置反馈信号太大或太小

处理方法：检查“零位”和“行程”电位器调整是否正确；更换控制模块判断。

7. 加信号后执行器全开或全关，限位开关也不停

处理方法：检查控制模块的功能选择开关是否在正确位置；检查“零位”和“行程”电位器调整是否正确；更换控制模块判断。

8. 执行器振荡、鸣叫

处理方法：主要是因为灵敏度调得太高，不灵敏区太小，过于灵敏，致使执行器小回路无法稳定而产生振荡，可逆时针微调灵敏度电位器降低灵敏度；流体压力变化太大，执行机构推力不足；调节阀选择大了，阀常在小开度工作。

9. 执行器动作不正常，但限位开关动作后电机不停止

处理方法：检查限位开关、限位开关配线是否有故障；更换控制模块判断。

10. 执行器皮带断

处理方法：检查执行器内部传动部分是否损坏卡住；检查“零位”和“行程”电位器调整是否正确；检查限位开关是否正确。

项目三 电磁阀安装

一、学习目标

1. 知识目标

① 初步掌握电磁阀的结构特点、使用方法；

② 熟悉电磁阀的流量特性；

③ 熟悉电磁阀的正反作用选择；

④ 熟悉电磁阀的安装与维护方法。

2. 能力目标

① 初步具备识读电磁阀铭牌数据的能力；

② 初步具备电磁阀选型的能力；
③ 初步具备电磁阀的组装校验能力；
④ 初步具备电磁阀的故障判断维护能力。

二、理实一体化教学任务

理实一体化教学任务参见表 6-6。

表 6-6　理实一体化教学任务

任务	内　　容
任务一	电磁阀的工作原理
任务二	电磁阀的选型
任务三	电磁阀安装注意事项
任务四	电磁阀常见故障及解决方法

三、理实一体化教学内容

（一）电磁阀的工作原理

电磁阀在自动控制系统中的用途相当广泛，原因是电磁阀的功能具有双重性：其一，在工艺管路系统中可直接作为执行器应用，在生产过程中作为两位式阀门；其二，它可作为气（液）动执行机构的辅助器件，将电信号转换成气（液）压信号，作用于气（液）动执行机构，实现控制系统和联锁系统的多种用途。

按用途电磁阀可分为两大类：作为执行器使用的电磁阀和作为辅助器件使用的电磁阀。

就电磁阀的结构形式而言，电磁阀有单电控式和双电控式之分。单电控多用作执行器，属单稳态工作方式，其工作原理分为直接动作式和差压动作式（或称先导式）。双电控式多用作电/气信号转换，阀位工作方式属双稳态工作方式。

直接动作式工作原理：当电磁阀线圈受电产生磁场，磁场吸引线圈中的可动铁芯，铁芯带动阀杆直接将阀门打开，流体介质可从阀入口流向出口；当电磁阀失电时，磁场吸力消失，阀芯在重力和复位弹簧的作用下回复原位，将阀门关闭。直接作用式电磁阀适用于低压、较小口径的场合。

差压动作式，阀门的开闭动作是利用流体在主阀芯（活塞式或膜片式阀芯）的上、下两侧产生压差来开闭主阀口的。电磁阀在失电条件下，因主阀芯膜上、下压力相等，阀座处在关闭状态。当电磁阀线圈受电时，铁芯在磁力作用下动作，先将阀体内的辅阀芯（或称先导阀芯）打开，如图 6-8 所示，生产介质从阀门入口处的分支通道进入主阀芯的上部，分支通道内径很小，且节流，由于分支通道的节流和泄流作用，在主阀芯的上、下产生了压差，阀芯在压差的作用下阀门开启，生产介质从阀的入口流向出口。当电磁线圈失电后，先导阀芯在重力作用下复位，关闭了先导阀口，从而主阀芯上、下部的压差趋向平衡，主阀芯在重力和膜片回复力作用下将阀门关闭。差压动作式的优点在于适用于压力较高、管径较大的场合，且节能。

直接动作式与差压动作式电磁阀多用于工艺装置的紧急放空联锁和程序控制，也可作为其他执行机构的辅助器件。

双电控式与单电控式电磁阀在结构形式上的区别，在于双电控式电磁阀在阀体上设有两只电磁线圈，单电控式电磁阀阀体上只有一只电磁线圈。双电控式电磁阀的阀体与阀芯多为

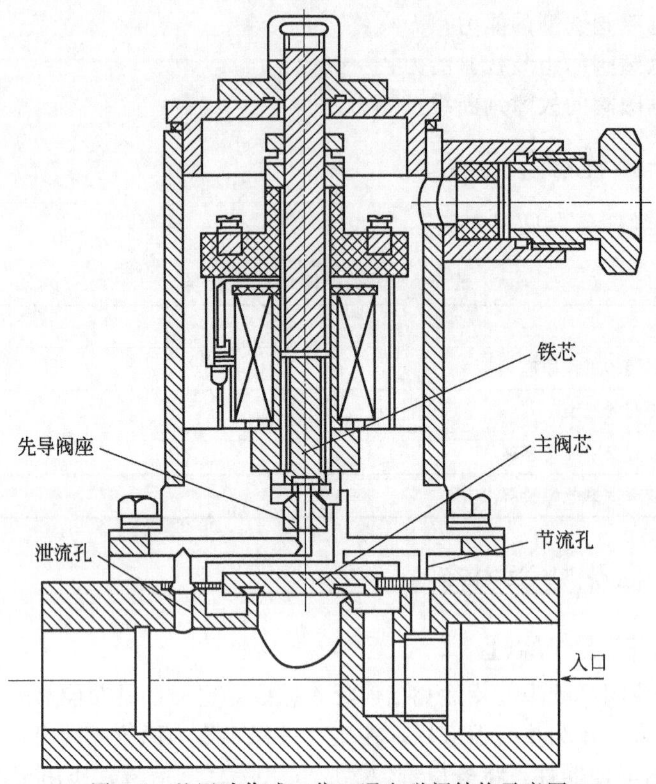

图 6-8 差压动作式二位二通电磁阀结构示意图

滑阀式结构（即无弹簧式活塞结构），同一阀芯受两只电磁线圈的控制，适用于脉冲式电信号控制，当脉冲信号消失，阀位不变，具有记忆功能，除非另一只电磁线圈受电才能改变阀位。因此，将双电控式电磁阀称之为双稳态电磁阀。

电磁阀的型号较多，有普通型、高温型，结构形式有一体式、分体式，阀体材质也因生产介质的要求而异。二通电磁阀常用形式为常闭式，即电磁阀在失电状态下，阀芯与阀座处于关闭位置；也有常开式，即电磁阀在失电状态下，电磁阀处在开启位置。电磁阀还有二位三通式电磁阀和二位四（五）通电磁阀，其作用是对执行机构的进气口或排气口进行切换，以实现对生产过程的自动控制。

电磁阀供电电压有交流、直流之分，常用的供电电压为24V DC和220V AC。电磁阀供电电压等级较多，直流电压有 24V、36V、48V、110V、220V，交流电压有 24V、36V、110V、127V、220V。电磁阀属电控器件，为适应在爆炸性环境中使用，采用隔爆型结构，将电磁线圈和接线端子置于同一隔离室内，隔离室与外部环境采用隔爆结合面和隔爆螺纹结构，电缆引入口采用橡胶密封圈和压紧螺母式的进线密封。

(二)电磁阀的选型

电磁阀选型时首先依次遵循安全性、适用性、可靠性、经济性四大原则，其次根据六个方面的现场工况（即管道参数、流体参数、压力参数、电气参数、动作方式、特殊要求）进行选择。

此处主要讲解四大原则。

1. 安全性

(1) 腐蚀性介质

宜选用塑料王电磁阀和全不锈钢。对于强腐蚀的介质必须选用隔离膜片式。中性介质，宜选用铜合金为阀壳材料的电磁阀，否则，阀壳中常有锈屑脱落，尤其是动作不频繁的场合。氨用阀则不能采用铜材。

（2）爆炸性环境

必须选用相应防爆等级产品，露天安装或粉尘多的场合应选用防水、防尘品种。

（3）公称压力

电磁阀公称压力应超过管内最高工作压力。

2. 适用性

（1）介质特性

介质构成，气体、液体或混合等；介质的温度对电磁阀的密封材料的影响；介质温度对电磁线圈的影响；介质的浓度对电磁阀的影响。

（2）管道参数

根据介质流向及管道连接方式选择阀门通径规格（DN）、接口方式（连接方式）及型号；根据流量和阀门 K_v 值选定公称通径，也可选同管道内径（K_v 值是表示阀门流量特性的一个参数和表示方法，单位是 m^3/h）。

（3）环境条件

环境的最高和最低温度应选在允许范围之内；环境中相对湿度高及有水滴雨淋等场合，应选防水电磁阀；环境中经常有振动、颠簸和冲击等场合应选特殊品种，例如船用电磁阀；在有腐蚀性或爆炸性环境中的使用应优先根据安全性要求选用耐腐蚀型。

（4）电源条件

控制线圈是交流还是直流，是 AC 220V 还是 DC 24V；控制精度是控制几个位置，普通的是 2 位置控制，如果要求高的需要多位控制；打开或关闭的响应时间等。

3. 可靠性

（1）工作寿命

此项不列入出厂试验项目，属于形式试验项目。为确保质量应选正规厂家的名牌产品。

（2）工作制式

分长期工作制、反复短时工作制和短时工作制三种。对于阀门长时间开通只有短时关闭的情况，则宜选用常开电磁阀。

（3）工作频率

动作频率要求高时，结构应优选直动式电磁阀，电源优选交流。

（4）动作可靠性

严格地来说此项试验尚未正式列入中国电磁阀专业标准，为确保质量应选正规厂家的名牌产品。有些场合动作次数并不多，但对可靠性要求却很高，如消防、紧急保护等，切不可掉以轻心。特别重要的，还应采取两只连用双保险。

4. 经济性

它虽是选用的尺度之一，但必须是在安全、适用、可靠的基础上的经济。经济性不单是产品的售价，更要优先考虑其功能和质量以及安装维修及其他附件所需费用。

（三）电磁阀安装注意事项

① 电磁阀的安装形式应根据具体型号而定，如果电磁阀是靠可动铁芯、阀芯的重力来复位，则必须立式安装在水平管道上。若安装在垂直管道上，电磁阀就不能正常工作。靠弹簧复位的电磁阀不受安装方位限制。

② 电磁阀是电控器件，要注意供电电压、容量应符合电磁阀的要求。电磁阀在易燃易爆

环境中使用，一定要辨别电磁阀的隔爆标识“d”或增安型标识“e”。电缆引线口应按防爆隔离法做好隔离密封，电缆若采用封闭式穿管敷设，所采用的金属软管必须是隔爆型金属软管及连接件。电磁阀设有内、外接地螺钉，外接地螺钉在现场宜直接接入电气安全接地，也可通过金属保护管接地。内接地螺钉可通过电缆，在供电电源一侧与安全接地线可靠接地。

③ 电磁阀在安装之前应按产品使用说明书的规定要求，检查线圈与阀体间的绝缘电阻。拆卸隔爆保护盖（罩）必须仔细，不可划伤或碰伤隔爆面和隔爆螺纹。复位重装时，应对齐隔爆面，拧紧隔爆盖（罩），锁紧螺母也应拧紧，不得随意松动或拆卸。

④ 电磁阀的安装方向：阀体箭头方向应与介质流向保持一致。

⑤ 电磁阀安装应固定可靠，尤其是大口径、直接动作式电磁阀。

⑥ 电磁阀通常在管路中作截止、开启用，不允许在截止状态下有泄漏现象，因此，对电磁阀应做严密性检验。

⑦ 电磁阀在使用之前应进行动作试验，动作应灵活、无卡涩，外壳无过热现象（不超过 65℃）。

（四）电磁阀常见故障及解决方法

电磁阀常见故障及解决方法见表 6-7。

表 6-7　电磁阀常见故障及解决方法一览表

常见故障	主要原因	解决方法
通电不动作	电源接线接触不良	接好电源线
	电源电压变动不在允许范围内	调整电压在正常范围内
	线圈短路或烧坏	更换线圈
开阀时流体不能通过	流体黏度或温度不符合要求	调整压力或工作压差或更换适合的产品
	铁芯与动铁芯周围混入杂质	更换适合的产品
	阀前过滤器或导阀孔堵塞	及时清洗过滤器或导阀孔
	工作频率太高	重新装配或更换产品
关阀时流体不能切断	弹簧变形	更换产品
	阀座有缺陷或黏附脏物	更换产品
	密封垫片脱出	加垫片
	平衡孔或节流孔堵塞	清洗、研磨或更新
	工作频率太高	重新装配或更换产品
外漏	管道连接处松动	拧紧螺栓或接管螺纹
	管道连接处密封件损坏	更换密封件
内泄漏严重	导阀座与主阀座有杂质	清洗
	导阀座与主阀座密封垫片脱出或变形	更换密封垫片
	弹簧装配不良、变形	更换弹簧
	工作频率太高	更换产品
通电时噪声过大	紧固件松动	清除衔铁吸合面杂质并拧紧
	电压波动，不在允许范围内	调整到正常范围内
	流体压力或工作压差不符合要求	调整压力或工作压差或更换适合的产品
	流体黏度不符合要求	更换适合的产品

执行器安装总则

执行器按能源不同分气动、电动和液动三种。目前大多数场合采用气动薄膜执行器，它具有防爆抗振、输入推力大、结构简单、坚固等优点。

1. 安装要求

① 控制阀安装之前要进行水压试验，由仪表工配合钳工进行。冬季试压完毕要将阀内积水排净，以防冻裂阀门。

② 安装位置应便于观察、操作和维护。介质流出方向应与阀体上标志一致。

③ 执行机构应固定牢固，操作轮要处于便于操作的位置。执行机构的机械转动要灵活，无松动、卡涩现象。执行机构连杆的长度要能控制，能保证控制在全开到全关范围内动作灵活平稳。

④ 安装螺纹连接的小口径控制阀时，必须装有可拆卸的活动连接件。

⑤ 液动执行机构的安装位置应低于控制器。当必须高于控制器时，两者间最大的高度差不应超过 10m，且管道的集气处应有排气阀，靠近控制器处应有逆止阀或自动切断阀。

⑥ 电磁阀的进出口方位要按设计要求安装。安装前应按产品技术文件的规定检查线圈与阀体间的绝缘电阻。

⑦ 当控制机构能随同工艺管道产生热位移时，执行机构的安装方式应能保证其和控制机构的相对位置保持不变。

⑧ 气动和液动执行的信号管应有足够的伸缩余量，不应妨碍执行的动作。

⑨ 工艺管道吹扫时，应将控制阀拆下放倒，以短节代替阀体，以免管道内杂物损伤阀芯，阀要同工艺管道一起试压，试压时阀置于全开位置。

2. 配管和配线

① 执行器的配管和配线应满足控制系统要求。

② 执行器的配管宜采用 ϕ6mm×1mm 紫铜管。大膜头执行器和气动闸阀宜采用 ϕ8mm×1mm 紫铜管。

③ 防爆区域内配线要符合防爆设计文件规定。

④ 执行器的压缩空气等级要符合产品说明书的要求，压缩空气质量要符合设计要求。

3. 安装实例

控制阀安装需要几个工种配合。现在，一般由工艺直接安装在管道上，工艺配管必须考虑操作条件及其对执行器的切断和旁路要求。在执行器检修时不允许工艺停车，而需安全地进行手动操作的场合，应安装切断阀和旁路阀，常见的几种工艺配合管方案如图 6-9 所示。

一般控制阀的连接管径小于管道直径，所以，两头配装大小短接头与工艺管道连接，如图 6-10 所示。

控制阀杆行程校验、膜头气密性实验、阀门定位器的安装和配管以及改换阀芯（改变控制阀芯作用方向）等工作，由仪表工负责。

阀门定位器用螺栓直接固定在阀体上，其反馈杆相连，配管一般均采用铜管，如图 6-11 所示。

现场安装的仪表很多，施工时可根据设计文件和仪表出厂说明书要求进行安装。

虽然仪表种类很多，每种仪表又有各自的安装要求，但其安装方式有一定的规律，只要掌握了仪表安装的共性，就可以举一反三，逐步掌握仪表安装工艺，成为熟练的高级仪表安装技术人员。

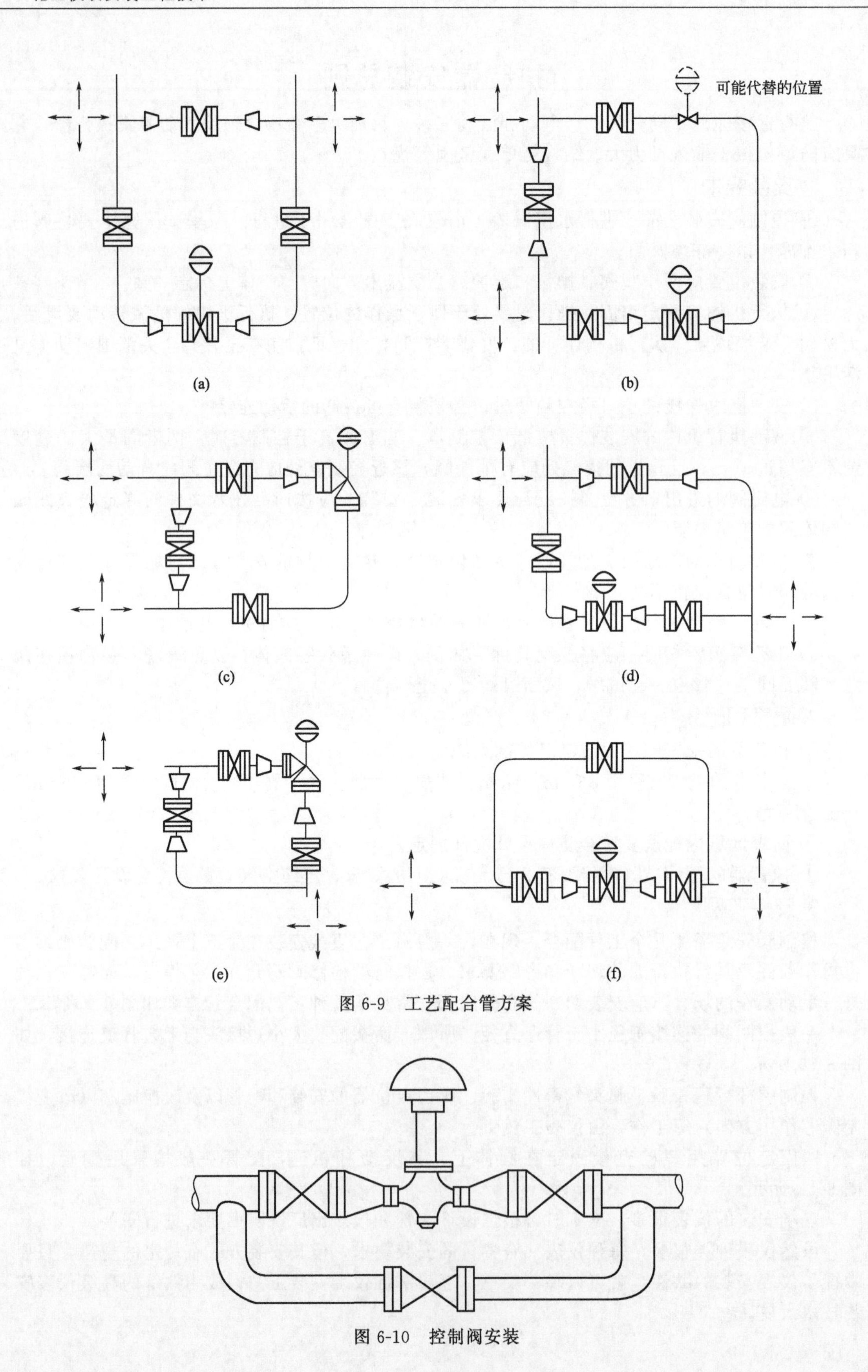

图 6-9　工艺配合管方案

图 6-10　控制阀安装

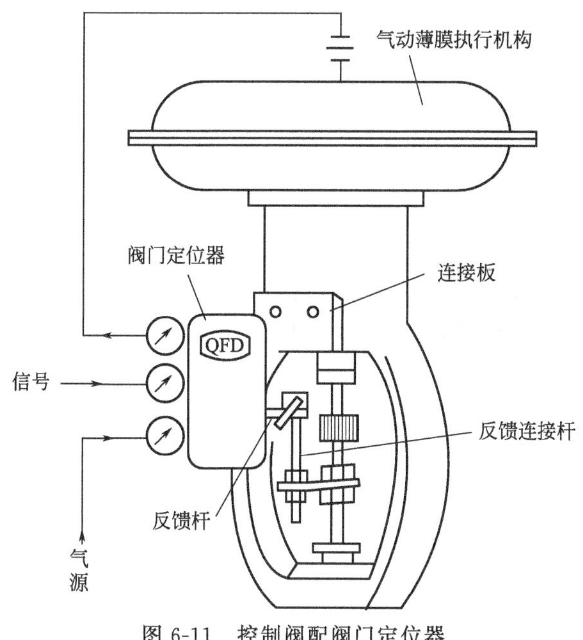

图 6-11　控制阀配阀门定位器

思考题

1. 气动薄膜调节阀怎样选择？
2. 请说明阀门定位器的作用及工作原理。
3. 请说明气动薄膜调节阀的动作原理。
4. 请说明电动调节阀的动作原理。
5. 阀有哪几种流量特性？各有什么特点？
6. 气动薄膜调节阀安装时注意哪些问题？
7. 气动薄膜调节阀常出现哪些故障现象？如何解决？

模块七
集散控制系统安装

JX-300XP 系统是用以完成大中型分布式控制 DCS、大型数据采集监控的计算机系统，具有数据采集、控制运算、控制输出、设备和状态监视、报警监视、远程通信、实时数据处理和显示、历史数据管理、日志记录、事故顺序识别、事故追忆、图形显示、控制调节、报表打印、高级计算，以及所有这些信息的组态、调试、打印、下装、诊断等功能。针对浙大中控的 CS2000 过程控制对象，实施 JX-300XP 设备安装与初步调试，完成一个现场控制站、两个操作站、冗余网络、冗余电源系统、安全接地等安装工作。

项目一　JX-300XP 安装

一、学习目标

1. 知识目标

① 熟悉 JX-300XP 系统的硬件构成；

② 掌握 AdvanTrol-Pro（V2.65）组态方法；

③ 初步掌握 JX-300XP 的安装与维护方法；

④ 初步掌握 JX-300XP 调试方法。

2. 能力目标

① 具备完成 DCS 组态能力；

② 能进行集散控制系统设备安装与调试；

③ 能对集散控制系统设备的故障进行维护。

二、理实一体化教学任务

理实一体化教学任务参见表 7-1。

表 7-1　理实一体化教学任务

任务	内　容
任务一	JX-300XP 集散控制系统硬件组成
任务二	明确 JX-300XP 集散控制系统的组态流程
任务三	浙大中控 AdvanTrol-Pro(V2.65)系统安装
任务四	JX-300XP 的安装与维护

三、理实一体化教学内容

（一）JX-300XP 集散控制系统硬件组成

JX-300XP 集散控制系统采用三层通信网络结构，如图 7-1 所示。

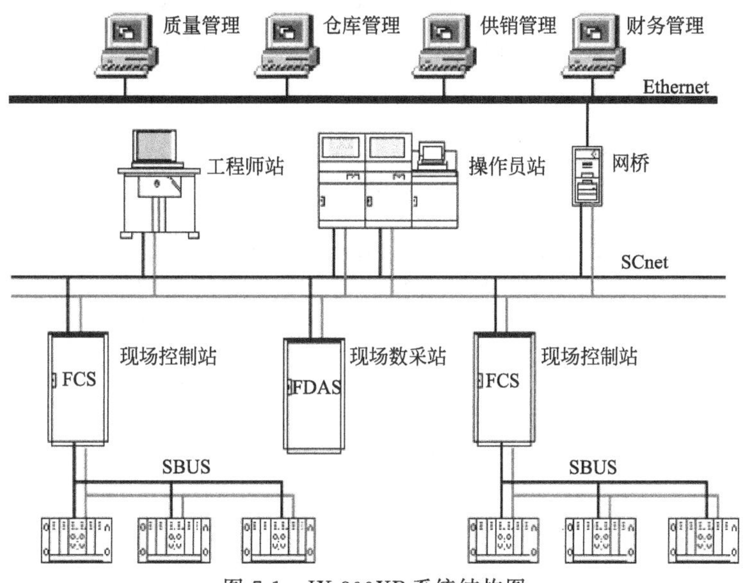

图 7-1　JX-300XP 系统结构图

最上层为信息管理网，采用符合 TCP/IP 协议的以太网，连接了各个控制装置的网桥以及企业内各类管理计算机，用于工厂级的信息传送和管理，是实现全厂综合管理的信息通道。

中间层为过程控制网（SCnetⅡ），采用了双高速冗余工业以太网 SCnetⅡ作为其过程控制网络，连接操作站、工程师站与控制站等，传输各种实时信息。

最下层为控制站内部网络（SBUS），采用主控卡指挥式令牌网，存储转发通信协议，是控制站各卡件之间进行信息交换的通道。SBUS 总线由两层构成，第一层为双重化总线 SBUS-S2，它是系统的现场总线，位于控制站所管辖的 I/O 机笼之间，连接主控卡和数据转发卡，用于主控卡与数据转发卡间的信息交换；第二层为 SBUS-S1 网络，位于各 I/O 机笼内，连接数据转发卡和各块 I/O 卡件，用于数据转发卡与各块 I/O 卡件间的信息交换。

1. 系统规模

过程控制网络 SCnetⅡ连接系统的工程师站、操作员站和控制站，完成站与站之间的数据交换。SCnet Ⅱ可以接多个 SCnetⅡ子网，形成一种组合结构。每个 SCnetⅡ网理论上最多可带 1024 个节点，最远可达 10000m。目前已实现的 1 个控制区域包括 15 个控制站、32 个操作站或工程师站，总容量 15360 点。

2. 控制站规模

JX-300XP DCS 控制站内部以机笼为单位。机笼固定在机柜的多层机架上，每只机柜最多配置 7 只机笼（1 只电源箱机笼和 6 只卡件机笼可配置控制站各类卡件）。卡件机笼根据内部所插卡件的型号分为两类：主控制机笼（配置主控卡）和 I/O 机笼（不配置主控卡）。每类机笼最多可以配置 20 块卡件，即除了最多配置互为冗余的主控卡和数据转发卡各一对外，还可以配置 16 块各类 I/O 卡件（如图 7-2 所示）。

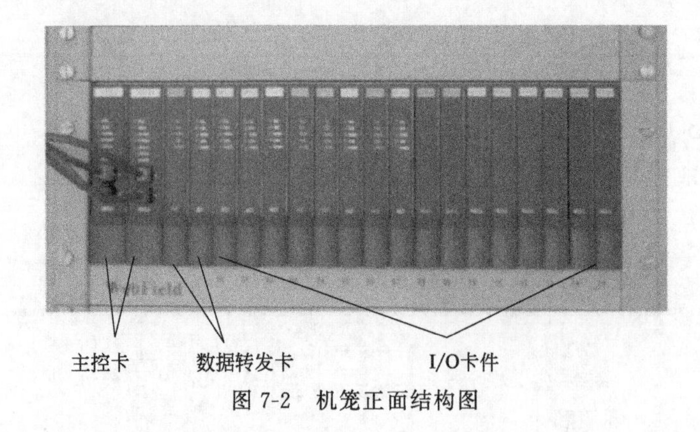

图 7-2 机笼正面结构图

主控卡必须插在机笼最左端的两个槽位。在一个控制站内，主控卡通过 SBUS 网络可以挂接 8 个 I/O 或远程 I/O 单元（即 8 个机笼）。主控卡是控制站的核心，可以冗余配置，保证实时过程控制的完整性。主控卡的高度模件化结构，用简单的配置方法实现复杂的过程控制。各种信号最大配置点数为：

□ AO 模拟量输出点数≤128/站；

□ AI 模拟量输入点数≤384（包括脉冲量）/站；

□ DI 开关量输入点数≤1024/站；

□ DO 开关量输出点数≤1024/站；

□ 控制回路≤128 个/站；

□ 程序空间 4Mb Flash RAM，数据空间 4Mb SRAM；

□ 虚拟开关量≤4096（内部开关触点）；

□ 虚拟 2 字节变量≤2048（int、float）；

□ 虚拟 4 字节变量≤512（long，float）；

□ 虚拟 8 字节变量≤256（sum）；

□ 秒定时器 512 个，分定时器 512 个。

数据转发卡槽位可配置互为冗余的两块数据转发卡。数据转发卡是每个机笼必配的卡件。如果数据转发卡按非冗余方式配置，则数据转发卡可插在这两个槽位的任何一个，空缺的一个槽位不可作为 I/O 槽位。在每一机笼内，I/O 卡件均可按冗余或不冗余方式配置，数量在总量不大于 16 的条件下不受限制。

配置灵活是 JX-300XP DCS 的特点，用户可以根据需要，对卡件选择全冗余、部分冗余或不冗余，在保证系统可靠、灵活的基础上降低用户费用。在配置时，地址设置应遵循以下原则：

① 主控卡可以冗余配置，也可以非冗余配置，地址范围是 2～31。冗余配置时，主控卡的地址遵循“I 和 $I+1$ 连续，且 I 必须为偶数，$2\leqslant I<31$”的原则，且地址不能重复。

② 数据转发卡可以冗余配置，也可以非冗余配置，地址范围是 0～15。冗余配置时，地址遵循“I 和 $I+1$ 连续，且 I 必须为偶数，$0\leqslant I<15$”的原则，且地址不能重复。

③ 当 I/O 卡件按冗余方式配置时，互为冗余的两卡件槽位地址遵循“I 和 $I+1$ 连续，且 I 必须为偶数，$0\leqslant I<15$”的原则。当 I/O 卡件按非冗余方式配置时，需注意卡件槽位地址不能随意配置。

I/O 卡件分为两类：

A 类：SP311，SP313，SP313X，SP314，SP314X，SP315X，SP316，SP316X，SP317，

SP331，SP332；

B类：SP322，SP322X，SP335，SP341，SP361，SP362，SP363，SP364。

在配置时应遵循以下原则：同一分类中的两块卡件可以任意配置槽位地址；不同分类中的两块卡件不能配置在相邻的两个冗余槽位，例如6号和7号槽位，但可以配置在相邻的两个不冗余槽位，例如7号和8号槽位。

3. 主控卡

主控卡是系统的软硬件核心，协调控制站内部所有的软硬件关系和执行各项控制任务。

它是一个智能化的独立运行的计算机系统，可以自动完成数据采集、信息处理、控制运算等各项功能。通过过程控制网络与过程控制级（操作站、工程师站）相连，接收上层的管理信息，并向上传递工艺装置的特性数据和采集到的实时数据；向下通过SBUS和数据转发卡的程控交换与智能I/O卡件实现实时通信，并实现与I/O卡件的信息交换（现场信号的输入采样和输出控制）。XP243采用双微处理器结构，协同处理控制站的任务，功能更强，速度更快。

控制站作为SCnetⅡ的节点，其网络通信功能由主控卡承担。每个控制站可以安装两块互为冗余的主控卡，分别安装在主机笼的主控卡槽位内。

主控卡结构图如图7-3所示。主控卡面板上具有2个互为冗余的SCnetⅡ通信口和7个LED状态指示灯，以下详细说明主控卡的外部接口、卡件设置、状态指示灯等。

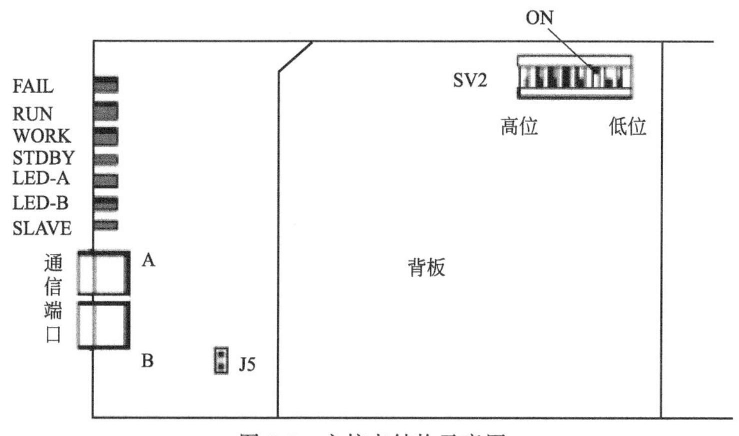

图7-3　主控卡结构示意图

（1）网络端口

PORT-A（RJ-45）：通信端口A，通过双绞线RJ-45连接器与冗余网络SCnetⅡ的0#网络相连；

PORT-B（RJ-45）：通信端口B，通过双绞线RJ-45连接器与冗余网络SCnetⅡ的1#网络相连。

SBUS总线接口：主控卡的Slave CPU负责SBUS总线（I/O总线）的管理和信息传输，通过欧式接插件物理连接实现了主控卡与机笼内母板之间的电气连接，将XP243的SBUS总线引至主控制机笼，机笼背部右侧安装有四个双冗余的SBUS总线接口（DB九芯插座）。

（2）主控卡的网络节点地址（SCnetⅡ）设置

通过主控卡上拨号开关SW2的S4～S8采用二进制码计数方法读数进行地址设置，其中自左至右代表高位到低位，即左侧S4为高位，右侧S8为低位，如表7-2所示。

表 7-2 主控卡网络节点地址设置

地址选择 SW2			地址			地址选择 SW2			地址		
S4	S5	S6	S7	S8		S4	S5	S6	S7	S8	
					—	ON	OFF	OFF	OFF	OFF	16
					—	ON	OFF	OFF	OFF	ON	17
OFF	OFF	OFF	ON	OFF	02	ON	OFF	OFF	ON	OFF	18
OFF	OFF	OFF	ON	ON	03	ON	OFF	OFF	ON	ON	19
OFF	OFF	ON	OFF	OFF	04	ON	OFF	ON	OFF	OFF	20
OFF	OFF	ON	OFF	ON	05	ON	OFF	ON	OFF	ON	21
OFF	OFF	ON	ON	OFF	06	ON	OFF	ON	ON	OFF	22
OFF	OFF	ON	ON	ON	07	ON	OFF	ON	ON	ON	23
OFF	ON	OFF	OFF	OFF	08	ON	ON	OFF	OFF	OFF	24
OFF	ON	OFF	OFF	ON	09	ON	ON	OFF	OFF	ON	25
OFF	ON	OFF	ON	OFF	10	ON	ON	OFF	ON	OFF	26
OFF	ON	OFF	ON	ON	11	ON	ON	OFF	ON	ON	27
OFF	ON	ON	OFF	OFF	12	ON	ON	ON	OFF	OFF	28
OFF	ON	ON	OFF	ON	13	ON	ON	ON	OFF	ON	29
OFF	ON	ON	ON	OFF	14	ON	ON	ON	ON	OFF	30
OFF	ON	ON	ON	ON	15	ON	ON	ON	ON	ON	31

“ON”表示“1”，“OFF”表示“0”。主控卡的网络地址不可设置为 $00^{\#}$，$01^{\#}$。SW2 的 S1～S3 位必须设置为 OFF。拨号开关拨到上部表示“ON”，拨到下部表示“OFF”。

如果主控卡按非冗余方式配置，即单主控卡工作，卡件的网络地址必须有以下格式：ADD，其中 ADD 必须为偶数，2≤ADD<31；而且 ADD+1 的地址被占用，不可作其他节点地址用。如地址 $02^{\#}$，$04^{\#}$，$06^{\#}$。

如果主控卡按冗余方式配置，两块互为冗余的主控卡的网络地址必须设置为以下格式：ADD、ADD+1 连续，且 ADD 必须为偶数，2≤ADD<31。如地址 $02^{\#}$ 与 $03^{\#}$，$04^{\#}$ 与 $05^{\#}$。

主控卡网络地址设置有效范围：最多可有 15 个控制站，对 TCP/IP 协议地址设置如表 7-3 所示。

表 7-3 TCP/IP 地址设定

类别	地址范围		备注
	网络码	IP 地址	
控制站地址	128.128.1	2～31	每个控制站包括两块互为冗余主控制卡。同一块主控制卡享用相同的 IP 地址，两个网络码
	128.128.2	2～31	

网络码 128.128.1 和 128.128.2 代表两个互为冗余的网络。在控制站表现为两个冗余的通信口，上为 128.128.1，下为 128.128.2，如图 7-4 所示。

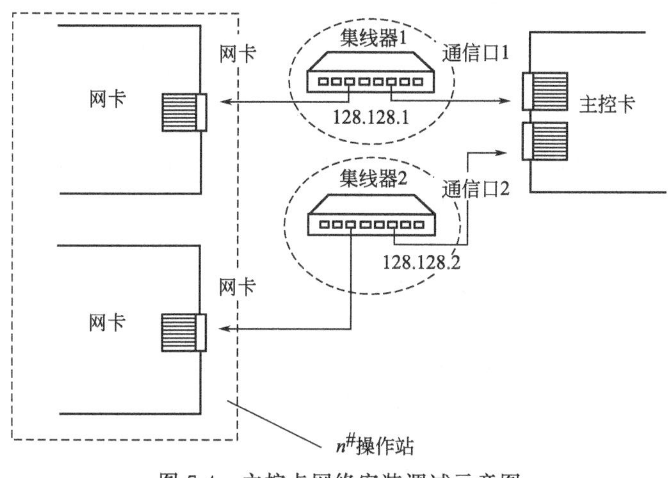

图 7-4　主控卡网络安装调试示意图

RAM 后备电池开/断跳线 J5：当 J5 插入短路块时（ON），卡件内置的后备电池将工作。如果用户需要强制清除主控卡内 SRAM 的数据（包括系统配置、控制参数、运行状态等），只需拔去 J5 上的短路块即可。

（3）故障诊断与调试

XP243 具有 WDT 复位和冷热启动判断电路。WDT 能使系统在受到干扰或用户程序（系统定义的组态或用户控制程序）出错而造成程序执行混乱或跳飞后自动对卡内 CPU 及各功能部件进行有效的复位，以快速恢复（热启动模式）到系统的正常运行状态；而冷热启动判断电路能使系统正确判断复位状态，以进行合理的初始化。对于 WDT 动作而引起的热复位系统将保持复位前状态，保证控制的连续性。对于断电较长时间后上电的主控卡启动模式称为冷启动，为保证现场工艺过程的安全，冷启动模式下的主控卡监控软件将对内部控制状态和 I/O 卡件输出状态进行初始化，回复到安全的状态上，如开关量输出卡处于 OFF 状态、阀位输出处于关闭状态、控制回路都处于手动状态等，组态信息、控制参数都能保持断电前下装的内容和数值。主控卡的启动模式有三种：热启动、冷启动、组态混乱清除组态。

① 启动模式 1——热启动模式。在断电时间小于 3s 且保证原卡件中组态信息是正确的情况下，该卡件监控软件将判定为热启动模式。这种启动模式一般由以下情况引起：WDT 动作而引起的热复位，从槽位中卡件被拔出并快速插入，系统瞬间断电并恢复。对于系统热启动后的控制状态（控制回路、输出等）都应保持在复位前状态，保证控制的连续性和安全性。

② 启动模式 2——冷启动模式。在断电时间大于 10s 且保证原卡件中组态信息是正确的情况下，该卡件监控软件将判定为冷启动模式。对于断电较长时间后上电的主控卡启动模式都为冷启动。由于主控卡具有断电保护功能，冷启动模式下的卡件的组态信息、控制参数都能保持断电前下装的内容和数值，不会丢失。但是，为保证现场工艺过程的安全，冷启动模式下的主控卡监控软件将对内部控制状态和 I/O 卡件输出状态进行初始化，回复到安全的状态上，如开关量输出卡处于 OFF 状态、阀位输出处于关闭状态、控制回路都处于手动状态等。

③ 启动模式 3——组态混乱清除组态模式。监控软件复位启动（系统上电或 WDT 动作）后对组态信息、保护进行自检（合法性和有效性），如发现信息混乱，不是有效的组态信息，则清除内存中组态、控制参数、控制程序代码等内容，并产生“组态出错”报警，主控卡的 FAIL 灯常亮。这种系统启动模式将被判定为启动模式 3。对于新生产的卡件或断电

保护被中断过的主控卡的启动模式都为启动模式3。在这种启动模式下，卡件内组态信息、控制参数、输出状态等缓冲区都将被初始化在一合适的数值上，控制运算、采样、输出等监控动作都被停止，等待工程师站下装组态，这种状态也就是我们所说的主控卡“组态丢失”。在系统控制方案调试过程中，可能会发生由于用户控制程序出错而导致主控卡资源被破坏，或者系统配置和算法容量超出系统规定的限制等组态丢失的报警现象，在这种情形下，必须改正组态或程序中的问题并下装组态信息，报警现象才会消失。

由于每块主控卡内部冷热启动判断电路具有一定的离散性，所以大于3s、小于10s的主控卡的启动模式对于每一块卡件来说并不完全一样。

XP243可冗余配置，也可单卡工作。冗余中的每一个主控卡均执行同样的应用程序，当然只有一个运行在控制方式（工作机）。另外一个必须运行在后备方式（备用机）。它们都能访问I/O和过程控制网络，但工作模式下的主控卡起着控制、输出、实时信息广播决定性的作用。

④ 工作模式（控制模式）。在控制模式下，处理器的功能如同在非冗余的一样，直接访问I/O口，执行数据采集和控制功能，此外它还监视其配对的后备卡件和过程控制网络的好坏。

⑤ 备用模式（后备模式）。在备用方式下，后备主控卡诊断和监视主处理器的好坏。通过周期查询运行中的主处理器数据库存储器，接受工作机发送的全部运行信息，后备处理器可随时保存最新的控制数据，包括过程点数据、控制算法中间值等，保证了工作/备用的无扰动切换。它们通过母板上的控制信号线连接来实现冗余信息交换、状态跟踪。

主控卡的切换可分为失电强制切换、干扰随机切换和故障自动切换。运行中的主控卡突然断电后，系统强制切换到备用机并承担控制任务称为失电强制切换。由于工作、备用的切换逻辑电路受到干扰（电磁干扰）而引起的工作/备用切换，称为干扰随机切换。

故障自动切换是指控制方式的主控卡（工作机）发生故障并将此故障通知后备处理器，自动放弃控制权；后备处理器掌握系统控制权，并向数据高速公路广播信息。算法块的自动跟踪功能能保证无扰动的故障切换。当以下故障发生时，主控卡将自动进行故障切换：

☆ 控制处理器故障；
☆ 网络控制器故障；
☆ I/O接口故障；
☆ 工作的主控卡运行时间超时；
☆ 工作的主控卡失电；
☆ 工作的主控卡受到外部强干扰而复位；
☆ 控制处理器复位（包括WDT引起的复位或供电电压低引起的复位）；
☆ 系统资源破坏，如系统程序空间；
☆ RAM自检出错，如组态信息破坏。

一旦主控卡被切换到后备处理器上，故障的主控卡便可断电维修或更换，不影响系统的安全运行。检修好的处理器上电后再启动，会检测到其配对的处理器是否处于控制方式，若是，便承担起后备处理器的任务；运行控制的控制器检测到有后备处理器后出现调整，按冗余配置运行，对系统安全运行无影响。

主控卡具有自身运行状态的LED指示：运行（RUN）、就绪（STDBY）、故障（FAIL）、SCnetⅡ通信（LED-A、LED-B）等。主控卡LED指示说明见表7-4。

表 7-4 主控卡 LED 指示说明

指示灯		名称	颜色	单卡上电启动	备用卡上电启动	正常运行	
						工作卡	备用卡
FAIL		故障报警或复位指示	红	亮→暗→闪一下→暗	亮→暗	暗（无故障情况下）	暗（无故障情况下）
RUN		运行指示	绿	暗→亮	与 STDBY 配合交替闪	闪（频率为采样周期的 2 倍）	暗
WORK		工作/备用指示	绿	亮	暗	亮	暗
STDBY		准备就绪	绿	亮→暗	与 RUN 配合交替闪（状态拷贝）	暗	闪（频率为采样周期的 2 倍）
通信	LED-A	0# 网络通信指示	绿	暗	暗	闪	闪
	LED-B	1# 网络通信指示	绿	暗	暗	闪	闪
SLAVE		I/O 采样运行状态	绿	暗	暗	闪	闪

通过卡件上的 LED 指示可以确定主控卡的运行状态和一些简单的故障情况，可及时发现故障并进行维修。LED 显示如下：工作机的 RUN 将按采样周期 2 倍的周期闪烁，而备用卡的 STDBY 将按采样周期 2 倍的周期闪烁。当主控卡的组态、下装的用户控制程序、网络接口、网络控制器出现故障时，该主控卡的 FAIL 将以不同的方式闪烁。以下将对主控卡的 LED 的指示作详细说明。

如果有某一块主控卡处于工作状态（工作机），另一块主控卡插入相应的冗余槽位作为热备用卡件，这一块备用的主控卡启动过程中 RUN 与 STDBY 指示灯将会交替闪烁，以指示“备用机通过通信向工作机读取组态、实时等必要的运行数据”。交替闪烁结束后（即备用机和工作机拷贝数据结束），卡件进入正常的热备用状态，则 STDBY 指示灯按控制周期 2 倍的周期闪烁。

如果只有单独一块主控卡冷启动（断电时间＞10s），则在进入正常运行前 FAIL 灯将会快闪一下（红色），表明此主控卡要求向另一块冗余卡件读取数据失败。而另一种情况是：在系统中已存在工作主控卡，备用主控卡上电冷启动，它首先向工作机读取运行数据，RUN 与 STDBY 指示灯交替闪烁，如果拷贝数据结束后 FAIL 灯快闪一下（红色），则表明备用机读取工作机数据失败。通常在主控卡的硬件正常的情况下，备用机将成功地向工作机读取数据，因此 FAIL 灯不会出现快闪现象。

在主控卡出现故障的情况下，FAIL 指示灯将以不同的频率闪烁的方式进行报警。可通过观察 RUN 灯、FAIL 灯、STDBY 灯的相对状态来确定其故障，具体如下：

主控卡处于工作状态（WORK 灯亮）时，RUN 灯将按控制周期 2 倍的周期闪烁，STDBY 灯暗；而处于备用状态（WORK 灯暗）时，STDBY 灯将按采样周期 2 倍的周期闪烁，RUN 灯暗，表明备用主控卡处于准备就绪的状态。当主控卡处于工作状态时，由于 RUN 灯是按控制周期 2 倍的周期闪烁的，所以其余指示灯的闪烁情况都将与 RUN 灯进行对照，以 RUN 灯为相对时间基准。具体的故障情况如表 7-5 所示。

表 7-5 故障指示说明

故障情况	指示灯
主控卡组态丢失	FAIL 灯：常亮，并一直保持到下装组态到此主控制卡
组态中的控制站地址与主控卡实际所读地址不相同	FAIL 灯：同时亮，同时灭 RUN 灯：同时亮，同时灭 本控制站组态设置地址与卡件物理设置不一致 可能是组态错误，也可能是主控卡地址读取故障 下装组态或检查地址设置开关

续表

故障情况	指示灯
通信控制器不工作	FAIL 灯:均匀闪烁,周期是 RUN 灯的一半 RUN 灯(工作):均匀闪烁,周期是 FAIL 灯的 2 倍
两个冗余的网络通信接口(网线或驱动口)均出现故障	FAIL 灯:同时亮,先灭 RUN 灯:同时亮,后灭,周期为采样周期 2 倍 需要检查相关网线是否断
主控卡网络通信口有一口出现故障	RUN 灯:先亮,同时灭,周期为采样周期 2 倍 FAIL 灯:后亮,同时灭 需要检查相关网线是否断
主控卡通信完全不正常,物理层存在问题	LED-A、LED-B 灯:灭或闪烁 需要检查网络的物理层,如阻抗匹配、线路断路或短路、端口驱动电路损坏等
下装的用户程序运行超时或下装了被破坏的组态信息	FAIL、STDBY、RUN 不按规定的周期快速闪烁 由于运行超时或组态信息出错而导致主控卡 WDT 复位。需要修改用户控制程序(SCX 语言、梯形图等)或下装正确的组态信息
SCnetⅡ通信网络 0#、1#总线交错	FAIL 灯:均匀闪烁,周期是 RUN 灯的一半 RUN 灯:均匀闪烁,周期是 FAIL 灯的 2 倍

4. XP233 数据转发卡

(1) 概述

XP233 是 I/O 机笼的核心单元，是主控卡连接 I/O 卡件的中间环节，它一方面驱动 SBUS 总线，另一方面管理本机笼的 I/O 卡件。通过数据转发卡，一块主控卡（XP243）可扩展 1～8 个 I/O 机笼，即可以扩展 1～128 块不同功能的 I/O 卡件。SBUS 网络结构图如图 7-5 所示。

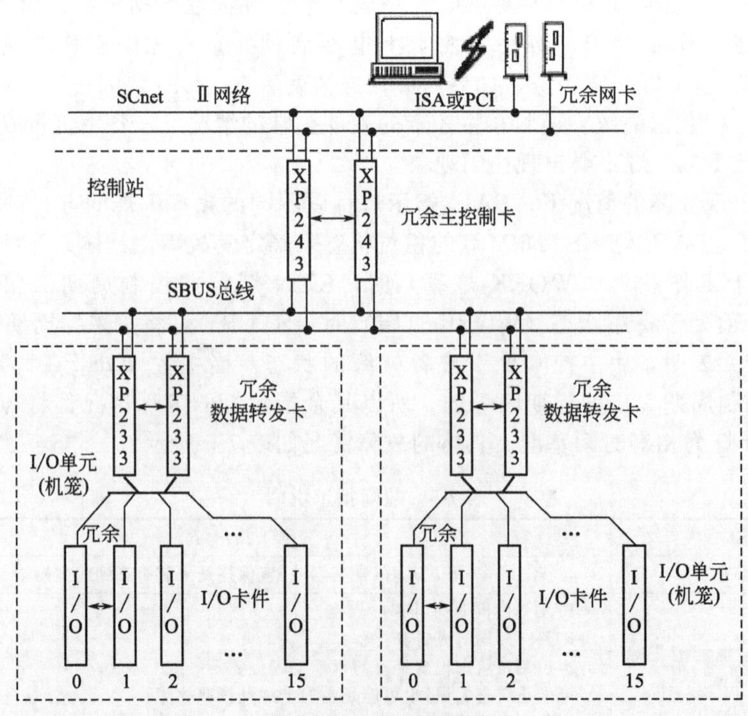

图 7-5 SBUS 网络结构

XP233 具有冷端温度采集功能，负责整个 I/O 单元的冷端温度采集，冷端温度测量元件采用专用的电流环回路温度传感器，可以通过导线将冷端温度测量元件延伸到任意位置处，节约热电偶补偿导线。冷端温度的测量也可以由相应的热电偶信号处理单元独自完成，即各个热电偶采集卡都各自采样冷端温度，冷端温度测量元件安装在 I/O 单元接线端子的底部，此时补偿导线必须一直从现场延伸到 I/O 单元的接线端子处。

（2）技术特性

① 具有 WDT 看门狗复位功能，在卡件受到干扰而造成软件混乱时能自动复位 CPU，使系统恢复正常运行。

② 支持冗余结构。每个机笼可配置双 XP233 卡，互为备份。在运行过程中，如果工作卡出现故障可自动无扰动切换到备用卡，并可实现硬件故障情况下软件切换和软件死机情况下的硬件切换，保证系统安全可靠地运行。

③ 可方便地扩展 I/O 机笼。XP233 卡具有地址跳线，可设置本卡件在 SBUS 总线中的地址和工作模式。在系统规模容许的条件下，只需增加 XP233 卡，就可扩展 I/O 机笼，但新增加的 XP233 卡地址与已有的 XP233 卡地址不可重复。

④ 可采集冷端温度，作为本机笼温度信号的参考补偿信号。

⑤ 可通过中继器实现总线节点的远程连接。

⑥ 通信方式：冗余高速 SBUS 总线通信规约。

⑦ 卡件供电：DC 5V，120mA。

⑧ 冗余方式：1∶1 热备用。

⑨ 扩展方式：BCD 码地址设置，0～1 可选。

⑩ 冷端温度测量范围：－50～50℃。

⑪ 冷端温度测量精度：小于±1℃。

（3）使用说明

数据转发卡结构如图 7-6 所示。

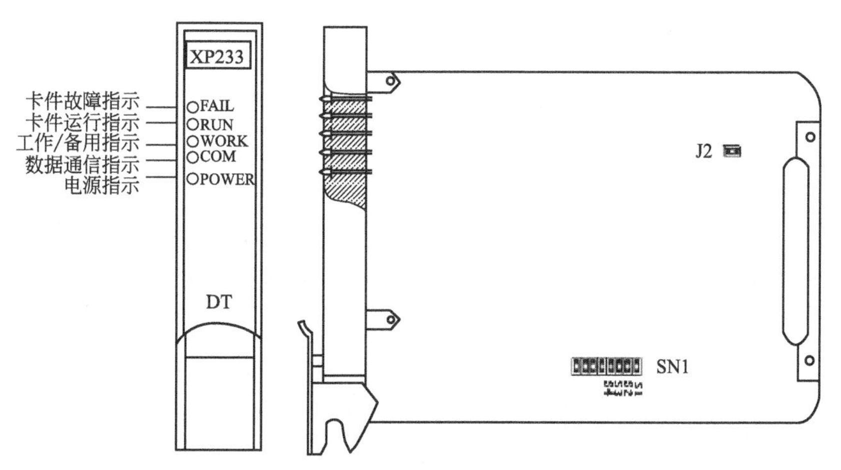

图 7-6　XP233 数据转发卡结构简图

① 地址（SBUS 总线）跳线 S1～S4（SW1）：XP233 卡件上共有八对跳线，其中四对跳线 S1～S4 采用二进制码计数方法读数，用于设置卡件在 SBUS 总线中的地址，S1 为低位（LSB），S4 为高位（MSB），跳线用短路块插上为 ON，不插上为 OFF。跳线 S1～S4 与地址的关系如表 7-6 所示。

表 7-6 跳线地址设置

地址选择跳线				地址	地址选择跳线				地址
S4	S3	S2	S1		S4	S3	S2	S1	
OFF	OFF	OFF	OFF	00	ON	OFF	OFF	OFF	08
OFF	OFF	OFF	ON	01	ON	OFF	OFF	ON	09
OFF	OFF	ON	OFF	02	ON	OFF	ON	OFF	10
OFF	OFF	ON	ON	03	ON	OFF	ON	ON	11
OFF	ON	OFF	OFF	04	ON	ON	OFF	OFF	12
OFF	ON	OFF	ON	05	ON	ON	OFF	ON	13
OFF	ON	ON	OFF	06	ON	ON	ON	OFF	14
OFF	ON	ON	ON	07	ON	ON	ON	ON	15

按非冗余方式配置（即单卡工作时），XP233 卡件的地址 ADD 必须符合以下格式：ADD 必须为偶数，0≤ADD<15，而且 ADD+1 的地址被占用，不可作其他节点地址用，在同一个控制站内，把 XP233 卡件配置为非冗余工作时，只能选择偶数地址号，即 0#、2#、4#……

按冗余方式配置时，两块 XP233 卡件的 SBUS 地址必须符合以下格式：ADD、ADD+1 连续，且 ADD 必须为偶数，0≤ADD<15。XP233 地址在同一 SBUS 总线中，即同一控制站内统一编址，不可重复。

注意：SW1 拨位开关的 S5～S8 为系统保留资源，必须设置成 OFF 状态。

② 冗余跳线：采用冗余方式配置 XP233 卡件时，互为冗余的两块 XP233 卡件的 J2 跳线必须都用短路块插上（ON）。

③ 调试和故障诊断：每个数据转发卡具有完全独立的微处理器和 WDT（看门狗定时器）复位功能，在卡件受到干扰而造成软件混乱时能自动复位 CPU，使系统恢复正常运行。在这种情况下 XP233 的 FAIL 指示灯（红色）会出现短暂的闪烁。

XP233 自动实现卡件的上电诊断（地址、通道）和冗余 XP233 实时运行故障诊断（机笼内 I/O 通道和 SBUS）。在系统正常运行过程更换 XP233 卡件，如果发生插入的 XP233 地址重复或冲突的情况，这块 XP233 经过上电初始化 SBUS 诊断发现错误后立即报警（FAIL、RUN 等指示灯），并自行封闭其 SBUS 总线使用权，以免发生输入输出错误。XP233 卡具有自身运行状态的 LED 指示：运行（RUN）、工作/备用（WORK）、故障（FAIL）、SBUS 通信（COM），通过卡件上的 LED 指示可以初步确定 XP233 的运行状态。表 7-7 显示了在正常运行情况下 LED 的指示情况。

表 7-7 数据转发卡 LED 指示说明

项目	FAIL 故障指示	RUN 运行指示	WORK 工作/备用指示	COM(与主控制卡通信时)	POWER 电源指示
颜色	红	绿	绿	绿	绿
正常	暗	亮	亮(工作) 暗(备用)	闪(工作;快闪) 闪(备用;慢闪)	亮
故障	亮	暗	—	暗	暗

(4) 上电时地址冲突检测

可检测冲突状况包括：地址重复、处于同一机笼两块卡件地址设置不为冗余和地址设为互为冗余的两块卡件不处于同一机笼。XP233 卡刚上电时，将首先判断自身所设地址与已插其他 XP233 卡地址是否冲突。卡件此时处于总线监听状态，COM 灯不亮。这个过程大约持续 4s 左右。在检测到无冲突后，XP233 卡将进入正常的 SBUS 通信状态，COM 灯闪烁。在检测到地址冲突时，XP233 卡的 FAIL 灯将以约为 3s 的周期均匀闪烁，并禁止其所有与 I/O 卡件的通信功能，以确保 I/O 信号不被错误传送，但仍保持 I/O 通道自检功能。在发现这种故障时，只要拔出故障卡件，按照操作规范重新设置地址后，即可将卡件重新投入使用。

(5) I/O 通道自检功能

XP233 卡将以 1s 的周期定时对 16 个 I/O 通道进行巡检。可检测的通道故障包括通信线路短路和断路。当检测到故障时，XP233 卡的 FAIL 将保持常亮。具体发生故障的通道号可通过上位机监控软件查看。I/O 通道自检是 XP233 卡对卡件自身通信通道和通过母板扩展到 I/O 卡件的通信通道的自检，是一个综合状况的检测。因此当卡件显示通道故障时，应先拔出相应通道所连接的 I/O 卡件，看故障是否消除，如 XP233 卡显示故障仍然存在，可判断为 XP233 卡自身或母板故障。

(6) SBUS 总线故障检测功能

该项检测功能必须在与主控卡存在通信时实现。XP233 卡的 SBUS 通信采用的是双冗余口同发同收的工作方式。在检测到两个通信口工作均正常的情况下，XP233 卡将任选一通信口完成数据的接收。而当检测到某一通信口故障时，XP233 卡将自动选择工作正常的通信口接收，保证接收过程的连续，COM 灯闪烁状况不变。XP233 卡还将其中一个通信口故障的信息传送给上位机显示。当两个通信口均发生故障时，COM 灯将停止闪烁，变暗。

5. XP313 电流信号输入卡

(1) 概述

XP313 电流信号输入卡可测量 6 路电流信号，并可为 6 路变送器提供+24V 隔离配电电源，它是一块带 CPU 的智能型卡件，对模拟量电流输入信号进行调理、测量的同时，还具备卡件自检及与主控卡通信的功能。

XP313 卡的 6 路信号调理分为 2 组，其中 1～3 通道为第一组，4～6 通道为第二组，同一组内的信号调理采用同一个隔离电源供电，两组间的电源及信号互相隔离，并且都与控制站的电源隔离。

当卡件被拔出时，卡件与主控卡通信中断，系统监控软件显示此卡件通信故障。

XP313 卡的每一路可分别接收Ⅱ型或Ⅲ型标准电流信号。当需 XP313 卡向变送器配电时可通过 DC/DC 对外提供 6 路+24V 的隔离电源，每一路都可以通过跳线选择是否需要配电功能。

注意：建议同组信号同时配置为配电或不配电使用。

卡件具有自诊断功能，在采样、信号处理的同时进行自检。如果卡件为冗余状态，一旦自检到错误，工作卡会主动将工作权交给备用卡以保证输入信号的正确采样，同时故障卡件点亮红灯报警。如果卡件为单卡工作，一旦自检到错误，卡件会点亮红灯报警。

通过组态可选择信号类型、卡件地址、滤波等参数等。XP313 的原理框图如图 7-7 所示：

(2) XP313 技术特性及测量精度

XP313 技术特性及测量精度见表 7-8、表 7-9。

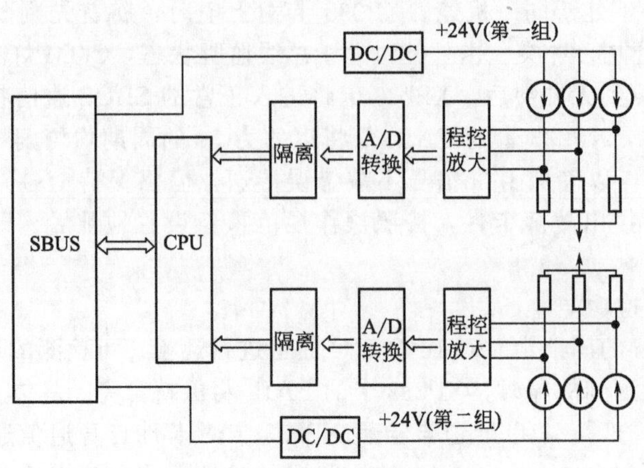

图 7-7　XP313 的原理框图

表 7-8　XP313 技术特性

型号	XP313
卡件电源	
5V 供电电源	5V±0.3V DC，I_{max}<50mA
24V 供电电源	24V±0.5V DC，I_{max}<200mA
输入回路	
通道数	6 路
信号类型	电流信号（Ⅱ型或Ⅲ型），组态可选
滤波时间	组态可选
分辨率	15b，带极性
输入阻抗	250Ω
隔离方式	光电隔离，分组隔离
隔离电压	50V AC，1min（现场侧与系统侧）
	250V AC，1min（组组之间）
共模抑制比	≥100dB
串模抑制比	>50dB
负载能力	<1kΩ（20mA）
短路保护电流	<30mA（单卡，每通道）
断线检测	Ⅲ型信号具备，Ⅱ型信号不具备

表 7-9　测量精度

信号类型	测量范围	精度
标准电流（Ⅱ型）	0～10mA	±0.2%FS
标准电流（Ⅲ型）	4～20mA	±0.2%FS

（3）使用说明

卡件平面图如图 7-8 所示。

① 指示灯如表 7-10 所示。

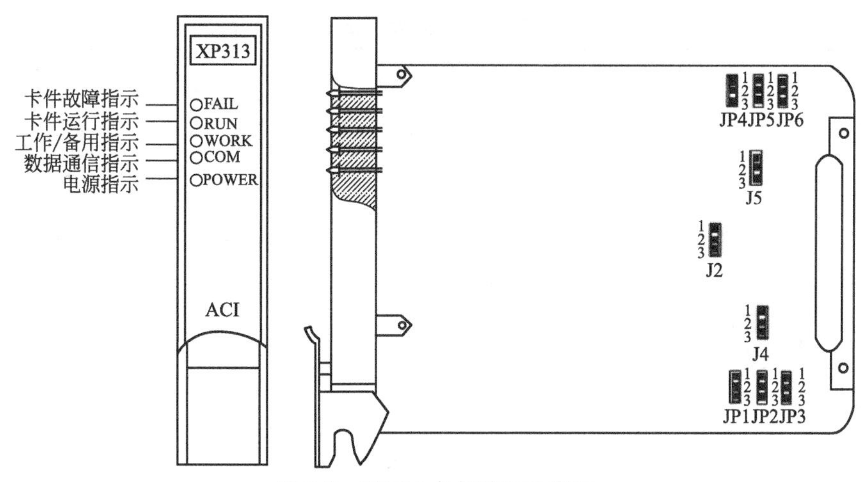

图 7-8　XP313 卡件平面示意图

表 7-10　XP313 卡件状态指示灯

LED 指示灯	FAIL(红)	RUN(绿)	WORK(绿)	COM(绿)	POWER(绿)
意义	故障指示	运行指示	工作/备用	通信指示	5V 电源指示
常灭	正常	不运行	备用	无通信	故障
常亮	自检故障	—	工作	组态错误	正常
闪	CPU 复位	正常	切换中	正常	—

② 端子定义及接线如表 7-11 所示。

表 7-11　XP313 接线端子说明

端子图		端子号	端子定义		备注
配电	不配电		配电	不配电	
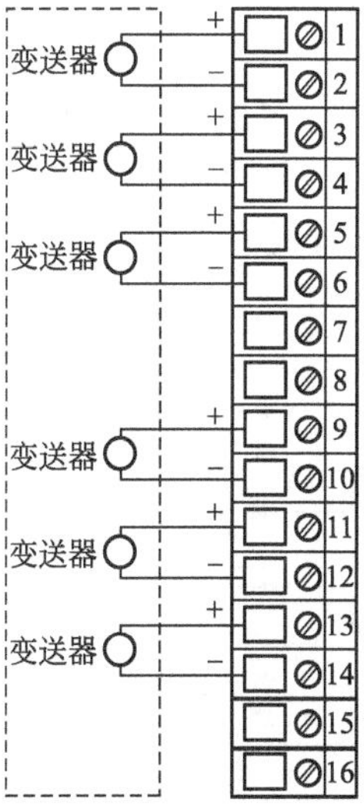	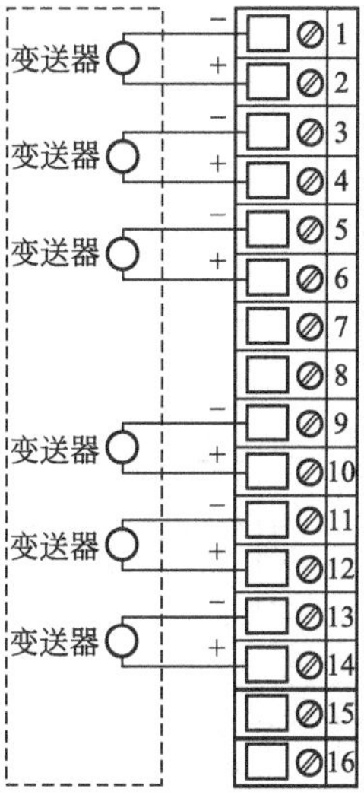	1	CH1＋	CH1－	第一通道
		2	CH1－	CH1＋	
		3	CH2＋	CH2－	第二通道
		4	CH2－	CH2＋	
		5	CH3＋	CH3－	第三通道
		6	CH3－	CH3＋	
		7	NC	NC	
		8	NC	NC	
		9	CH4＋	CH4－	第四通道
		10	CH4－	CH4＋	
		11	CH5＋	CH5－	第五通道
		12	CH5－	CH5＋	
		13	CH6＋	CH6－	第六通道
		14	CH6－	CH6＋	
		15	NC	NC	
		16	NC	NC	

注：CH×＋表示第×通道正端，CH×－表示第×通道负端。例如第一通道的正、负端为：CH1＋、CH1－。

③ 跳线设置如表 7-12、表 7-13 所示。

表 7-12 冗余跳线

项目	J2	J4	J5
卡件单卡工作	1,2	1,2	1,2
卡件冗余配置	2,3	2,3	2,3

表 7-13 配电跳线

项目	第一路	第二路	第三路	第四路	第五路	第六路
需要配电	JP1 1,2	JP2 1,2	JP3 1,2	JP4 1,2	JP5 1,2	JP6 1,2
不需配电	JP1 2,3	JP2 2,3	JP3 2,3	JP4 2,3	JP5 2,3	JP6 2,3

④ 故障分析与排除如表 7-14 所示。

表 7-14 XP313 常见故障

序号	故障特征	故障原因	排除方法
1	COM 灯暗	和数据转发卡无通信	检查数据转发卡
2	FAIL 灯快闪	卡件复位,CPU 没有正常工作	重新插 CPU,如仍不正常请更换卡件
3	FAIL 灯常亮	卡件故障	卡件故障,请更换卡件
4	COM 灯常亮	组态卡件类型不一致	核对卡件类型是否正确,对 I/O 槽位重组态,编译后下载

6. XP314 电压信号输入卡

(1) 概述

XP314 电压信号输入卡是智能型带有模拟量信号调理的 6 路模拟信号采集卡，每一路可单独组态并接收各种型号的热电偶以及电压信号，将其调理后再转换成数字信号并通过数据转发卡 XP233 送给主控卡 XP243。

XP314 卡的 6 路信号调理分为 2 组，其中 1～3 通道为第一组，4～6 通道为第二组，同一组内的信号调理采用同一个隔离电源供电，两组之间的电源和信号互相隔离，并且都与控制站的电源隔离。卡件可单独工作，也能以冗余方式工作。卡件具有自诊断功能，在采样、处理信号的同时，也在进行自检。卡件冗余配置时，一旦工作卡自检到故障，立即将工作权让给备用卡，并且点亮故障灯报警，等待处理。工作卡和备用卡对同一点信号同时进行采样和处理，无扰动切换。单卡工作时，一旦自检到错误，卡件也会点亮故障灯报警。

用户可通过上位机对 XP314 卡进行组态，决定其对何种信号进行处理，并可随时在线更改，使用方便灵活。

原理框图如图 7-9 所示。

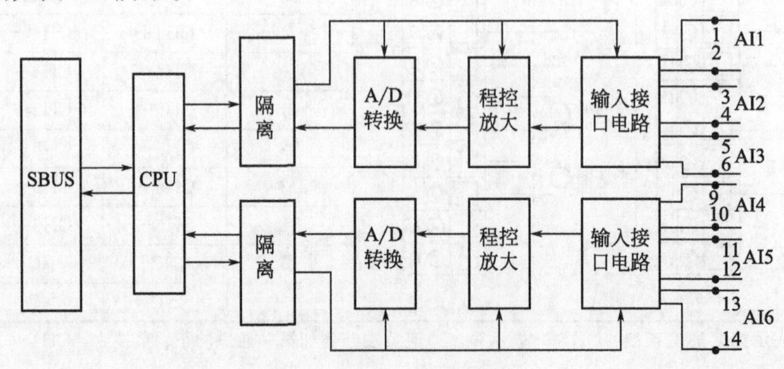

图 7-9 XP314 原理框图

XP314 在采集热电偶信号时同时具有冷端温度采集功能，冷端温度用热敏电阻进行采集，采集范围为－5～＋50℃，冷端温度误差<1℃。冷端温度的测量也可以由数据转发卡 XP233 完成。当组态中主控卡对冷端设置为“就地”时，主控卡使用 I/O 卡（XP314）采集的冷端温度并进行处理，即各个热电偶信号采集卡件都各自采样冷端温度，冷端温度测量元件安装在 I/O 单元接线端子的底部（不可延伸），此时补偿导线必须一直从现场延伸到 I/O 单元的接线端子处；当组态中主控卡对冷端设置为“远程”时，为数据转发卡 XP233 采集冷端，主控卡使用 XP233 卡采集的冷端温度并进行处理。

（2）技术指标和测量信号范围及精度

技术指标和测量信号范围及精度如表 7-15、表 7-16 所示。

表 7-15　XP314 卡技术指标

型号	XP314
卡件电源	
5V 供电电源	5V±0.3V DC，I_{max}<30mA
24V 供电电源	24V±0.5V DC，I_{max}<30mA
输入回路	
通道数	5 路
信号类型	电压信号、热电偶信号，组态可选
滤波时间	组态可选
分辨率	15b，带极性
输入阻抗	1MΩ
隔离方式	光电隔离，分组隔离
隔离电压	500V AC，1min（现场侧与系统侧）
	250V AC，1min（组组之间）
共模抑制比	大信号>100dB，小信号>130dB
串模抑制比	大信号>50dB，小信号>60dB
断线检测	对热电偶信号具有断线检测功能

表 7-16　XP314 卡测量信号范围及精度

输入信号类型	测量范围	精度	其他
B 型热电偶	0～1800℃	±0.2%FS	冷端补偿误差±1℃
E 型热电偶	－200～900℃	±0.2%FS	
J 型热电偶	－40～750℃	±0.2%FS	
K 型热电偶	－200～1300℃	±0.2%FS	
S 型热电偶	200～1600℃	±0.2%FS	
T 型热电偶	－100～400℃	±0.2%FS	
毫伏	0～100mV	±0.2%FS	
	0～20mV	±0.2%FS	
标准电压	0～5V	±0.2%FS	
	1～5V	±0.2%FS	

（3）使用说明

卡件平面图如图 7-10 所示。

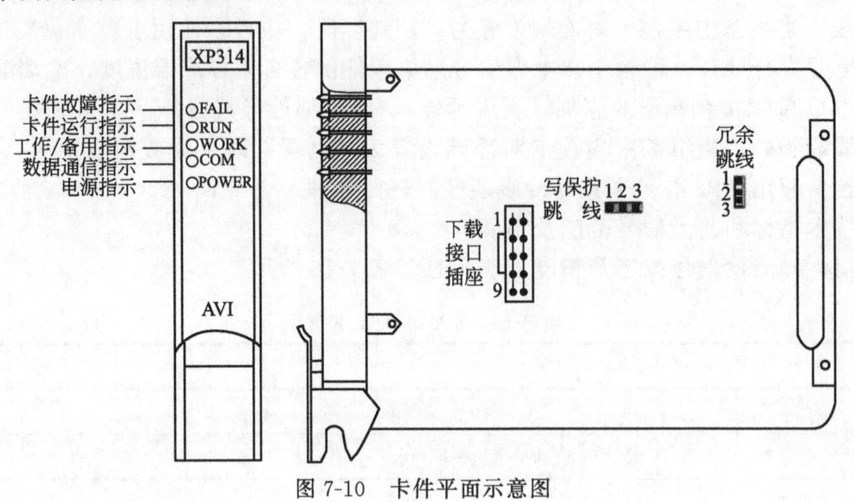

图 7-10　卡件平面示意图

① 指示灯如表 7-17 所示。

表 7-17　卡件状态指示灯

LED 指示灯	FAIL(红)	RUN(绿)	WORK(绿)	COM(绿)	POWER(绿)
意义	故障指示	运行指示	工作/备用	通信指示	5V 电源指示
常灭	正常	不运行	备用	无通信	故障
常亮	自检故障	—	工作	组态错误	正常
闪	CPU 复位	正常	切换中	正常	—

② 端子定义及接线如表 7-18 所示。

表 7-18　接线端子说明

端子图	端子号	端子定义	备注
热电偶（+ 1，− 2）	1	CH1＋	第一通道
	2	CH1－	
热电偶（+ 3，− 4）	3	CH2＋	第二通道
	4	CH2－	
毫伏信号（+ 5，− 6）	5	CH3＋	第三通道
	6	CH3－	
	7	NC	
	8	NC	
热电偶（+ 9，− 10）	9	CH4＋	第四通道
	10	CH4－	
热电偶（+ 11，− 12）	11	CH5＋	第五通道
	12	CH5－	
毫伏信号（+ 13，− 14）	13	CH6＋	第六通道
	14	CH6－	
	15	NC	
	16	NC	

注：CH×＋表示第×通道正端，CH×－表示第×通道负端。例如第一通道的正、负端为 CH1＋、CH1－。

③ 跳线设置如表 7-19 所示。

表 7-19　冗余设置跳线 J2

J2	1,2	2,3
状态	单卡	冗余

(4) 故障分析与排除

常见故障及排除方法如表 7-20 所示。

表 7-20　常见故障及排除方法

序号	故障特征	故障原因	排除方法
1	COM 灯灭	和数据转发卡无通信	检查数据转发卡
2	COM 灯常亮	组态卡件类型不一致	核对卡件类型是否正确;对 I/O 槽位重组态,编译后下载
3	FAIL 灯闪	卡件复位,CPU 没有正常工作	检查 CPU 芯片是否损坏;检查组态是否正确、是否下载;插拔卡件后重新上电;如仍不正常请更换卡件
4	所有通道无输入	电源故障	更换卡件
5	FAIL 灯常亮	卡件硬件有故障	更换卡件
6	互为冗余的两块卡件 WORK 灯都亮	跳线不正确或卡件硬件故障	检查跳线 J2 是否接 2、3,如仍不正常请更换卡件

7. XP316 热电阻信号输入卡

(1) 概述

XP316 型热电阻信号输入卡是一块智能型的、分组隔离的、专用于测量热电阻信号的、可冗余的 4 路 A/D 转换卡。每一路可单独组态并可以接收 Pt_{100}、Cu_{50} 两种热电阻信号，将其调理后转换成数字信号并通过数据转发卡 XP233 送给主控卡 XP243。

XP316 卡的 4 路信号调理分为 2 组，其中 1、2 通道为第一组，3、4 通道为第二组，同一组内的信号调理采用同一个隔离电源供电，两组之间的电源和信号互相隔离，并且都与控制站的电源隔离。卡件可单独工作，也能以冗余方式工作。热电阻信号可以并联方式接入互为冗余的 2 块 XP316 卡中，真正做到了从信号调理这一级开始的冗余。同时，卡件具有自诊断和与主控卡通信的功能，在采样、处理信号的同时，也在进行自检。如果卡件处于冗余状态，一旦工作卡自检到故障，立即将工作权让给备用卡，并且点亮故障灯报警，待处理。工作卡和备用卡同时对同一点信号都进行采样和处理，切换时无扰动。如果卡件为单卡工作，一旦自检到错误，卡件会点亮故障灯并报警。

用户可通过上位机对 XP316 卡进行组态，决定其对具体某种信号进行处理，并可随时在线更改，使用方便灵活。原理框图如图 7-11 所示。

(2) 技术指标和测量范围及精度

技术指标和测量范围及精度如表 7-21、表 7-22 所示。

表 7-21　技术指标

型号	XP316
卡件电源	
5V 供电电源	5V±0.3V DC,I_{max}<35mA

续表

型号	XP316
卡件电源	
24V供电电源	24V±0.5V DC,I_{max}<30mA
输入回路	
通道数	4路
信号类型	电压信号、热电偶信号,组态可选
滤波时间	组态可选
分辨率	15b,带极性
输入阻抗	1MΩ
隔离方式	光电隔离,分组隔离
隔离电压	500V AC,1min(现场侧与系统侧) 250V AC,1min(组组之间)
共模抑制比	>110dB
串模抑制比	>40dB
断线检测	具有断线检测功能

表 7-22 测量范围及精度

输入信号类型	测量范围	精度
Pt_{100} 热电阻	-148~850℃	±0.2%FS
Cu_{50} 热电阻	-50~150℃	±0.5%FS

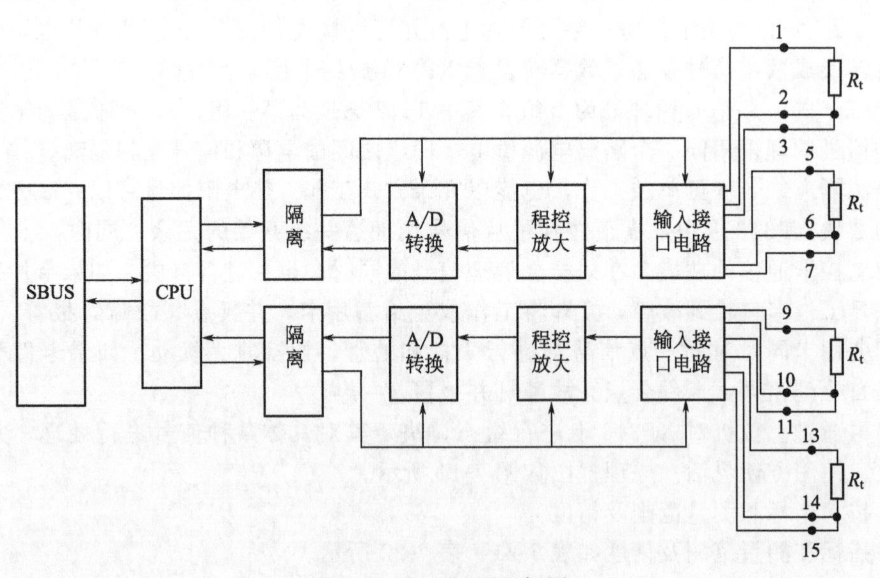

图 7-11 XP316 原理框图

(3) 使用说明

卡件平面图如图 7-12 所示。

① 指示灯如表 7-23 所示。

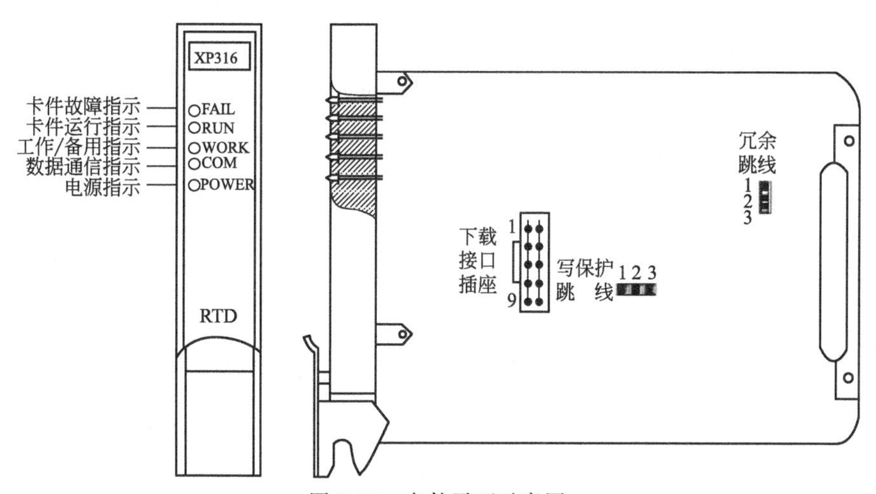

图 7-12 卡件平面示意图

表 7-23 卡件状态指示灯

LED 指示灯	FAIL(红)	RUN(绿)	WORK(绿)	COM(绿)	POWER(绿)
意义	故障指示	运行指示	工作/备用	通信指示	5V 电源指示
常灭	正常	不运行	备用	无通信	故障
常亮	自检故障	—	工作	组态错误	正常
闪	CPU 复位	正常	切换中	正常	—

② 端子定义及接线如表 7-24 所示。

表 7-24 接线端子说明

端子图	端子号	定义	备注
热电阻 热电阻 热电阻 热电阻	1	CH1A	第一通道
	2	CH1B	
	3	CH1C	
	4	NC	
	5	CH2A	第二通道
	6	CH2B	
	7	CH2C	
	8	NC	
	9	CH3A	第三通道
	10	CH3B	
	11	CH3C	
	12	NC	
	13	CH4A	第四通道
	14	CH4B	
	15	CH4C	
	16	NC	

注：CH×表示第×通道，例如第一通道为 CH1。

③ 跳线设置如表 7-25 所示。

表 7-25 冗余设置跳线 J2

J2	1,2	2,3
状态	单卡	冗余

(4) 故障分析与排除

常见故障及排除方法如表 7-26 所示。

表 7-26 常见故障及排除方法

序号	故障特征	故障原因	排除方法
1	COM 灯灭	和数据转发卡无通信	检查数据转发卡
2	COM 灯常亮	组态卡件类型不一致	核对卡件类型是否正确;对 I/O 槽位重组态,编译后下载
3	FAIL 灯闪	卡件复位,CPU 没有正常工作	检查 CPU 芯片是否插好;检查组态是否正确、是否下载;插拔卡件后重新上电;如仍不正常请更换卡件
4	所有通道无输入	电源故障	电源部分是否正常
5	FAIL 灯常亮	卡件硬件有故障	请更换卡件
6	互为冗余的两块卡件 WORK 灯都亮	跳线不正常;卡件硬件故障	检查跳线 J2 是否接 2、3;如仍不正常请更换卡件
7	采样数据为零或满量程	信号接入故障	检查信号线与接线端子接触是否良好

8. XP322 电流信号输出卡

(1) 概述

XP322 模拟信号输出卡为 4 路点点隔离型电流（Ⅱ型或Ⅲ型）信号输出卡。作为带 CPU 的高精度智能化卡件，具有实时检测输出信号的功能，它允许主控卡监控输出电流。

XP322 的原理框图如图 7-13 所示。

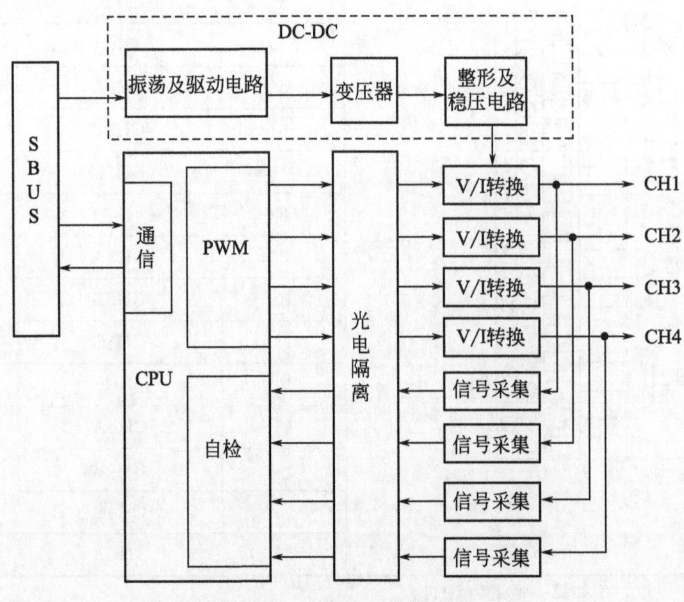

图 7-13 XP322 原理框图

（2）技术指标

技术指标如表 7-27 所示。

表 7-27　技术指标

型号		XP322	
卡件电源			
5V 供电电源		5V±0.3V DC，I_{max}<50mA	
24V 供电电源		24V±0.7V DC，I_{max}<200mA	
分辨率		12 位，无极性	
精度		±0.2%FS	
输出回路			
通道数		4 路	
信号类型		Ⅱ型(0～10mA)	
		Ⅲ型(4～20mA)	
输出带负载能力	LOW 挡	Ⅱ型信号(0～10mA)	1.5kΩ
		Ⅲ型信号(4～20mA)	750Ω
	HIGH 挡	Ⅱ型信号(0～10mA)	2kΩ
		Ⅲ型信号(4～20mA)	1kΩ

（3）使用说明

卡件平面图如图 7-14 所示。

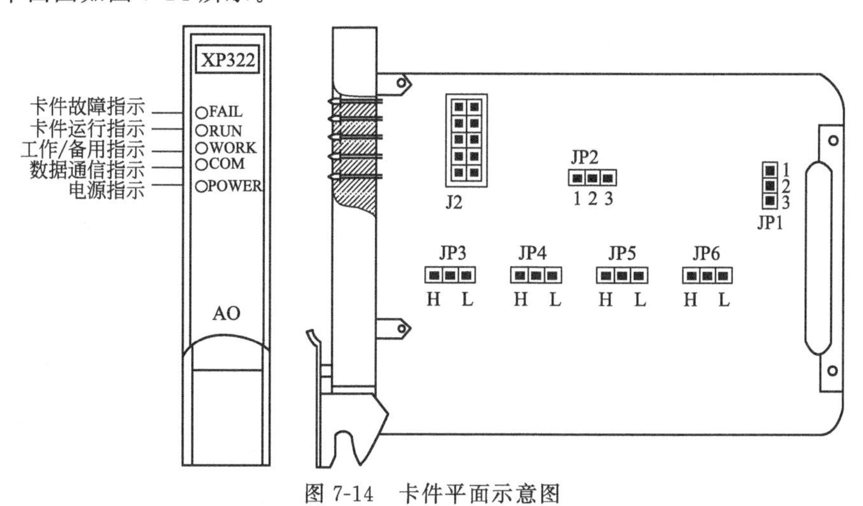

图 7-14　卡件平面示意图

① 指示灯如表 7-28 所示。

表 7-28　卡件状态指示灯

LED 指示灯	FAIL(红)	RUN(绿)	WORK(绿)	COM(绿)	POWER(绿)
意义	故障指示	运行指示	工作/备用	通信指示	5V 电源指示
常灭	正常	不运行	备用	无通信	故障
常亮	自检故障	—	工作	组态错误	正常
闪烁	CPU 复位	正常	切换中	正常	—

② 端子定义及接线如表 7-29 所示。

表 7-29 接线端子说明

端子示意图	端子号	定义	备注
	1	CH1＋	第一通道
	2	CH1－	
	3	CH2＋	第二通道
	4	CH2－	
	5	CH3＋	第三通道
	6	CH3－	
	7	CH4＋	第四通道
	8	CH4－	
	9	NC	
	10	NC	
	11	NC	
	12	NC	
	13	NC	
	14	NC	
	15	NC	
	16	NC	

注：CH×表示第×通道，例如第一通道为 CH1。

③ 跳线设置：通过 JP1 可以对卡件的工作状态进行设置，如表 7-30 所示。

表 7-30 JP1 设置

元件编号	跳 1,2	跳 2,3
JP1	单卡工作	冗余工作

通过 JP3～JP6 可以分别对每个通道选择不同的带负载能力，如表 7-31 所示。

表 7-31 卡件跳线设置说明

元件编号	通道号	负载能力	
		LOW 挡	HIGH 挡
JP3	第一通道	Ⅱ型 1.5kΩ Ⅲ型 750Ω	Ⅱ型 2kΩ Ⅲ型 1kΩ
JP4	第二通道	Ⅱ型 1.5kΩ Ⅲ型 750Ω	Ⅱ型 2kΩ Ⅲ型 1kΩ
JP5	第三通道	Ⅱ型 1.5kΩ Ⅲ型 750Ω	Ⅱ型 2kΩ Ⅲ型 1kΩ
JP6	第四通道	Ⅱ型 1.5kΩ Ⅲ型 750Ω	Ⅱ型 2kΩ Ⅲ型 1kΩ

④ 注意事项。使用 XP322 卡时，对于有组态但没有使用的通道有如下要求：

a. 接上额定值以内的负载或者直接将正负端短接。

b. 组态为Ⅱ型信号时，设定其输出值为 0mA；组态为Ⅲ型信号时，设定其输出值为 20mA。

这两个要求在实际使用中视情况只需采用其中一种即可。对于没有组态的通道则无需满足此要求。

(4) 故障分析与排除

故障分析与排除如表 7-32 所示。

表 7-32　常见故障及排除方法

序号	故障特征	故障原因	排除方法
1	COM 灯灭	和数据转发卡无通信	检查数据转发卡
2	COM 灯常亮	组态卡件类型不一致	核对卡件类型是否正确，对 I/O 槽位重组态，编译后下载
3	FAIL 灯闪	卡件复位，CPU 没有正常工作	插拔卡件后重新上电，如仍不正常请更换卡件
4	所有通道无输出	24V 电源故障	检查熔丝 F1 是否断路，更换卡件

9. XP361 电平信号输入卡

(1) 概述

XP361 是 8 路数字信号输入卡，能够快速响应电平信号输入，采用光电隔离方式实现数字信号的准确采集。卡件具有自诊断功能（包括对数字量输入通道工作是否正常进行自检）。

XP361 的原理框图如图 7-15 所示。

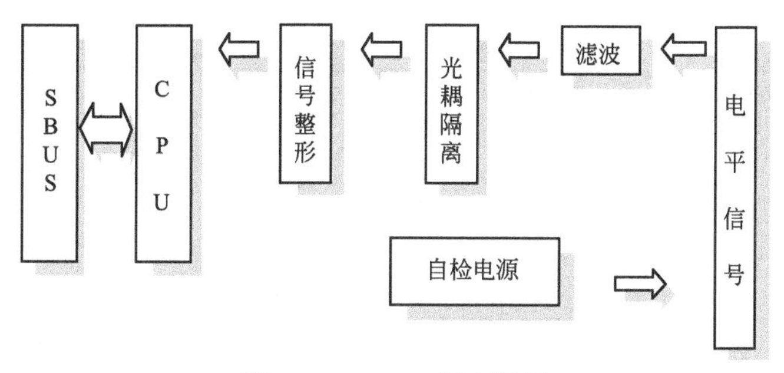

图 7-15　XP361 原理框图

(2) 技术指标

技术指标如表 7-33 所示。

表 7-33　技术指标

型号	XP361
卡件电源	
5V 供电电源	5V±0.3V DC，I_{max}<60mA
24V 供电电源	24V±0.5V DC，I_{max}<15mA
输入回路	
通道数	8 路
信号类型	电平信号
滤波时间	10ms
逻辑“0”输入阈值	0～5V

续表

型号	XP361
输入回路	
逻辑“1”输入阈值	12～54V
隔离方式	光电隔离，统一隔离
隔离电压	500V AC 1min（现场侧与系统侧）

(3) 使用说明

卡件平面图如图 7-16 所示。

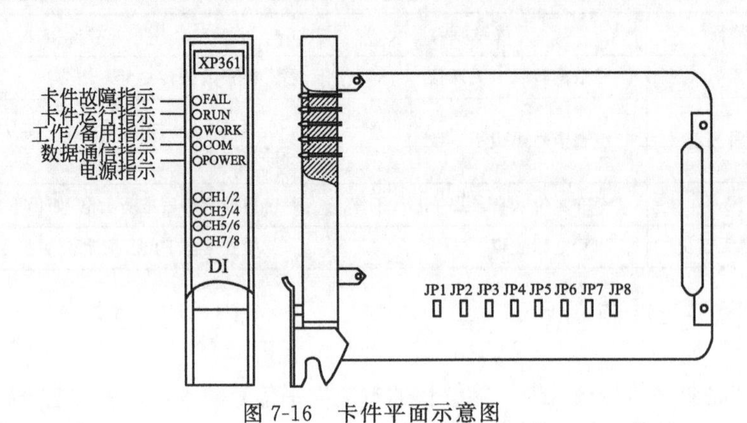

图 7-16 卡件平面示意图

① 指示灯如表 7-34、表 7-35 所示。

表 7-34 卡件状态指示灯

指示灯	FAIL(红)	RUN(绿)	WORK(绿)	COM(绿)	POWER(绿)
意义	故障	运行	工作	通信	5V 电源
正常	暗	闪	亮(工作)	闪	亮
故障	亮或闪	暗	—	暗	暗

表 7-35 通道状态指示灯

LED 灯指示状态		通信状态指示
CH1/2	绿红闪烁	通道 1 ON，通道 2 ON
	绿	通道 1 ON，通道 2 OFF
	红	通道 1 OFF，通道 2 ON
	暗	通道 1 OFF，通道 2 OFF
CH3/4	绿红闪烁	通道 3 ON，通道 4 ON
	绿	通道 3 ON，通道 4 OFF
	红	通道 3 OFF，通道 4 ON
	暗	通道 3 OFF，通道 4 OFF
CH5/6	绿红闪烁	通道 5 ON，通道 6 ON
	绿	通道 5 ON，通道 6 OFF
	红	通道 5 OFF，通道 6 ON
	暗	通道 5 OFF，通道 6 OFF

续表

LED 灯指示状态		通信状态指示
CH7/8	绿红闪烁	通道 7 ON,通道 8 ON
	绿	通道 7 ON,通道 8 OFF
	红	通道 7 OFF,通道 8 ON
	暗	通道 7 OFF,通道 8 OFF

② 端子定义及接线如图 7-17 所示，接线端子说明见表 7-36。

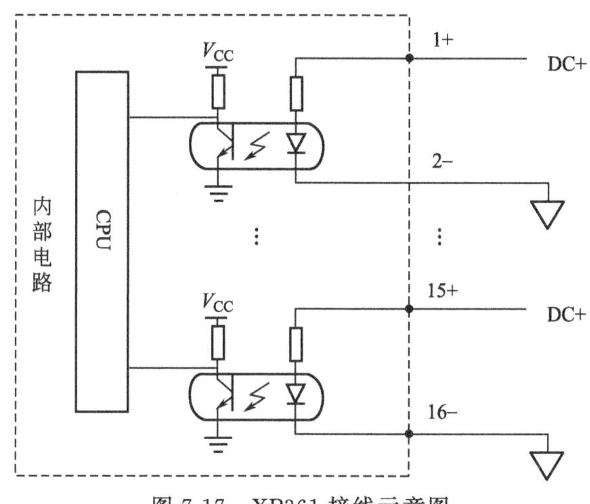

图 7-17　XP361 接线示意图

表 7-36　XP361 接线端子说明

端子图	端子号	定义	备注
	1	CH1＋	第一通道
	2	CH1－	
	3	CH2＋	第二通道
	4	CH2－	
	5	CH3＋	第三通道
	6	CH3－	
	7	CH4＋	第四通道
	8	CH4－	
	9	CH5＋	第五通道
	10	CH5－	
	11	CH6＋	第六通道
	12	CH6－	
	13	CH7＋	第七通道
	14	CH7－	
	15	CH8＋	第八通道
	16	CH8－	

注：CH×＋表示第×通道正端，CH×－表示第×通道负端。例如第一通道的正、负端为 CH1＋、CH1－。

③ 跳线设置。通过 JP1～JP8 可以对电平信号的电压范围进行选择，跳线与通道的对应关系如表 7-37 所示。

表 7-37 跳线与通道的对应关系

跳线	JP1	JP2	JP3	JP4	JP5	JP6	JP7	JP8
通道	1	2	3	4	5	6	7	8

JP1～JP8 的跳线方法相同，如图 7-18 所示。

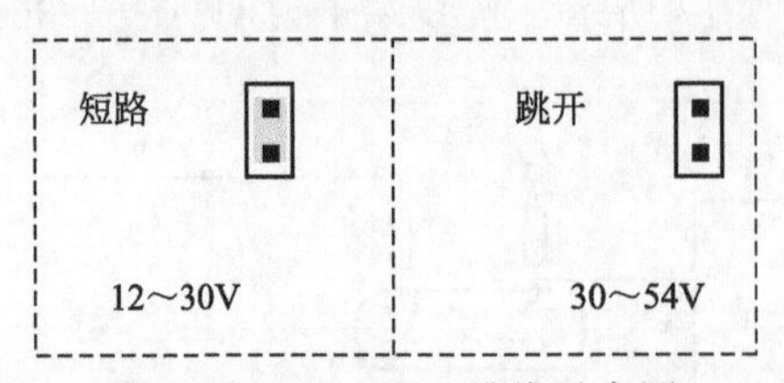

图 7-18 JP1～JP8 跳线示意图

(4) 故障分析与排除

常见故障及排除方法如表 7-38 所示。

表 7-38 常见故障及排除方法

序号	故障特征	故障原因	排除方法
1	COM 灯暗	和数据转发卡无通信	检查数据转发卡
2	FAIL 灯快闪	卡件复位,CPU 没有正常工作	重新插 CPU,如仍不正常请更换卡件
3	FAIL 灯闪烁(周期为 20s)	信号通道故障	信号通道故障,请更换卡件
4	COM 灯常亮	组态卡件类型不一致	核对卡件类型是否正确,对 I/O 槽位重组态,编译后下载

10. XP362 晶体管开关量输出卡

(1) 概述

XP362 是智能型 8 路无源晶体管开关触点输出卡，可通过中间继电器驱动电动执行装置。采用光电隔离，不提供中间继电器的工作电源；具有输出自检功能。

XP362 的原理框图如图 7-19 所示。

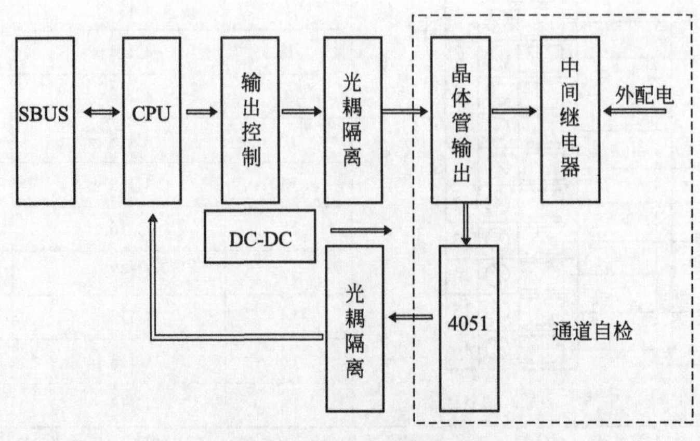

图 7-19 XP362 原理框图

(2) 技术指标

技术指标如表 7-39 所示。

表 7-39　技术指标

型号	XP362
卡件电源	
5V 供电电源	5V±0.3V DC, I_{max}<60mA
24V 供电电源	24V±0.5V DC, I_{max}<20mA
输出回路	
通道数	8 路
信号类型	晶体管开关触点(OC)
逻辑"0"输出阈值	最大漏电流小于 0.1mA
逻辑"1"输出阈值	输出晶体管压降小于 0.3V
负载能力	每点 50mA(24V,吸收电流),每卡 400mA
配电方式	卡件不提供 24V 电源,需外配
隔离方式	光电隔离,统一隔离
隔离电压	500V AC 1min(现场侧与系统侧)

(3) 使用说明

卡件平面图如图 7-20 所示。

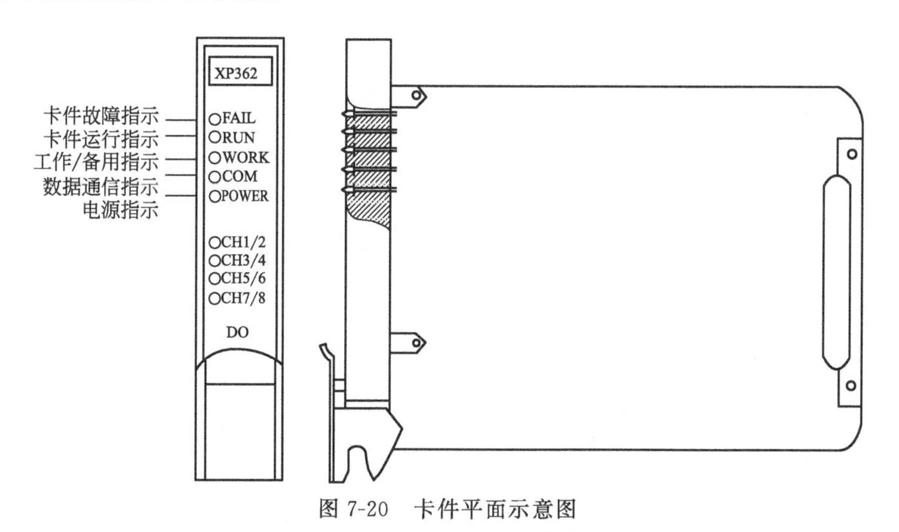

图 7-20　卡件平面示意图

① 指示灯如表 7-40、表 7-41 所示。

表 7-40　卡件状态指示灯

指示灯	FAIL(红)	RUN(绿)	WORK(绿)	COM(绿)	POWER(绿)
意义	故障	运行	工作	通信	5V 电源
正常	暗	闪	亮(工作)	闪	亮
故障	亮或闪	暗	—	暗	暗

表 7-41　通道状态指示灯

LED 灯指示状态		通信状态指示
CH1/2	绿红闪烁	通道 1 ON,通道 2 ON
	绿	通道 1 ON,通道 2 OFF
	红	通道 1 OFF,通道 2 ON
	暗	通道 1 OFF,通道 2 OFF
CH3/4	绿红闪烁	通道 3 ON,通道 4 ON
	绿	通道 3 ON,通道 4 OFF
	红	通道 3 OFF,通道 4 ON
	暗	通道 3 OFF,通道 4 OFF
CH5/6	绿红闪烁	通道 5 ON,通道 6 ON
	绿	通道 5 ON,通道 6 OFF
	红	通道 5 OFF,通道 6 ON
	暗	通道 5 OFF,通道 6 OFF
CH7/8	绿红闪烁	通道 7 ON,通道 8 ON
	绿	通道 7 ON,通道 8 OFF
	红	通道 7 OFF,通道 8 ON
	暗	通道 7 OFF,通道 8 OFF

② 端子定义及接线如图 7-21、表 7-42 所示。

表 7-42　接线端子说明

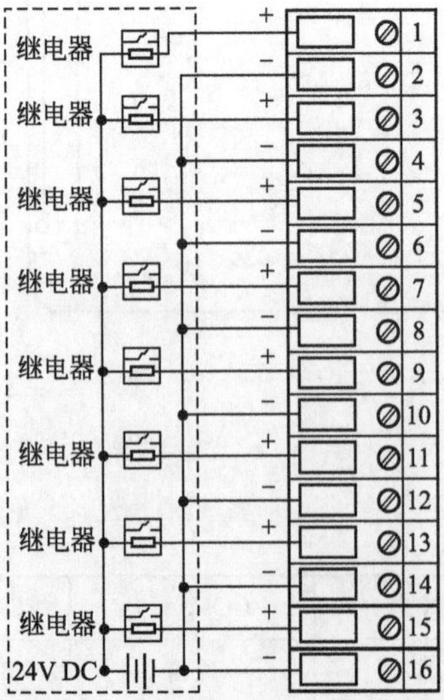

端子图	端子号	定义	备注
	1	CH1＋	第一通道
	2	CH1－	
	3	CH2＋	第二通道
	4	CH2－	
	5	CH3＋	第三通道
	6	CH3－	
	7	CH4＋	第四通道
	8	CH4－	
	9	CH5＋	第五通道
	10	CH5－	
	11	CH6＋	第六通道
	12	CH6－	
	13	CH7＋	第七通道
	14	CH7－	
	15	CH8＋	第八通道
	16	CH8－	

注：CH×＋表示第×通道正端，CH×－表示第×通道负端。例如第一通道的正、负端为 CH1＋、CH1－。

③ 应用举例如图 7-22 所示。

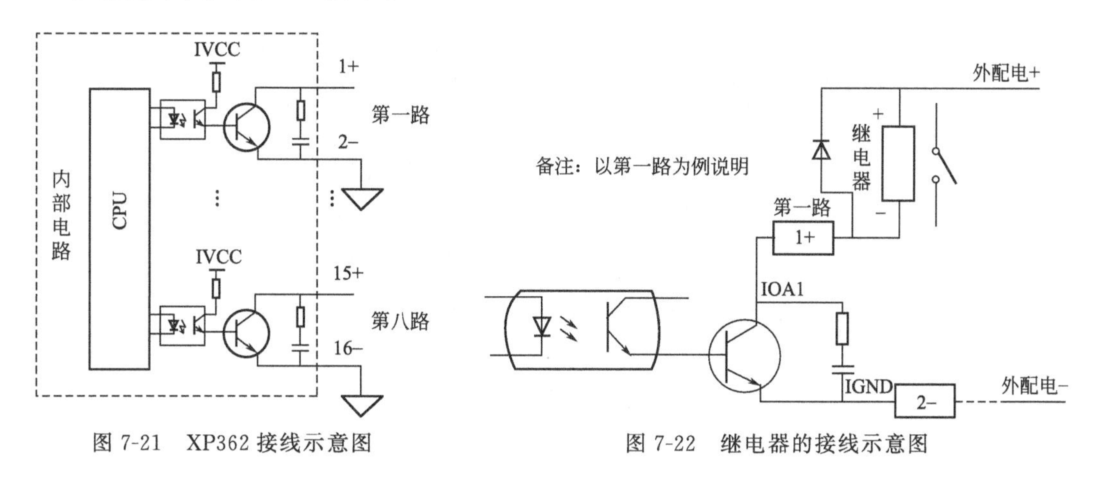

图 7-21　XP362 接线示意图

图 7-22　继电器的接线示意图

(4) 故障分析与排除

常见故障及排除方法如表 7-43 所示。

表 7-43　常见故障及排除方法

序号	故障特征	故障原因	排除方法
1	COM 灯暗	和数据转发卡无通信	检查数据转发卡
2	FAIL 灯快闪	卡件复位,CPU 没有正常工作	重新插 CPU,如仍不正常请更换卡件
3	FAIL 灯常亮	信号通道故障	信号通道故障,请更换卡件
4	COM 灯常亮	组态卡件类型不一致	核对卡件类型是否正确,对 I/O 槽位重组态,编译后下载

（二）JX-300XP 集散控制系统的组态流程

系统组态是指在工程师站上为控制系统进行系统结构搭建，同时设定各项软硬件参数的过程。由于 DCS 的通用性和复杂性，系统的许多功能及匹配参数需要根据具体场合而设定。例如：系统由多少个控制站和操作站构成；系统采集什么样的信号、采用何种控制方案、怎样控制、操作时需显示什么数据、如何操作等等。另外，为适应各种特定的需要，集散系统备有丰富的 I/O 卡件、各种控制模块及多种操作平台。在组态时一般根据系统的要求选择硬件设备，当与其他系统进行数据通信时，需要提供系统所采用的协议和使用的端口。如图 7-23 所示。

1. 工程设计

工程设计包括测点清单设计、常规（或复杂）对象控制方案设计、系统控制方案设计、流程图设计、报表设计以及相关设计文档编制等。工程设计完成以后，应形成包括《测点清单》《系统配置清册》《控制柜布置图》《I/O 卡件布置图》《控制方案》等在内的技术文件。

工程设计是系统组态的依据，只有在完成工程设计之后，才能动手进行系统的组态。

2. 用户授权组态

用户授权软件主要是对用户信息进行组态，在软件中定义不同角色的权限操作，增加用户，配置其角色。设置了某种角色的用户具备该角色的所有操作权限。系统默认的用户为 admin，密码为 supcondcs。每次启动系统组态软件前都要用已经授权的用户名进行登录。如图 7-24 所示。

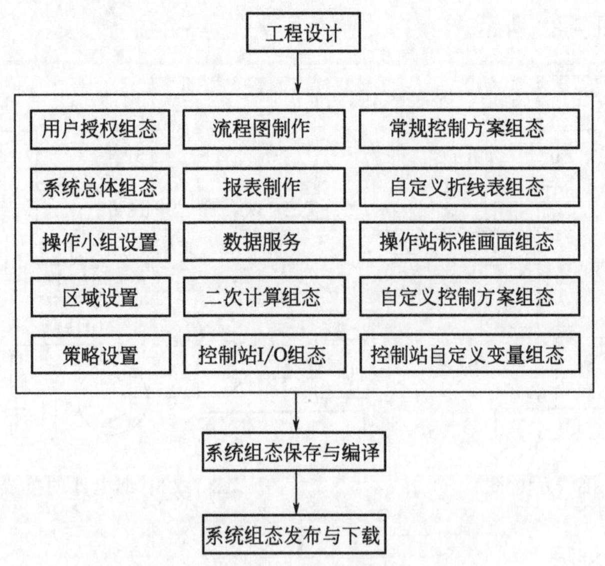

图 7-23 JX-300XP 系统组态流程

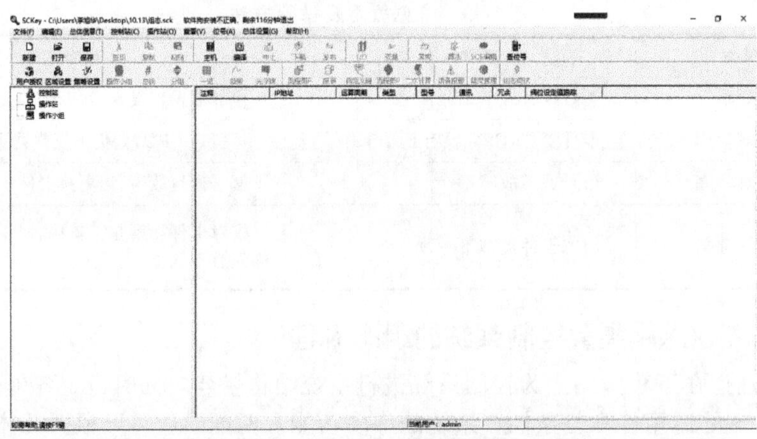

图 7-24 JX-300XP 系统组态界面

点击左上角“用户授权”，进入图 7-25 所示的界面。

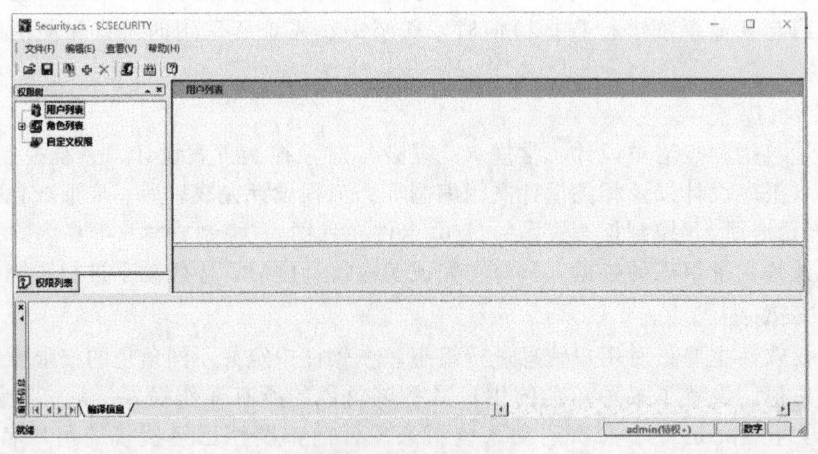

图 7-25 用户授权

3. 系统总体组态

(1) 主控卡组态

系统组态是通过 SCKey 软件来完成的。系统总体结构组态根据《系统配置清册》确定系统的控制站与操作站。点击“主控制卡”，进入图 7-26 所示的界面。

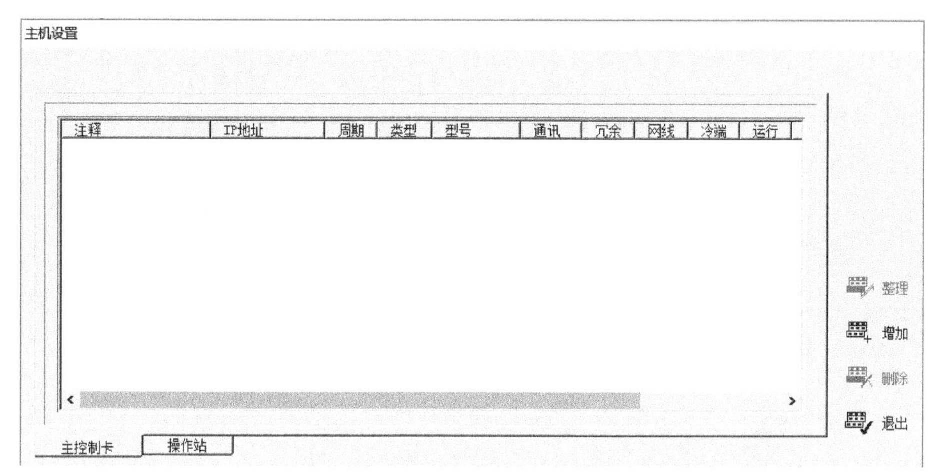

图 7-26　主控卡组态

(2) 工程师站与操作站组态

点击“操作站”，然后点击“增加”，进入图 7-27 所示的界面。

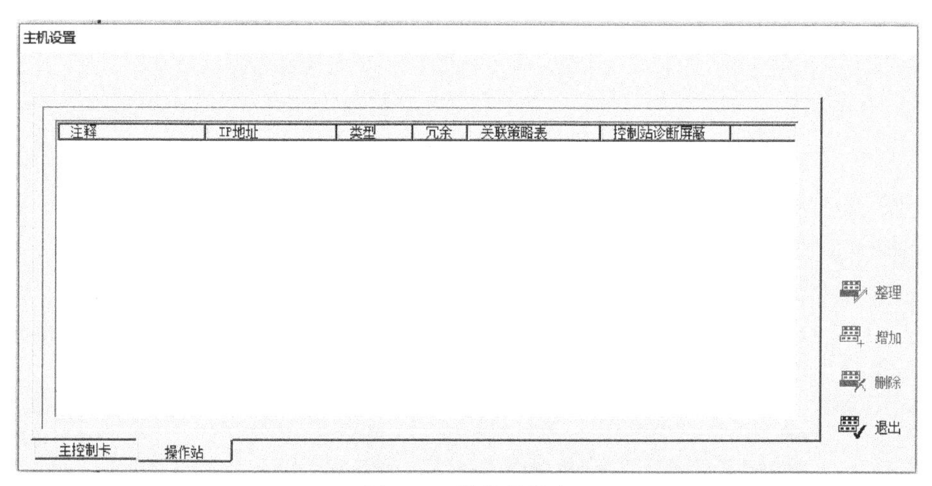

图 7-27　操作站组态

4. 操作小组设置

对各操作站的操作小组进行设置，不同的操作小组可观察、设置、修改不同的标准画面、流程图、报表、自定义键等。操作小组的划分有利于划分操作员职责，简化操作人员的操作，突出监控重点。点击“操作小组”进入图 7-28 所示的界面。

5. 区域设置

完成数据组（区）的建立工作，为 I/O 组态时位号的分组分区作好准备。点击“区域设置”进入图 7-29 所示的界面。然后右击“默认分组”进行操作（注意：“公共组 0 组”不进行操作）。

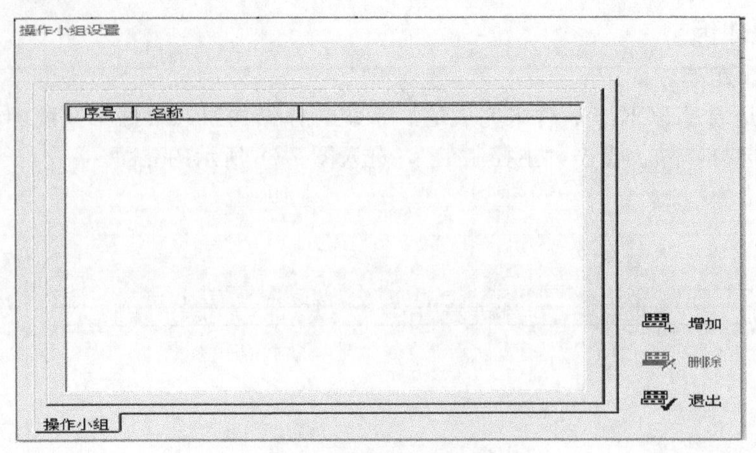

图 7-28　操作小组组态

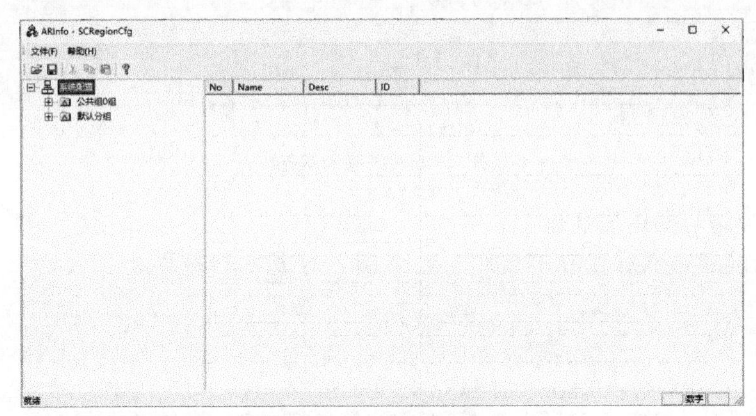

图 7-29　区域设置组态

6. 自定义折线表组态

对主控卡管理下的非线性模拟量信号进行线性化处理。

7. 控制站 I/O 组态

根据《I/O 卡件布置图》及《测点清单》的设计要求完成 I/O 卡件及 I/O 点的组态。

① 点击“I/O”，点击“增加”进行数据转发卡组态。进入 7-30 所示的界面。

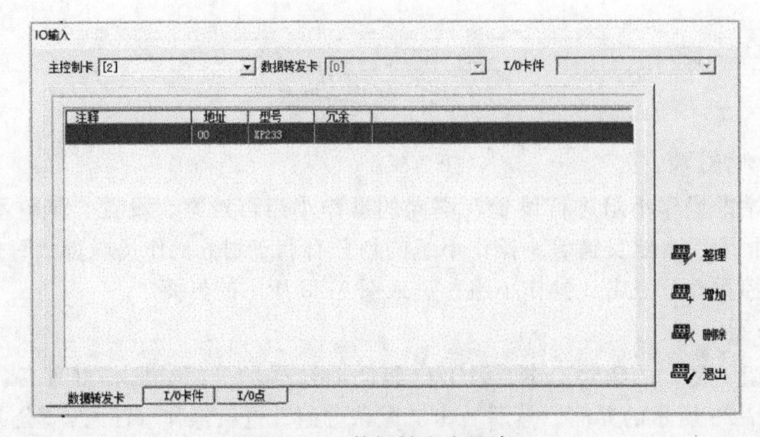

图 7-30　数据转发卡组态

② 点击“I/O卡件”，然后点击“增加”进入7-31所示的界面。

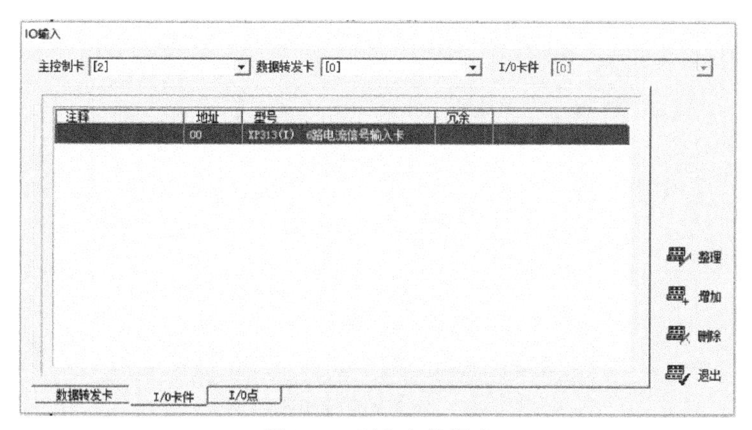

图7-31　I/O卡件组态

③ 对卡件类型进行选择，进入图7-32所示的界面。

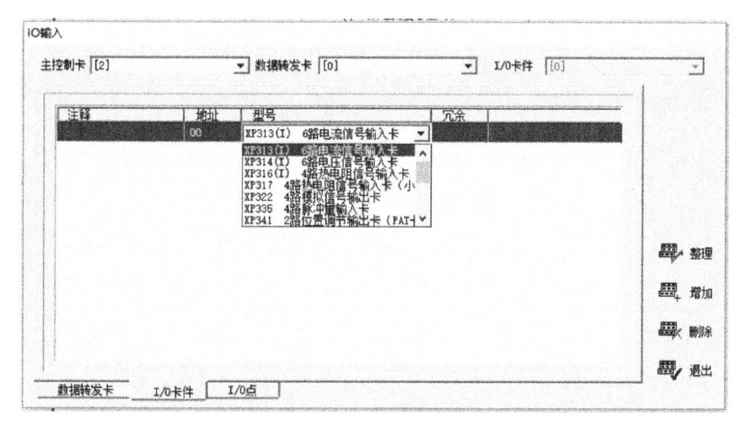

图7-32　I/O卡件类型的选择

④ 点击“I/O点”，接着点击“增加”按钮，进行位号的具体设置，如图7-33所示。

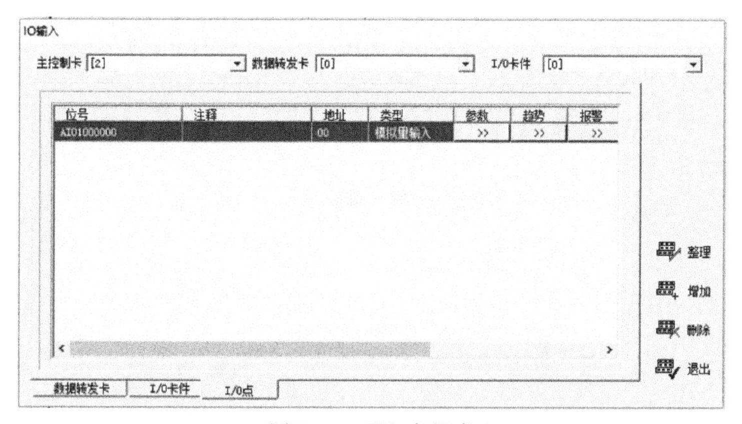

图7-33　I/O点组态

8. 控制站自定义变量组态

根据工程设计要求，定义上下位机间交流所需要的变量及自定义控制方案中所需的回路。点击“自定义变量”进入如图 7-34 所示的界面。

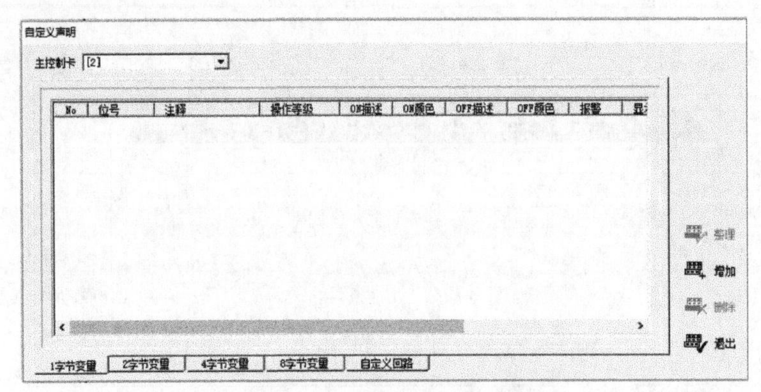

图 7-34　自定义变量组态界面

9. 常规控制方案组态

对控制回路的输入输出只是 AI 和 AO 的典型控制方案进行组态。点击“常规回路”进入图 7-35 所示的界面。

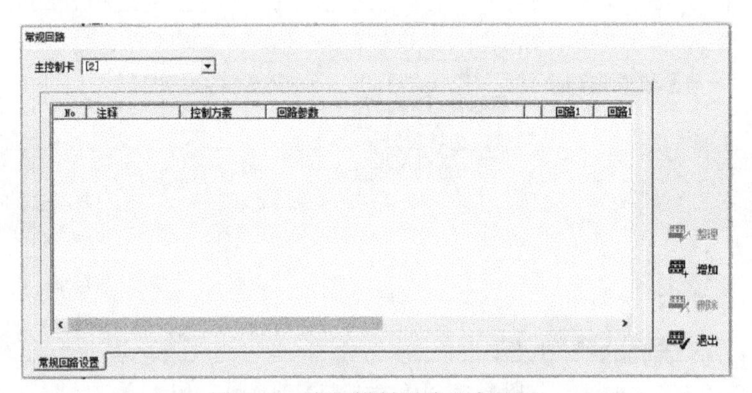

图 7-35　常规控制回路组态界面

10. 自定义控制方案组态

利用 SCX 语言或图形化语言编程实现联锁及复杂控制等，实现系统的自动控制。点击“算法”进入图 7-36 所示的界面。

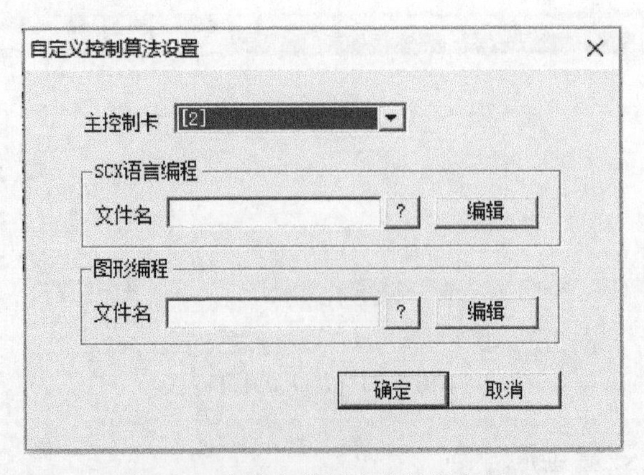

图 7-36　自定义控制方案的组态界面

11. 二次计算组态

二次计算组态的目的是在 DCS 中实现二次计算功能、优化操作站的数据管理，支持数据的输入输出。把控制站的一部分任务由上位机来完成，既提高了控制站的工作速度和效率，又可提高系统的稳定性。二次计算组态包括任务设置、事件设置、提取任务设置、提取输出设置等。

12. 操作站标准画面组态

系统的标准画面组态是指对系统已定义格式的标准操作画面进行组态，其中包括总貌、趋势、控制分组、数据一览等四种操作画面的组态。

① 点击“总貌”，并点击“增加”，输入“页标题”，进入图 7-37 所示的界面。

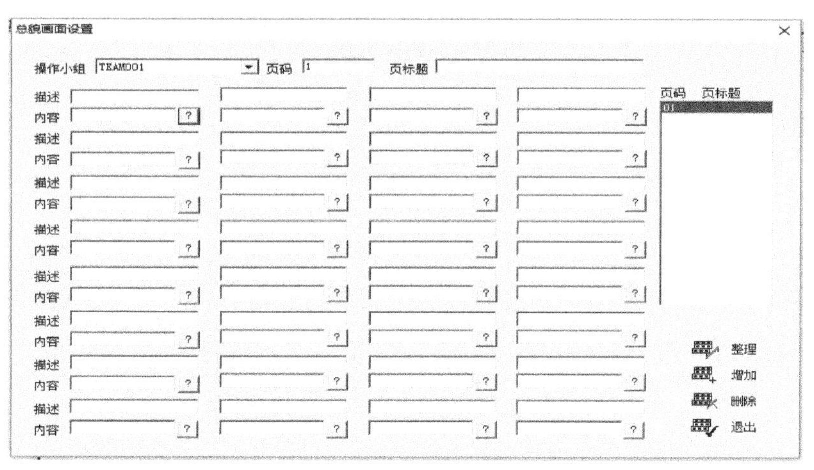

图 7-37 总貌画面组态

② 点击“趋势”后，点击“增加一页”，在 New Page 输入“页标题”，然后点击“趋势设置”进入图 7-38 所示的界面。

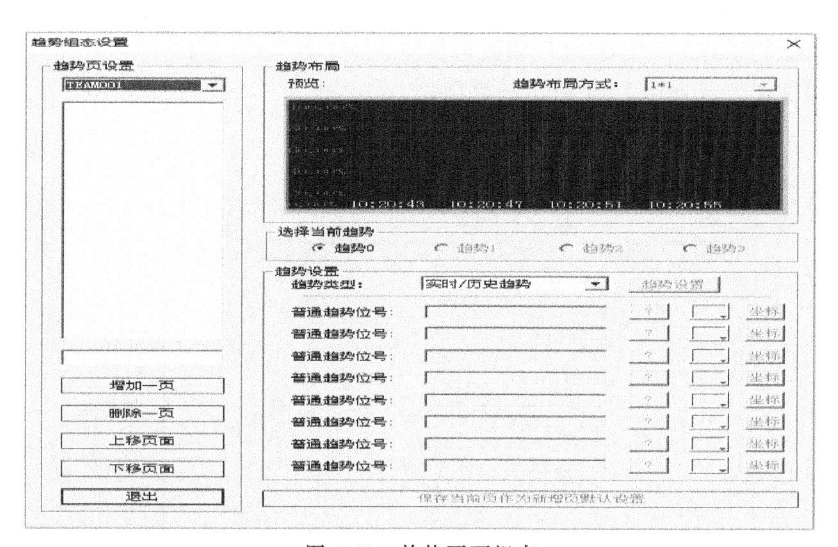

图 7-38 趋势画面组态

③ 点击“分组”进入分组画面组态，如图 7-39 所示。

④ 点击“一览”，点击“增加”进行数据一览画面组态，进入如图 7-40 所示的画面。

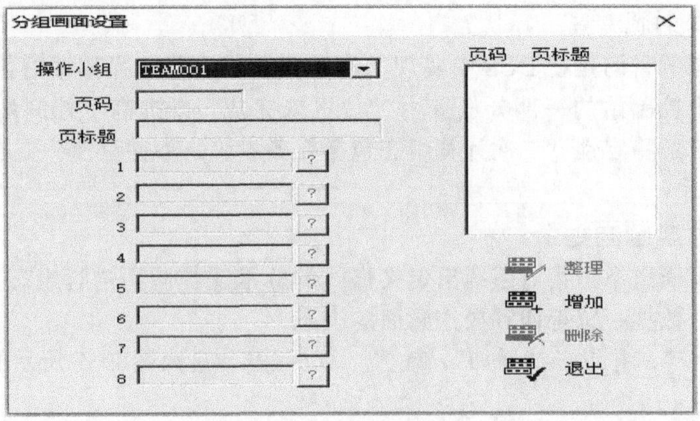

分组画面设置
操作小组
TEAM001
页码
页标题
页码 页标题
1
2
3
4
5
6
7
8
整理
增加
删除
退出

图 7-39 分组画面组态

一览画面设置
操作小组
反应物操作
页码
1
页标题
数据一览
页码 页标题
01 数据一览
TI101
整理
增加
删除
退出

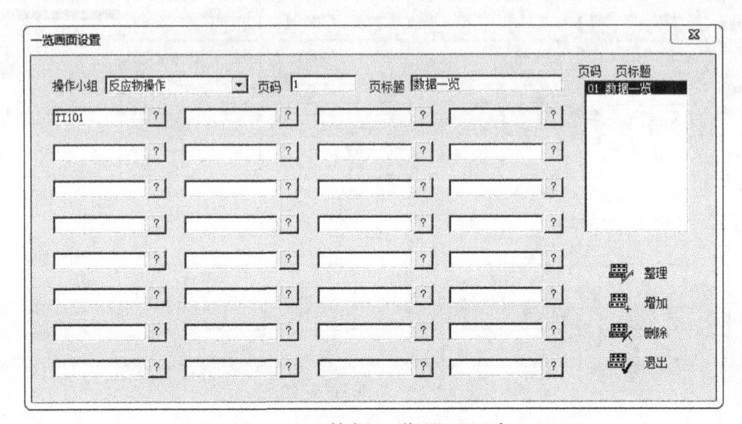

图 7-40 数据一览画面组态

13. 流程图制作

① 流程图制作是指绘制控制系统中最重要的监控操作界面，用于显示生产产品的工艺及被控设备对象的工作状况，并操作相关数据量。

点击“流程图”进入图 7-41 所示的界面。

操作站设置
操作小组
TEAM001
页码
页标题
文件名称
整理
增加
删除
退出
流程图
报表
弹出式流程图
二次计算

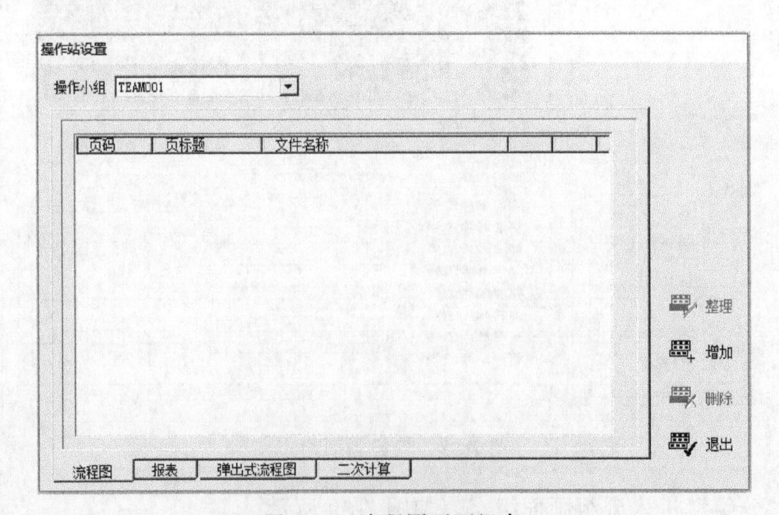

图 7-41 流程图画面组态

② 点击“增加”并输入页标题，进入图 7-42 所示的界面。

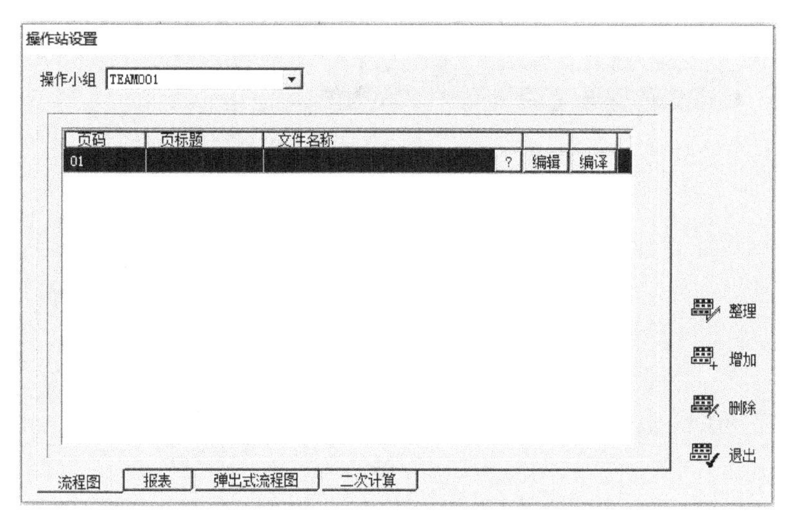

图 7-42　新建流程图画面

③ 点击“编辑”进入图 7-43 所示界面。

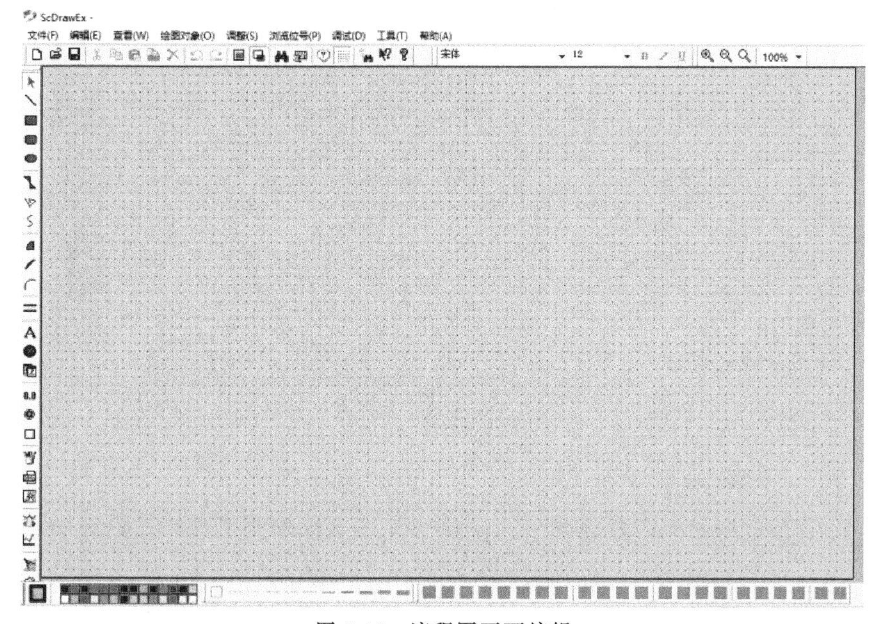

图 7-43　流程图画面编辑

14. 报表制作

编制可由计算机自动生成的报表以供工程技术人员进行系统状态检查或工艺分析。点击“报表”，并点击“增加”输入页标题，进入 7-44(a) 所示界面。点击“编辑”，打开“文件”，选择“另存为”进入图 7-44(b) 所示界面。选择与工程同时生成的文件夹并选择“report”，如图 7-44(c) 所示。点击“打开”输入“文件名”并“保存”，如图 7-44(d) 所示。

然后对报表进行保存并退出，如图 7-45 所示。

点击“?”进入图 7-46 所示界面。

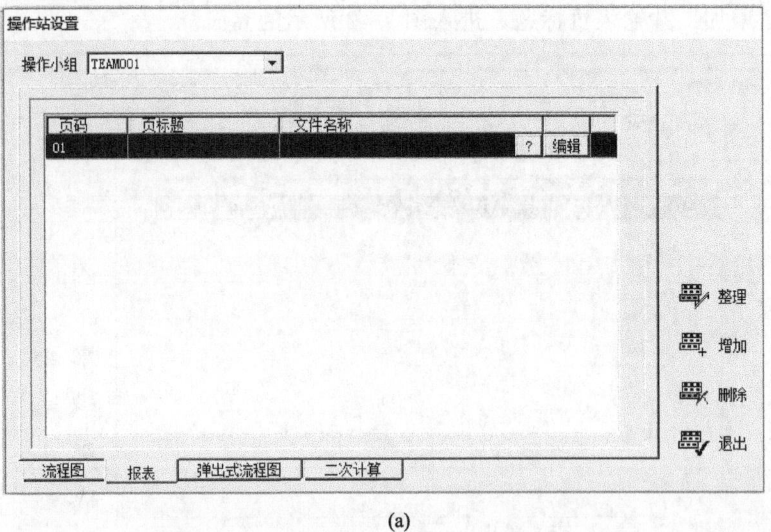
操作站设置
操作小组
TEAM001
页码
页标题
文件名称
01
?
编辑
整理
增加
删除
退出
流程图
报表
弹出式流程图
二次计算

(a)

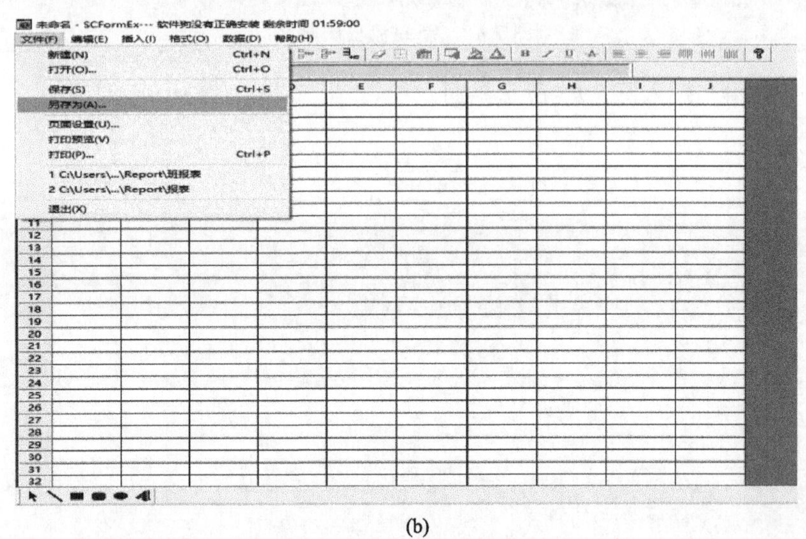
未命名 - SCFormEx--- 软件狗没有正确安装 剩余时间 01:59:00
文件(F)
编辑(E)
插入(I)
格式(O)
数据(D)
帮助(H)
新建(N) Ctrl+N
打开(O)... Ctrl+O
保存(S) Ctrl+S
另存为(A)...
页面设置(U)...
打印预览(V)
打印(P)... Ctrl+P
1 C:\Users\...\Report\班报表
2 C:\Users\...\Report\报表
退出(X)

(b)

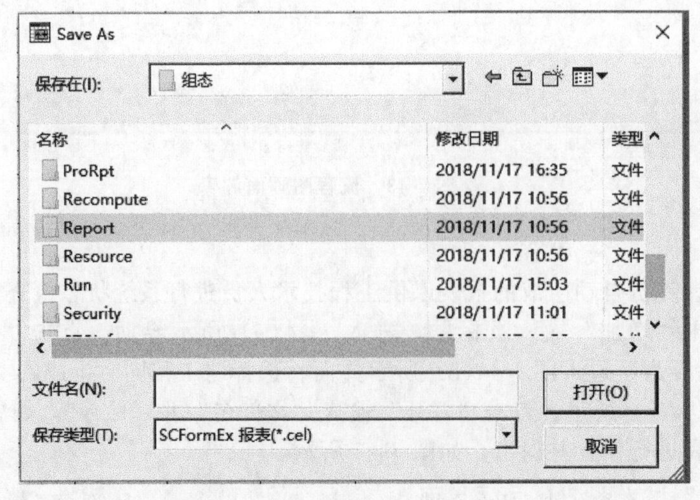
Save As
保存在(I):
组态
名称
修改日期
类型
ProRpt 2018/11/17 16:35 文件
Recompute 2018/11/17 10:56 文件
Report 2018/11/17 10:56 文件
Resource 2018/11/17 10:56 文件
Run 2018/11/17 15:03 文件
Security 2018/11/17 11:01 文件
文件名(N):
打开(O)
保存类型(T):
SCFormEx 报表(*.cel)
取消

(c)

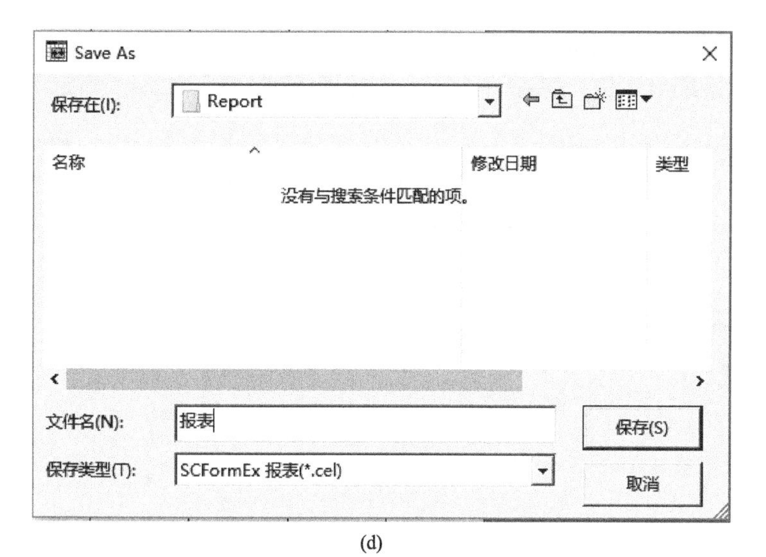

(d)

图 7-44　报表保存画面

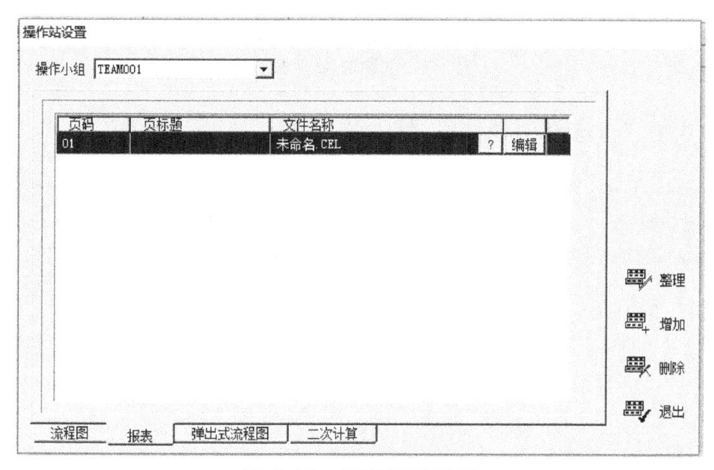

图 7-45　报表设置画面

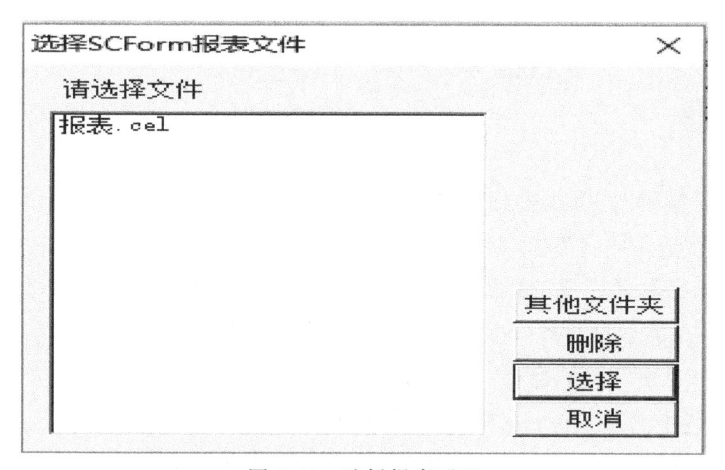

图 7-46　选择报表画面

15. 系统组态保存与编译

① 对完成的系统组态进行保存与编译。点击“保存”进入图 7-47 所示界面。

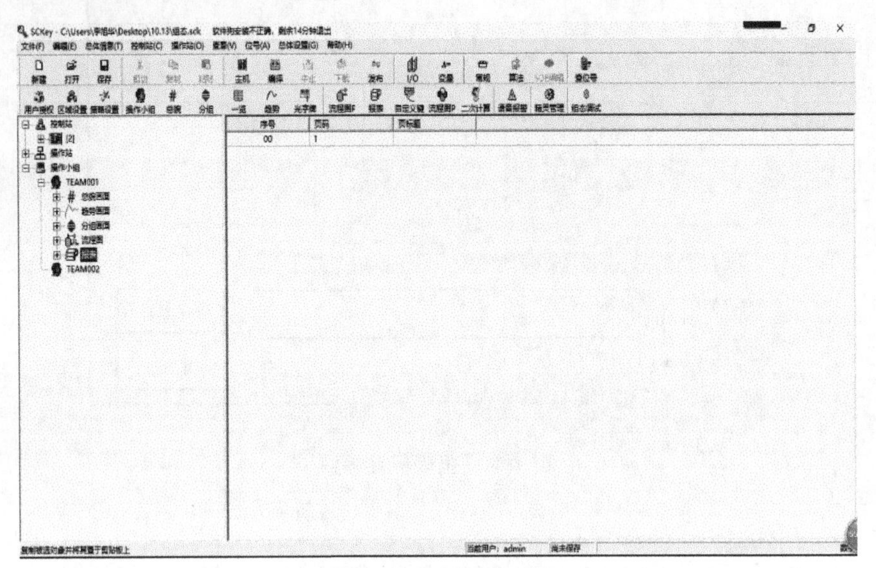

图 7-47　系统保存画面

② 然后点击“编译”，选择“全体编译”，进入图 7-48 所示界面。

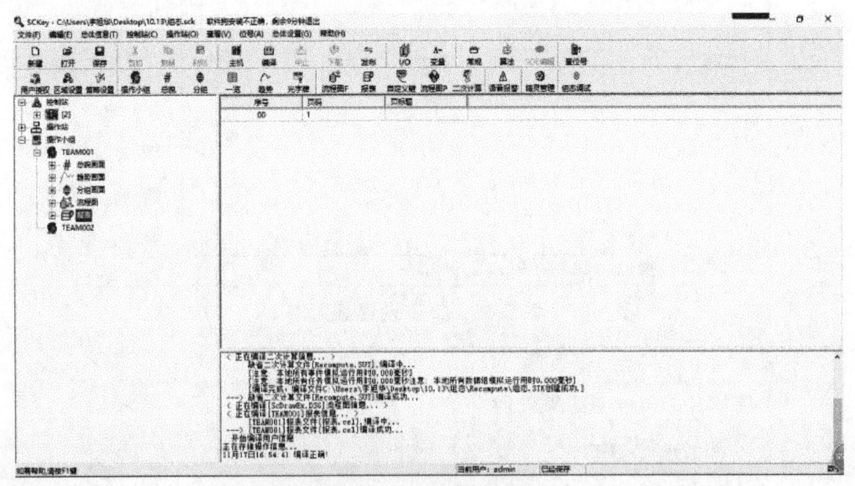

图 7-48　组态编译界面

若出现“编译错误”，可双击打开错误处进行修改。

16. 系统组态发布与下载

将在工程师站已编译完成的组态发布到操作站；将已编译完成的组态下载到各控制站。

（三）浙大中控 AdvanTrol-Pro（V2. 65）系统安装

以 Windows XP 为例，系统软件安装步骤如下：

① 运行安装包中的 setup. exe 文件，弹出如图 7-49 所示的安装界面。

② 进入“AdvanTrol-Pro（V2. 65. 04. 00）安装”界面，如图 7-50 所示。

③ 点击“下一步（N）”，进入“许可证协议”的选择界面，如图 7-51 所示。

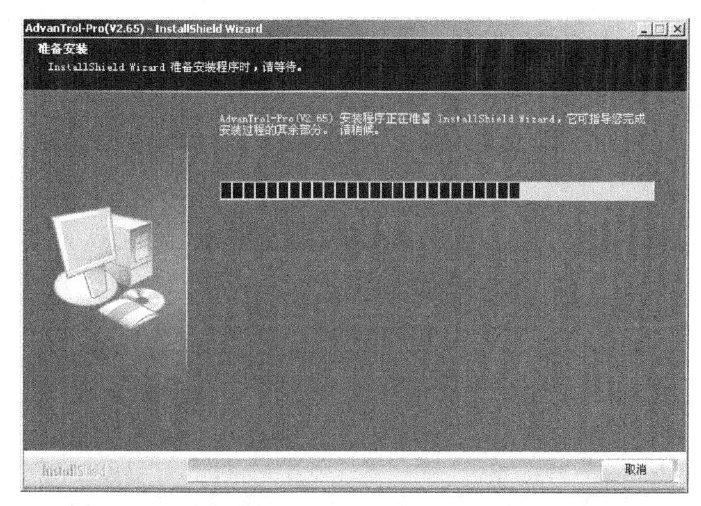

图 7-49　准备安装 AdvanTrol-Pro（V2.65）的安装窗口

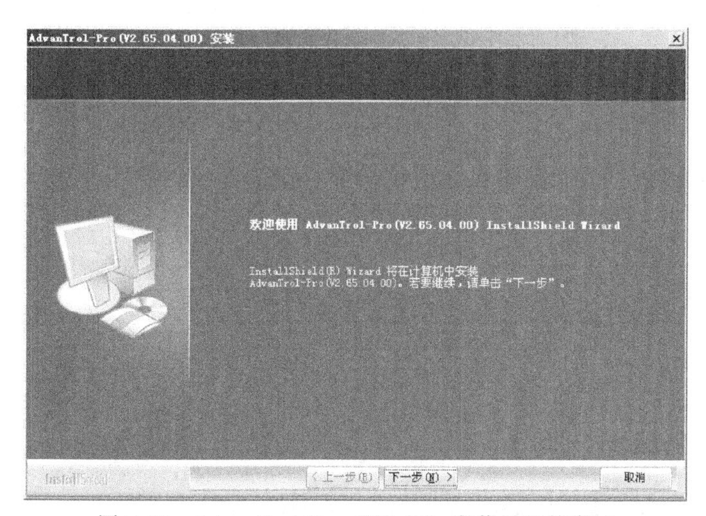

图 7-50　AdvanTrol-Pro（V2.65）安装界面的窗口

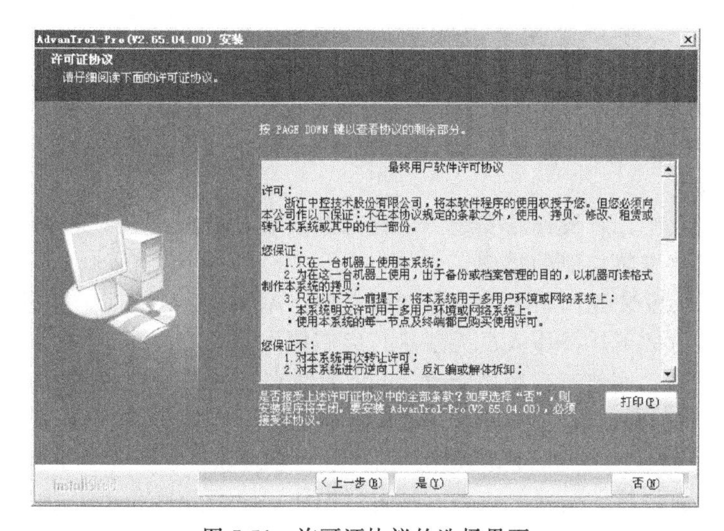

图 7-51　许可证协议的选择界面

④ 点击“是（Y）”，进入“客户信息”安装界面，输入客户信息，如图 7-52 所示。

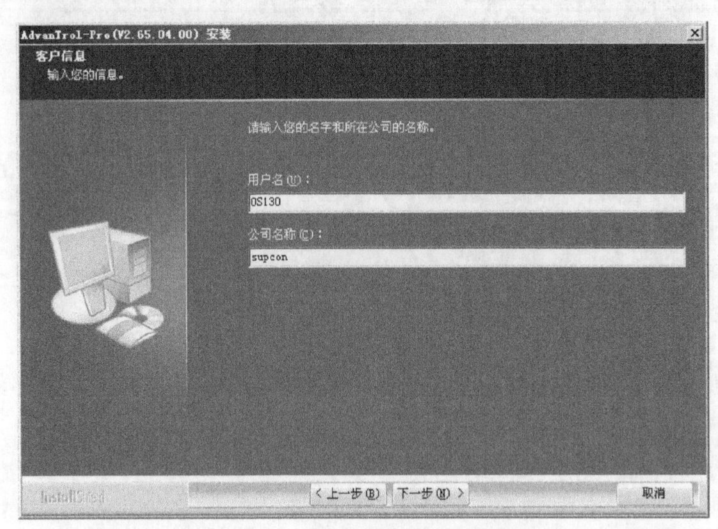

图 7-52　客户信息的填写界面

⑤ 点击“下一步（N）”，进入 AdvanTrol-Pro（V2.65）路径的选择，如图 7-53 所示。

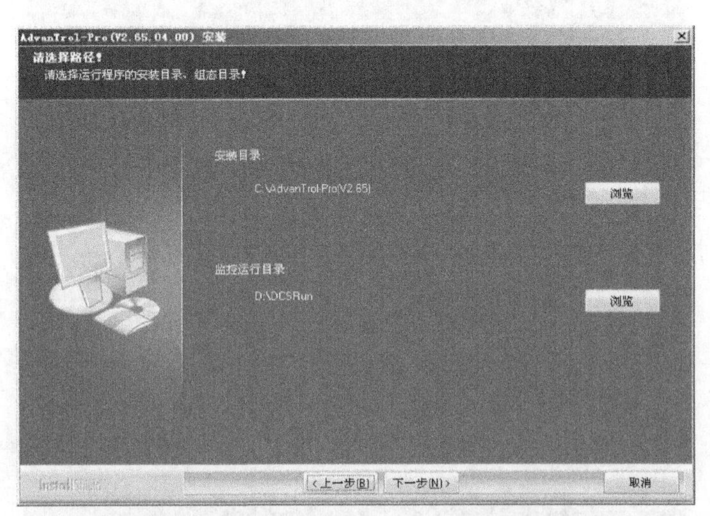

图 7-53　AdvanTrol-Pro（V2.65）路径的选择界面

⑥ 在图 7-52 中选择安装的路径后，点击“下一步（N）”，进入“安装类型”的选择界面，如图 7-54 所示。

在“安装类型”中，有操作站安装、工程师站安装、数据站安装和完全安装 4 个选项。安装时，可根据需要安装相应的类型：

a. 操作站安装：安装操作站组件，包括库文件、AdvanTrol 实时监控软件、用户授权管理软件，这种安装方式下，操作人员无法进行组态操作。

b. 工程师站安装：安装工程师站组件，包括库文件、AdvanTrol 实时监控软件、SCKey 组态软件、SCForm 报表制作软件、SCX 语言编程软件、SCControl 图形编程软件、SCDraw 流程图制作软件、二次计算软件、用户授权管理软件、数据提取软件。

c. 数据站安装：包括数据采集组件、报警、操作记录服务器和趋势服务器。

d. 完全安装：将安装所有组件。

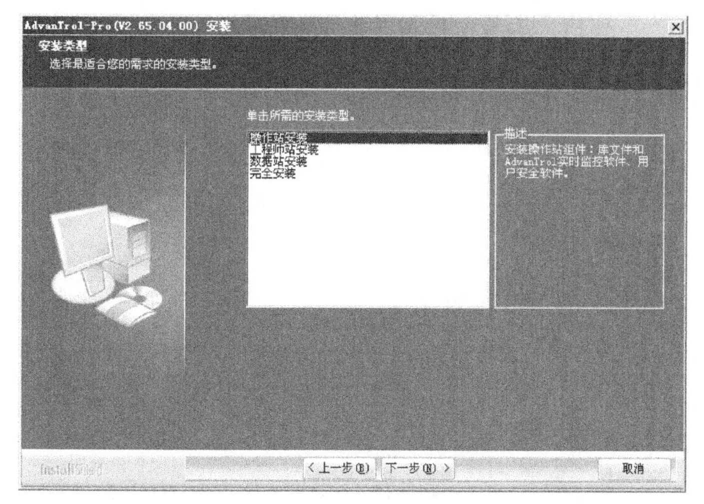

图 7-54　软件安装类型的选择界面

⑦ 选择“工程师站安装”，点击“下一步（N）”，进入“复制文件”的界面，如图 7-55 所示。

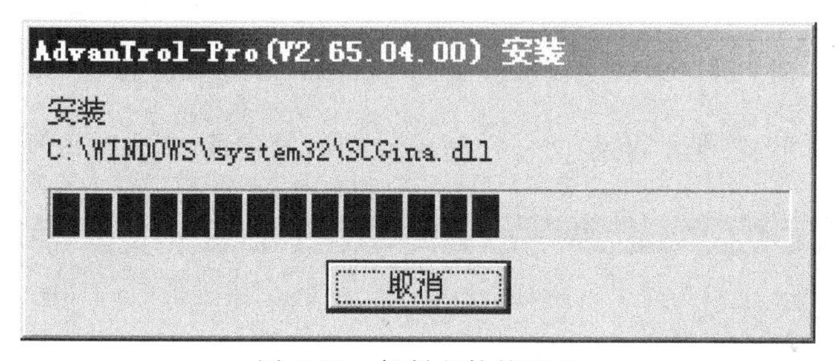

图 7-55　复制文件的界面

⑧ 复制文件完成后，弹出“OPC Data Access 2.0 Components”的安装界面，如图 7-56 所示。

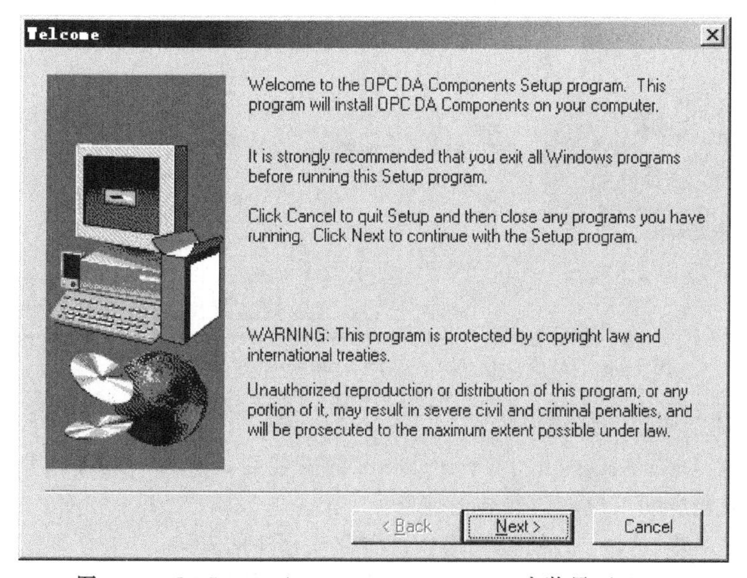

图 7-56　OPC Data Access 2.0 Components 安装界面（一）

⑨ 点击“Next>”按钮，执行文件的拷贝，如图 7-57 所示。

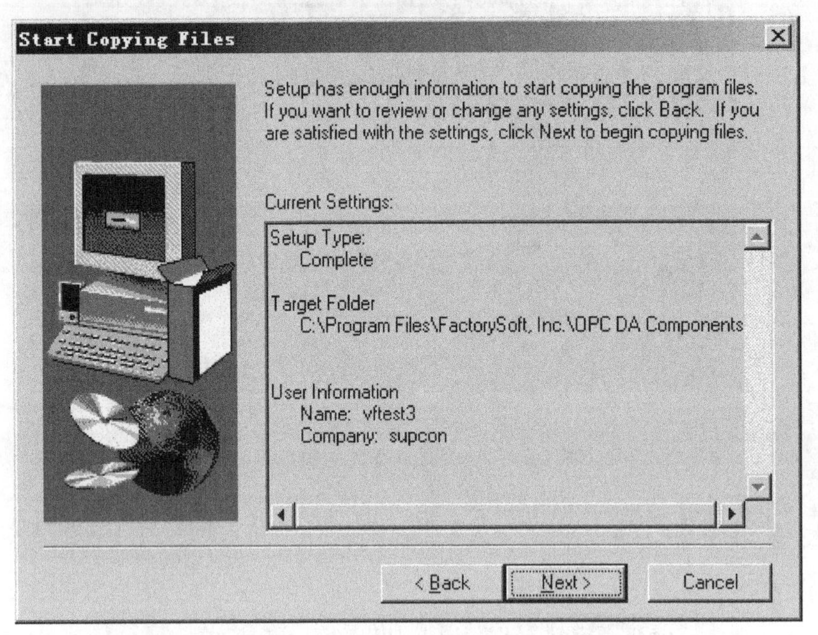

图 7-57 OPC Data Access 2.0 Components 安装界面（二）

⑩ 点击“Next>”按钮，安装文件，完成安装后的界面如图 7-58 所示。

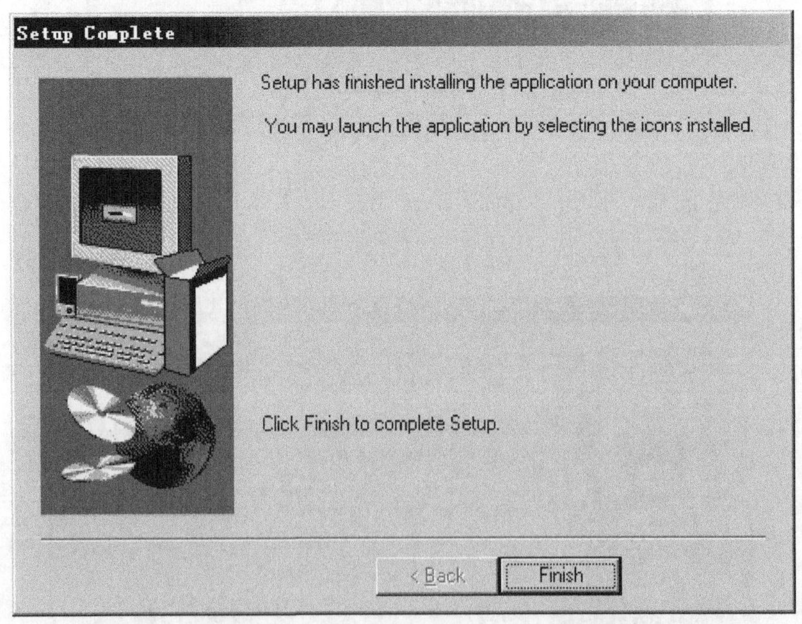

图 7-58 OPC Data Access 2.0 Components 安装界面（三）

点击“Finish”按钮，完成安装。

⑪ 完成 OPC Data Access 2.0 Components 的安装后，进入“相关信息”的安装界面，在图 7-59 中键入相应的用户名称和装置名称。

⑫ 点击“下一步（N）”，自动完成软件狗驱动程序的安装。

⑬ 安装结束后，如图 7-60 所示。系统将提示是否重新启动计算机，选择“是，立即重

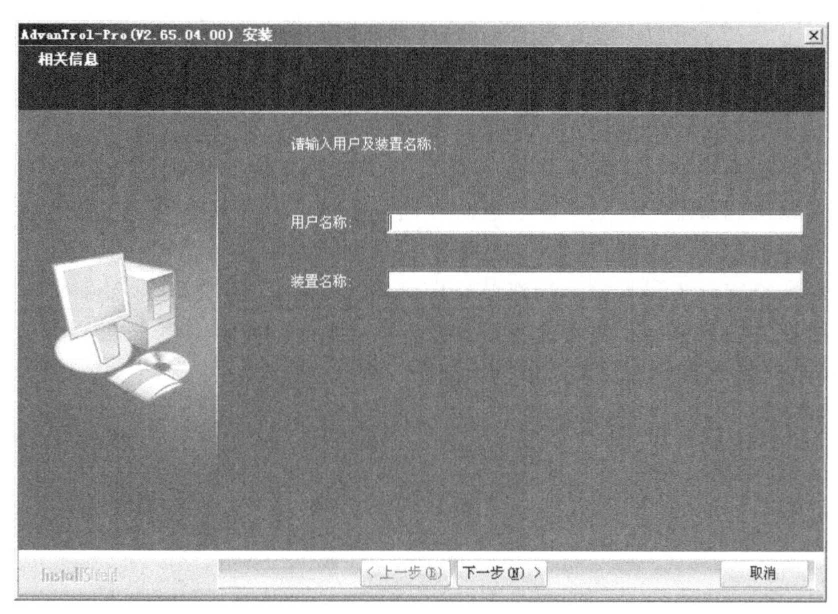

图 7-59　相关信息的填写界面

新启动计算机”，结束 AdvanTrol-Pro（V2.65.04.00）软件的安装。

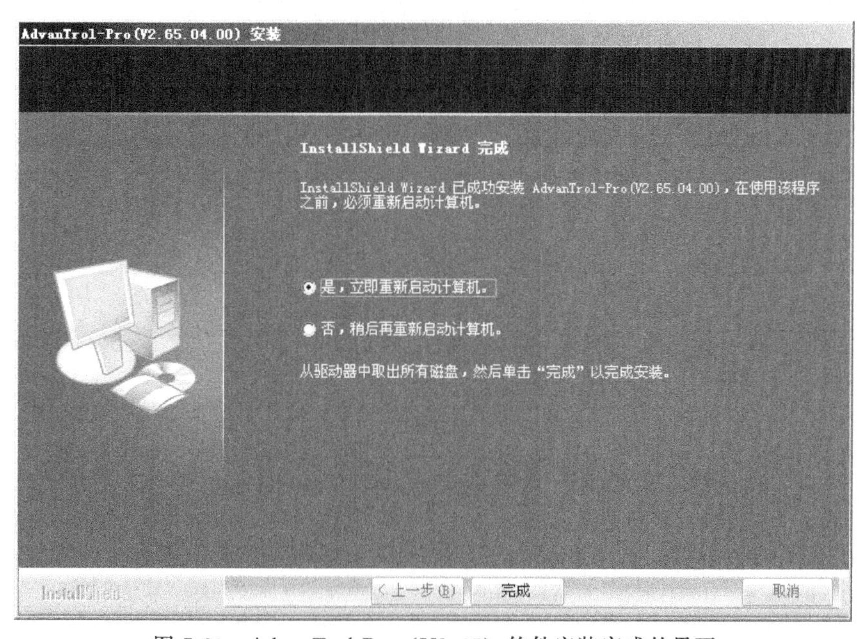

图 7-60　AdvanTrol-Pro（V2.65）软件安装完成的界面

（四）JX-300XP 集散控制系统安装与维护

1. JX-300XP 系统介绍

JX-300XP 系统由工程师站、操作站、控制站、过程控制网络等组成。

工程师站是为专业技术人员设计的，内装有相应的组态平台和系统维护工具。通过系统组态生成适合生产工艺要求的应用系统，具体功能包括系统生成、数据库结构定义、操作组态、流程图画面组态、报表程序编制等，使用系统的维护工具软件实现过程控制网络调试、故障诊断、信号调校等。

操作站是由工业PC机、CRT、键盘、鼠标、打印机等组成的人机交互系统，是操作人员完成过程监控管理任务的环境。高性能工控机、强大的流程图机能、多窗口画面显示功能可以方便地实现生产过程信息的集中显示、集中操作和集中管理。

控制站是系统中直接与工业现场打交道的I/O处理单元，完成整个工业过程的实时监测功能。控制站可冗余配置，灵活、合理。在同一系统中，任何信号均可按冗余或不冗余连接。对于系统中的重要公共部件，如主控制卡、数据转发卡和电源箱一般采用1∶1冗余。

过程控制网络实现工程师站、操作站、控制站的连接，完成信息、控制命令等传输，采用双重化冗余设计，确保信息传输安全、高速。

JX-300XP控制系统采用三层通信网络结构，如图7-61所示。

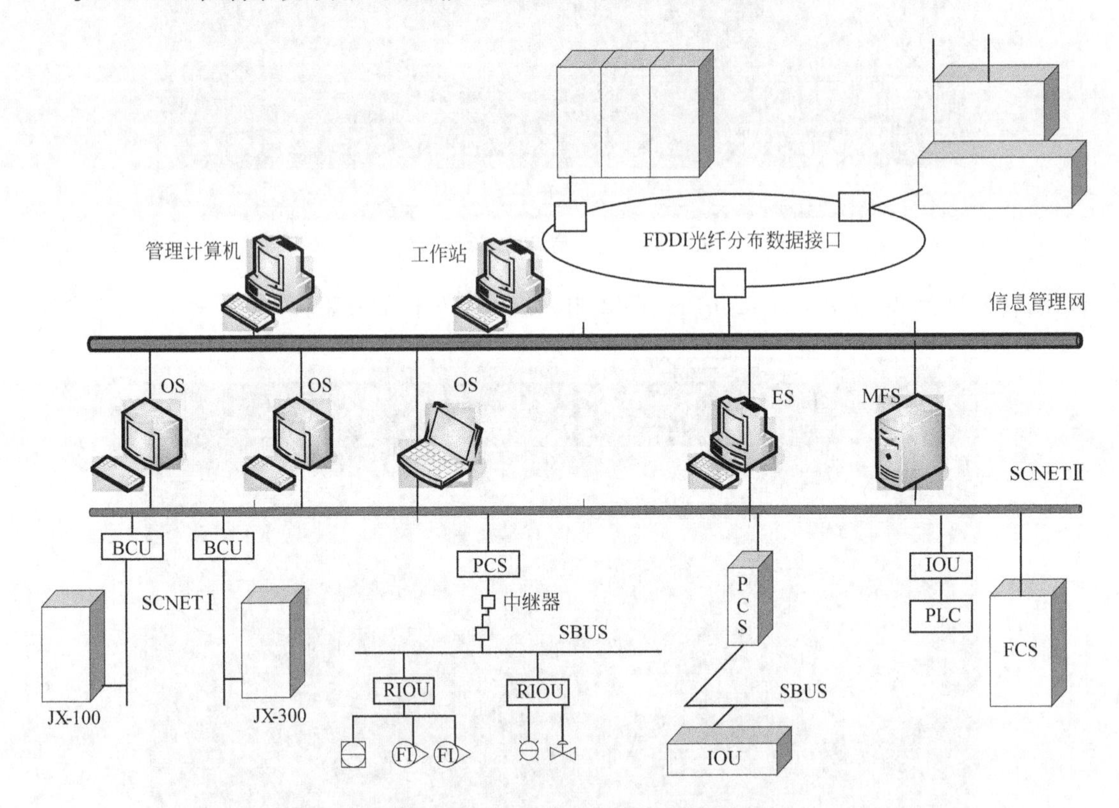

图7-61　JX-300XP三层通信网络结构图

FDDI—Fiber Distributed Data Interface，光纤分布数据接口；OS—Operator Station，操作站；ES—Engineer Station，工程师站；MFS—Multi-Functiom Computer Station，多功能计算机站；BCU—Bus Couple Unit，总线变换单元；PCS—Process Control System，过程控制站；FCS—Field Control System，现场控制站；SBUS—System IO BUS，系统IO总线；IOU—IO Unit，IO单元；RIOU—Remote IO Unit，远程IO单元；PLC—Programmable Logic Controller，可编程控制器

2. AE2000过程控制对象介绍

AE2000过程控制对象工艺流程图如图7-62所示。

(1) 工具

所需的工具如表7-44所示。

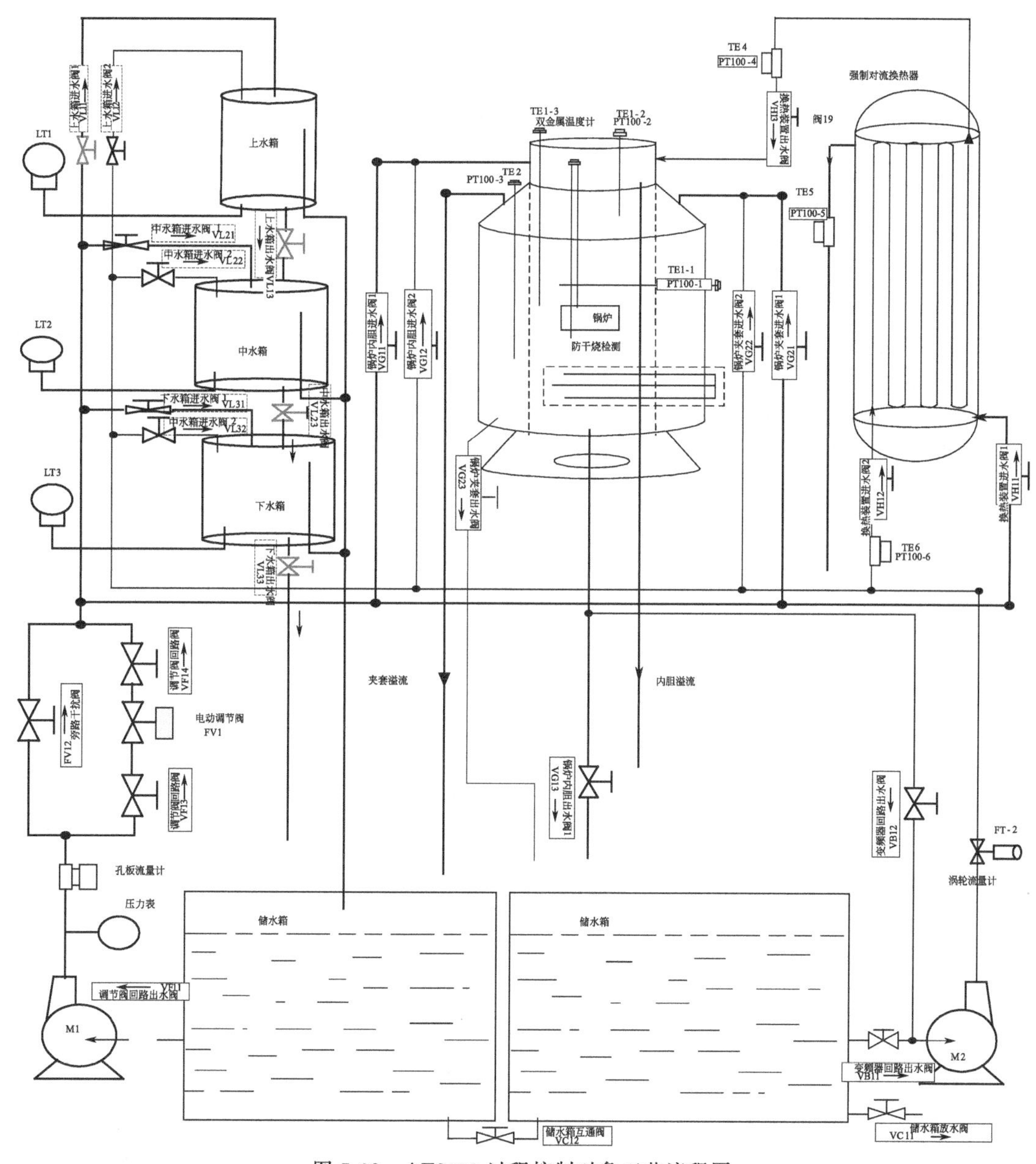

图 7-62　AE2000 过程控制对象工艺流程图

表 7-44　工具表

名称	型号	单位	数量
十字螺丝刀		把	2
一字螺丝刀		把	2
内六角扳手		把	1
尖嘴钳		把	1
开口扳手		把	1
拨线钳		把	1

续表

名称	型号	单位	数量
电烙铁焊锡		套	1
电笔		把	1
电工胶带		卷	1
镊子		个	1
活扳手	6in	把	1
万用表		个	1

(2) 主要设备

主要设备如表 7-45 所示。

表 7-45 主要设备

设备名称		型号	数量
AE2000 对象			1个
AE2000 中继平台			1个
现场控制站	电源机笼	5V/24V 电源模块	2个
	I/O 机笼	XP243	2块
		XP233	2块
		XP313	2块
		XP314	1块
		XP316	1块
		XP322	1块
		XP335	1块
		XP000	5块
		XP520	8块
	HUB 机笼	16 口集线器(HUB)	2个
操作站	工程师站	工控机、显示器、键鼠	1套
		加密狗(工程师狗)	1个
		打印机	1台
	操作员站	工控机、显示器、键鼠	1套
		加密狗(操作员狗)	1个

(3) I/O 清单

过程控制对象中的测点清单如表 7-46 所示。

表 7-46 I/O 清单

位号	信号			趋势要求					备注
	描述	I/O	类型	量程	单位	报警要求	周期	压缩方式 统计数据	
LI101	上水箱液位	AI	不配电 4～20mA	0～50	cm	90%高报 H	1	低精度并记录	02-00-00-00

续表

位号	信号			趋势要求					备注
	描述	I/O	类型	量程	单位	报警要求	周期	压缩方式 统计数据	
LI102	中水箱液位	AI	不配电 4～20mA	0～50	cm	90%高报 H	1	低精度并记录	02-00-00-01
LI103	下水箱液位	AI	1～5V	0～50	cm	90%高报 H	1	低精度并记录	02-00-02-00
TI101	锅炉内胆温度	AI	不配电 4～20mA	0～100	℃	H:60	1	低精度并记录	02-00-00-02
TI102	锅炉顶部温度	AI	PT100	0～100	℃	H:60	1	低精度并记录	02-00-00-03
TI103	夹套温度	AI	不配电 4～20mA	0～100	℃	HH:60	1	低精度并记录	02-00-01-00
TI104	热出温度	AI	不配电 4～20mA	0～100	℃	HH:60	1	低精度并记录	02-00-01-01
TI105	冷出温度	AI	不配电 4～20mA	0～100	℃	HH:60	1	低精度并记录	02-00-01-02
TI106	热进温度	AI	不配电 4～20mA	0～100	℃	HH:60	1	低精度并记录	02-00-01-03
FI101	孔板流量	AI	不配电 4～20mA	0～1.2	m^3/h		1	低精度并记录	02-00-01-04
FI102	涡轮流量	PI	频率型	0～1300	Hz				02-00-10-00
LV101	电动调节阀控制	AO	正输出						02-00-07-00
LV102	变频器控制	AO	正输出						02-00-07-01
TV101	单项调压模块控制	AO	正输出						02-00-07-02

3. JX-300XP系统使用操作注意事项

（1）使用环境

为保证系统运行在适当条件，一般需要满足如下要求：

① 密封所有可能引入灰尘、潮气、鼠害或其他有害昆虫的走线孔（槽）等；

② 保证空调设备稳定运行，保证室温变化小于5℃/h，避免由于温度、湿度急剧变化导致在系统设备上凝露；

③ 避免在控制室内使用大功率无线电或移动通信设备，以防系统受电磁场和无线电频率干扰。

（2）使用注意事项

① 严禁擅自改装、拆装系统部件。

② 严禁使用非正版的Windows 2000/NT或Windows XP系统。

③ 显示器使用注意：

a. 显示器应远离热源，保证显示器通风口不被他物挡住；

b. 在进行连接或拆除前，请确认计算机电源开关处于“关”状态，此操作疏忽可能引起严重的人员伤害和计算机设备的损坏；

c. 显示器不能用酒精或氨水清洗，如有需要，可用湿海绵清洗或使用清洗套装，并在清洗前切断电源。

(3) 操作注意事项

① 文明操作，爱护设备，保持清洁，防灰防水；

② 键盘与鼠标操作用力恰当，轻拿轻放，避免尖锐物刮伤表面；

③ 尽量避免电磁场对显示器的干扰，避免移动正在运行中的工控机、显示器等，避免拉动或碰伤设备的连接电缆和通信带电缆等；

④ 严禁使用外来磁盘和光盘，防止病毒入侵；

⑤ 严禁在实时监控操作平台进行不必要的多任务操作；

⑥ 严禁任意修改计算机系统的配置设置，严禁任意增加、删除或移动硬盘上的文件和目录；

⑦ 应及时做好系统运行文件的备份和系统运行参数（如控制回路参数）修改记录工作。

(4) 维修注意事项

① 在进行系统维修时，如果接触到系统组成部件上的集成元器件、焊点，极有可能产生静电损害，静电损害包括卡件损坏、性能变差和使用寿命缩短等。为了避免操作过程中由于静电引入而造成损害，请遵守以下几个要求。

a. 所有拔下的或备用的 I/O 卡件应包装在防静电袋中，严禁随意堆放；

b. 插拔卡件之前，须做好防静电措施，如戴上接地良好的防静电手腕，或进行适当的人体放电；

c. 避免碰到卡件上的元器件或焊点等。

② 卡件维修或更换后，必须检查并确认其属性设置，如卡件的配电、冗余等跳线设置。

③ 避免拉动或碰伤系统电缆，尤其是电缆的连接处，避免由于电缆重量垂挂引起接触不良。

④ 由于系统通信卡件均有地址拨号设置开关，网络维护后，须检查网卡、主控卡和数据转发卡的地址设置和软件组态的一致性，通常情况下，需保持原来的安装位置。

(5) 上电注意事项

系统经检修或停电后，重新上电应注意：

① 系统重新上电前必须确认接地良好，包括接地端子接触、接地端对地电阻（要求小于 4Ω）。

② 系统上电前应严格遵循以下上电步骤：

a. 控制站：

· UPS 输出电压检查；

· 电源箱依次上电检查；

· 机笼配电检查；

· 卡件自检、冗余测试等。

b. 操作站：

· 依次给操作站的显示器、工控机等设备上电；

· 计算机自检通过后，检查确认 Windows 2000/NT 或 Windows XP 系统、AdvantTrol 系统软件及应用软件的文件夹和文件是否正确，硬盘空间应无较大变化。

c. 网络：

· 检查网络线缆的通断情况，并确认列接触是否接触良好，并及时更换故障线缆；

· 做好双重化网络线的标记，上电前检查确认；
· 上电后做好网络冗余性能的测试。

4. 集散控制系统的安装

DCS在完成现场开箱检验后就可以进行安装工作了，但在安装之前必须具备安装的各项条件，经生产商确认无误时才可以开始安装。安装前的准备工作包括电源、基础（地基）和接地三方面。

电源需进行冗余配置，一路为市电，一路为UPS电源。在接到DCS带电部分之前，需向生产商提交一份有关电源的测试报告，以保证电源准确无误。

基础在安装之前也需要与设备一一对应。

DCS的接地要求较高，要有专用的工作接地极，而且要求它的入地点与避雷针入地点距离大于4m，接地体与交流电的中线及其他用电设备接地体间距离大于3m，DCS的工作地应与安全地分开。另外还要检测它的接地电阻，要求小于1Ω。

在准备工作结束后，即可以开始DCS的安装。系统安装工作包括：

① 机柜、设备安装和卡件安装；

② 系统内部电缆连接；

③ 端子外部仪表信号线的连接；

④ 系统电源、地线的连接。

为了防止静电对卡件上电子元件的损坏，在安装带电子元件的设备时，操作员一定要带上防静电器具。另外，在系统安装时注意库房到机房的温度变化梯度要符合要求。

（1）安装前应具备的条件

① 电源冗余配置、基础安装完成，接地满足要求。

② 土建、电气、维修工程全部完工，空调启用，配备好吸尘器，主控室还需具备如下条件：

a. 温度：18～27℃；

b. 湿度：50%～90%；

c. 照明：300～900lx；

d. 空气净化度：尘埃数量＜200μg/m。

③ 已经经过技术交底和必要的技术培训等技术准备工作。

④ 设计施工图纸、有关技术文件及必要的使用说明书已齐全。

⑤ 完成对操作台、机柜及相关设备的开箱检验，形成“开箱验收报告”。

（2）控制室进线、电缆敷设及设备安装

控制室进线可采用地沟进线方式和架空进线方式：

① 地沟进线时，电缆沟的室内沟底标高应高于室外沟底标高300mm以上并由内向外倾斜，入口处和墙孔洞必须进行防气、防液和防鼠害等密封处理，室外沟底应有泄水设施。

② 电缆架空敷设时，穿墙或穿楼板的孔洞必须进行防气、防液和防鼠害等密封处理，在寒冷区域应采取防寒措施。

电缆进入活动地板下应在基础地面上敷设：

① 电源电缆与信号电缆应分开，避免平行敷设。若不能避免平行敷设时，电源电缆和非本安信号电缆或本安信号电缆的间距应符合相关规则或采取相应的隔离措施，如表7-47所示。

表 7-47 电源与信号电缆间距表

信号电缆类型	距离/mm
非本安信号电缆	≥150
本安信号电缆	≥600

② 信号电缆与电源电缆垂直相交时，电源电缆应放置于汇线槽内。

操作室若采用水磨石地面，电缆应在电缆沟内敷设，对电源电缆应采取隔离措施，操作站（台）和机柜应通过地脚螺钉固定在槽钢上。采用活动地板时，操作站（台）和机柜应固定在型钢制作的支撑架上，该支撑架固定在地面上。

(3) 操作台及机柜的安装

① 型钢底座的制作安装。型钢底座要考虑强度、稳定性，还要根据地板的高度来考虑其高度，底座要打磨平整，不能有毛刺和棱角，制作完成后及时除锈并做防腐处理，然后用焊接方法或用打膨胀螺栓的方法将其固定在地板上。

② 操作站或机柜的安装。通过阅读“主控机房平面布置图”，核实各站的位置。就位后卸除各操作台和机柜内为运输方便所设置的紧固件，安装要求垂直、平整、牢固。

(4) 接地系统的安装

合理准确的接地是保证集散控制系统运行安全可靠，系统网络通信畅通的重要前提。正确的接地既可以抑制外来干扰，又能减小设备对外界的干扰影响。

1) 接地目的

集散控制系统接地有两个目的：一是为了安全；二是为了抑制干扰。

安全，包括人身安全和系统设备安全。根据安全用电法规，电子设备的金属外壳必须接大地，以防在事故状态时金属外壳出现过高的对地电压而危及操作人员安全和导致设备损坏。

抑制干扰包括两部分，一是提高系统本身的抗干扰能力；二是减小对外界的影响。

集散控制系统的某些部分与大地相连可以起到抑制干扰的作用。如静电屏蔽层接地可以抑制变化电场的干扰，因为电磁屏蔽用的导体在不接地时会增强静电耦合而产生负静电屏蔽效应，加以接地能同时发挥静电屏蔽作用；系统中开关动作产生的干扰，在系统内部（如各操作站及控制站间）会产生相互影响，通过接地可以抑制这些干扰的产生。

2) 接地分类

① 保护接地。凡控制系统的机柜、操作台、仪表柜、配电柜、继电器柜等用电设备的金属外壳及控制设备正常不带电的金属部分，由于各种原因（如绝缘破坏等）而有可能带危险电压者，均应作保护接地。注意不要串联接地。接地电阻应符合设计规定（一般小于4Ω）。若设备供电电压低于36V，若无特殊要求可以不进行保护接地。

② 工作接地。控制系统的工作接地包括信号回路接地、屏蔽接地和本质安全仪表接地，控制系统工作接地的原则为单点接地，即通过唯一的接地基准点组合到接地系统中去。

隔离信号可以不接地。“隔离”是指I/O（输入/输出）信号之间的电路是隔离的、对地是绝缘的，电源是独立的、相互隔离的。

非隔离信号通常以直流电源负极为参考点，并接地。信号分配均以此为参考点。

用以降低电磁干扰的部件如电缆的屏蔽层应作单点（或一端）的屏蔽接地。

采用齐纳式安全栅的本质安全系统应设置接地连接系统。采用隔离式安全栅的本质安全系统，不需要专门接地。

③ 防静电接地。集散系统中集成模块对静电很敏感，很容易受静电感应而被击穿。虽

然每个装置都有接地系统，但试验人员也要有防静电措施，不穿化纤衣，不用化纤手套。保证系统安全的另一措施是隔离，隔离可以防止感应。通常的隔离办法是采用隔离变压器和采用光电法隔离。安装控制系统的控制室、机柜室，应考虑进行防静电接地，即导静电地面、活动地板、工作台等应进行防静电接地。

④ 防雷接地。当控制系统的信号、通信和电源等线路在室外敷设时或从室外进入室内的（如安装浪涌吸收器 SPD、双层屏蔽接地等），需要设置防雷接地连接的场合，应实施防雷接地。

控制系统的防雷接地不得与独立的防直击雷装置共用接地系统。

3）接地系统和接地原则

接地系统由接地连接和接地装置两部分组成，如图 7-63 所示。在实际接地时，可根据实际情况删减。这里，接地连接包括：接地连线、接地汇流排、接地分干线、接地汇总板、接地干线。接地装置包括总接地板、接地总干线、接地板。

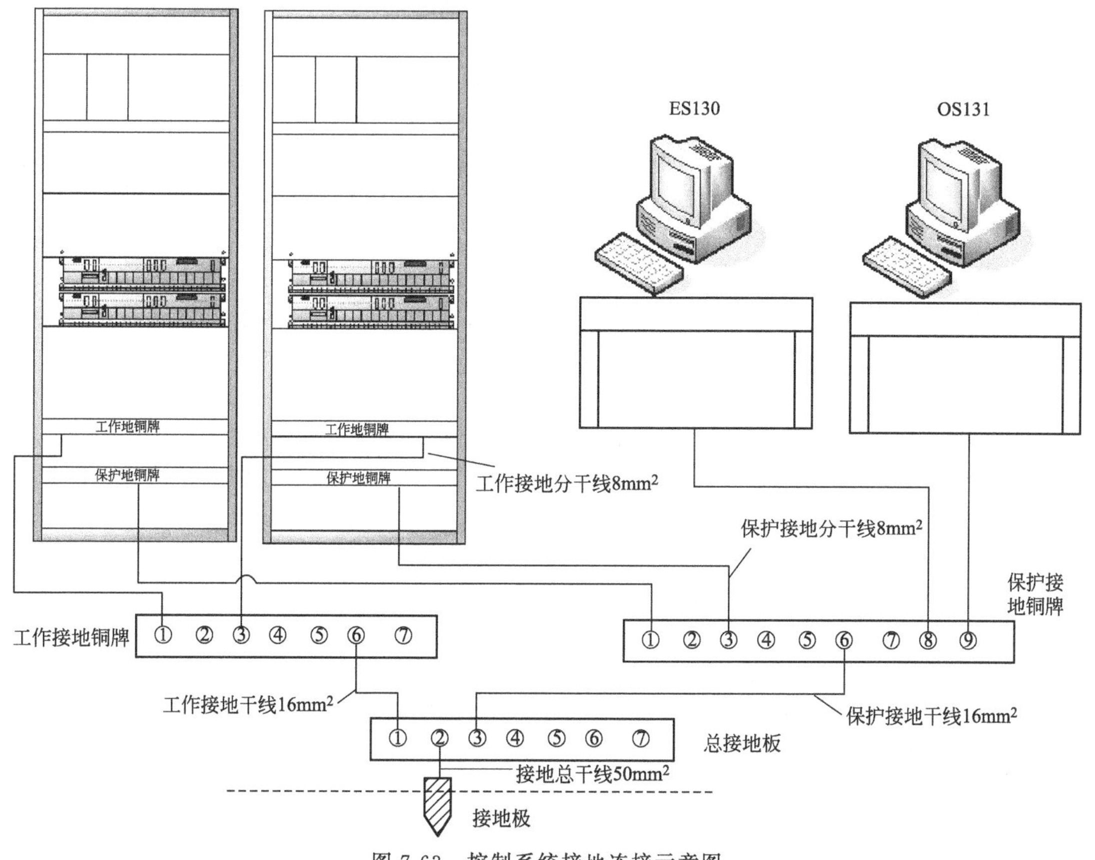

图 7-63 控制系统接地连接示意图

控制系统的接地连接一般采用分类汇总，再与总接地板连接的方式。

注意： 控制系统在接地网上的接入点应和防雷地、大电流或高电压设备的接地点保持不小于 5m 的距离。在各类接地连接中严禁接入开关或熔断器。

4）接地连接方法

① 现场仪表的接地连接方法。金属电缆槽、电缆的金属保护管应做保护接地，其两端或每隔 30m 可与就近已接地的金属构件相连，并应保证其接地的可靠性及电气的连续性。

现场仪表的工作接地一般应在控制室侧接地。对于要求或必须在现场接地的现场仪表，如接地型热电偶、pH 计、电磁流量计等应在现场侧接地。

② 盘、台、柜的接地连接方法。在控制室内的盘、台、柜内应分类设置保护接地汇流排、信号及屏蔽接地汇流排（工作接地汇流排），如有本安设备还应单独设置本安接地汇流条。控制系统的保护接地端子及屏蔽接线端子通过各自的接地连线分别接至保护接地汇流排和工作接地汇流排。各类接地汇流排经各自接地分干线接至保护接地汇总板和工作接地汇总板。

由于计算机在出厂时已将工作接地和保护接地连在了一起，故将外壳上的任一颗螺钉连在操作台内的工作接地汇流排上即可。

齐纳式安全栅的每个汇流条（安装轨道）可分别用两根接地分干线接到工作接地汇总板。齐纳式安全栅的每个汇流条也可由接地分干线于两端分别串接，再分别接至工作接地汇总板。

保护接地汇总板和工作接地汇总板经过各自的接地干线接到总接地板，用接地总干线连接总接地板和接地极。在控制室内，可设置接地汇总箱。箱内设置工作接地汇总板和保护接地汇总板。接地汇总箱通过接地分干线连接各盘、台、柜的工作接地汇流排、本安汇流条、保护接地汇流排。接地汇总箱通过各接地干线连接总接地板。

③ 接地干线、槽钢、接地标识。接地干线长度如超过 10m 或周围有强磁场设备，应采取屏蔽措施，将接地干线穿钢管保护，钢管间连为一体；或采用屏蔽电缆，钢管或屏蔽电缆的屏蔽层应单端接地。如接地干线在室外走线并距离超过 10m，应采用双层屏蔽，内层单点接地，外层两端接地，以防雷击电磁脉冲的干扰。

固定控制柜的安装槽钢等应作等电位连接。对隐蔽工程，包括在接地网上的接入点和接地极位置应设置标识。明敷地线要求有明显的颜色标志（接地线 E 明敷部分深黑色，接地保护线 PE 绿黄双色线）。

5）连接电阻和接地电阻

连接电阻指的是从控制系统的接地端子到总接地板之间的导体及连接点电阻的总和。控制系统的接地连接电阻不应大于 1Ω。接地电阻指的是接地极对地电阻和总接地板、接地总干线及接地总干线两端的连接点电阻之和。控制系统的接地电阻为工频接地电阻，应不大于 4Ω。

6）接地连接的规格及结构要求

① 接地连线规格。

a. 接地系统的导线应采用多股绞合铜芯绝缘电线或电缆。

b. 接地系统的导线应根据连接设备的数量和长度按下列数值范围选用：

· 接地连线 2.5～4mm^2；

· 接地分干线 4～16mm^2；

· 接地干线 10～25mm^2；

· 接地总干线 16～50mm^2。

② 接地汇流排、连接板规格。

a. 接地汇流排宜采用 25×6mm^2 的铜条制作。

b. 接地汇总板和总接地板应采用铜板制作。铜板厚度不应小于 6mm，长宽尺寸按需要确定。

③ 接地连接结构要求。

a. 所有接地连线在接到接地汇流排前均应良好绝缘；所有接地分干线在接到接地汇总板前均应良好绝缘；所有接地干线在接到总接地板前均应良好绝缘。

b. 接地汇流排（汇流条）、接地汇总板、总接地板应用绝缘支架固定。

c. 接地系统的各种连接应保证良好的导电性能。接地连线、接地分干线、接地干线、接地总干线与接地汇流排、接地汇总板的连接应采用铜接线片和镀锌钢质螺栓，并采用防松和防滑脱件，以保证连接的牢固可靠，或采用焊接。

d. 接地总干线和接地极的连接部分应分别进行热镀锌或热镀锡。

（5）电源的安装

电源的安装需要考虑系统的供电设计，即负荷分类及供电要求、电源质量、容量、供电系统的设计、供电器材的选择和供电系统的配线等内容。

1）负荷分类及供电方式

① 负荷分类。根据生产过程对控制系统的重要性、可靠性、连续性的不同要求，控制系统的用电负荷分重要负荷和一般负荷。

重要负荷是指在电源中断后会打乱生产过程，造成设备损坏、人身伤害事故，并造成经济损失的用电负荷。在大多数情况下控制系统的用电负荷属重要负荷。

一般负荷是指在电源中断后不会打乱生产过程，不会造成设备损坏和经济损失的用电负荷。在少数情况下，控制系统的用电负荷属一般负荷。

② 各类负荷的供电方式。

a. 一般负荷由普通电源供电，可采用互为备用、两路不同低压母线的普通电源。

b. 不得将 UPS 电源和普通电源同时并接在一个用电负荷上。

2）电源质量和容量

① 电源质量。

a. 普通交流电源质量指标如下：

· 电压：220V AC±10％；
· 频率：(50±1)Hz；
· 波形失真率：小于 10％；
· 电压瞬间跌落：小于 10％。

b. 不间断电源质量指标如下：

· 电压：220V AC±5％；
· 频率：(50±0.5) Hz；
· 波形失真率：小于 5％；
· 允许电源瞬断时间：小于 3ms；
· 电压瞬间跌落：小于 10％。

② 电源容量。即电源输出的额定容量，直流电以“A”表示，交流电以“kV · A”表示。

控制系统的交流电源容量应按控制系统电源额定容量总和的 1.2～1.5 倍计算。

3）供电系统的设计

① 普通电源供电系统。

普通电源供电系统原则上采用二级供电，即总供电和机柜开关板二级。

在二级供电系统中，可设置总供电箱，也可将总供电设置在外配柜等其他箱内。

保护电器的设置，应符合下列规定：

· 总供电设输入总断路器和输出分断路器；
· 若机柜和总供电相距很近，机柜开关板输入端可以不设总断路器；
· 总供电应设置保护接地汇流排（PE）。

属于一般负荷的现场设备的供电，如果单独供电有困难，则可由现场邻近低压配电箱供电。

② 不间断电源供电系统。

不间断电源对控制系统供电时，可采用二级供电方式，即设置总供电和机柜开关板。

如不间断电源由业主（电气专业）提供时，总供电可由业主（电气专业）负责一级配电设计，总供电箱可安装在控制室内。

保护电器的设置，应符合下列规定：

· 总供电设输入总断路器和输出分断路器；

· 若机柜和总供电相距很近，则机柜开关板的输入端可以不设总断路器；

· 总供电应设置保护接地汇流排（PE）。

UPS 后备电池的供电时间（即不间断供电时间）应不小于 30min。

UPS 应具有故障报警及报警信号输出功能；其报警接点宜引入到控制系统中去。

UPS 应具有设备保护功能。

UPS 应具有稳压功能。

UPS 在额定工作环境温度下的平均无故障工作时间（MTBF）应大于 150000h。

③ 电源设计条件应包括的内容：

ⅰ. 用电总量（kV · A）：

其中包括普通电源（kV · A）和不间断电源（kV · A）；

ⅱ. 电压允许波动范围；

ⅲ. 电源频率及允许波动范围；

ⅳ. 普通电源是否采用双回路供电；

ⅴ. 不间断电源的供电回路数；

ⅵ. 不间断电源蓄电池备用时间（min）；

ⅶ. 现场设备单独供电电源等。

4） 供电器材的选择

① 电器选择的一般原则。

选用电器应满足如下正常工作条件的要求：

ⅰ. 电器的额定电压和额定频率应符合所在网络的额定电压和额定频率；

ⅱ. 电器的额定电流应大于所在回路的最大连续负荷计算电流；

ⅲ. 保护电器应采用自动断路器并满足电路保护特性要求。

用于短路保护的断路保护器，在负载或线路短路时应有足够的短路电流的分断能力。外壳防护等级应满足环境条件的要求。

② 断路器的选择。

供电线路中各类开关容量可按正常工作电流的 2～2.5 倍选用。

断路器的选择，应符合下列规定：

ⅰ. 正常工作情况下断路器中过电流脱扣器的额定电压应大于或等于线路的额定电压。

ⅱ. 断路器中过电流脱扣器的整定电流应同时满足正常工作电流和启动尖峰电流两个条件的要求，且应小于线路的允许载流量。

启动尖峰电流（或负荷尖峰电流）I_p 的计算公式为：

$$I_p = I_{q1} + I_{q(n-1)}$$

式中　I_{q1}——线路中启动电流最大的一台设备的全启动电流，其值为该设备启动电流的 1.7 倍；

$I_{q(n-1)}$——除 I_{q1} 以外的线路计算电流。

瞬时动作的过电流脱扣器和短延时过电流脱扣器的整定电流一般按大于或等于线路中启动尖峰电流的 1.2 倍取值；长延时过电流脱扣器的整定电流一般按大于线路计算电流的 1.1 倍取值。

ⅲ. 二级配电系统中，支线上采用断路器时，干线上的断路器动作延时时间应大于支线上断路器的动作延时时间。

5）供电系统的配线

① 线路敷设。

电源线不应在易受机械损伤、有腐蚀介质排放、潮湿或热物体绝热层处敷设；当无法避免时应采取保护措施。

交流电源线应与模拟量信号导线分开敷设，当无法分开时应采取金属隔离或屏蔽措施。交流电源线应与防直击雷的引下线保持不小于 2m 的距离，当无法避开时应采取金属隔离或屏蔽措施。控制室内的电源线配线应选用聚氯乙烯绝缘芯线；控制室至装置现场应采用聚氯乙烯护套聚氯乙烯绝缘铜芯电缆；火灾及爆炸危险场所宜采用耐火电缆或阻燃电缆。交流电源线宜采用三芯绝缘线，分别为相线、零线和地线（机柜内的仪表配线除外）。

② 线路压降。

配电线路上的电压降不应影响用电设备所需的供电电压。

交流电源线上的电压降，应符合以下规定：

ⅰ. 电气供电点至控制系统总供电箱或 UPS 的电压降应小于 2.0V；

ⅱ. UPS 电源间应紧靠控制室，从 UPS 至控制系统总供电箱的电压降应小于 2.0V；

ⅲ. 控制室内从控制系统总供电箱至用电设备电压降应小于 2.0V；

ⅳ. 从控制系统总供电箱至控制室外用电设备电压降应小于 6.0V。

③ 电源线截面积。

a. 从控制系统总供电箱至机柜开关板的电源线截面积不小于 $2.5mm^2$。

b. 从控制系统总供电箱至现场用电设备电源线截面积不小于 $1.0mm^2$。

c. 供电系统接地配线的截面积应符合下列规定：

ⅰ. 控制系统总供电箱的接地线截面积不小于 $16mm^2$；

ⅱ. 机柜开关板的接地线截面积不小于 $1.5mm^2$。

6）功率消耗

① 控制站。

控制站的功率消耗与控制站的具体配置及其相关设备有关，主要功耗设备有电源、风扇、HUB，其相关功耗如表 7-48 所示。

表 7-48　控制站部件消耗功率

部件名称	最大消耗功率/(W/只)	备注
电源箱	200	可配置 4 只电源
风扇	20	可配置 4 只风扇
HUB	20	可配置 2 只 HUB

② 操作站。

控制站的功率消耗如表 7-49 所示。

表 7-49　操作站部件消耗功率

部件名称	最大消耗功率/(W/只)	备注
工控机	250	Dell
显示器(CRT)	110	Philips 22in Dell 22in

DCS的电源要求远高于常规仪表，必须安全可靠。目前，一般的集散控制系统控制站均采用了热备份电源的功能，整套系统采用UPS不间断电源。设计上可采用两条独立的供电线路供电，其间应有断路切换装置。

7）系统电源安装顺序

系统电源安装顺序如下：

① 核实各站的供电接线端子和电源分配盘（箱）是否正确，按要求接上电源。

② 确认各控制站内部电源开关均处于“关”位置后接上内部电源。

③ 在确认机柜电源和接地无误后将电源卡件插进电源机笼（最好是不通电的情况下）。

5. 系统接线

集散系统的接线是集散系统安装中最麻烦、最容易出错的工作，一定要谨慎、细致。

集散系统接线主要有两部分：一部分是控制室内硬件设备之间的连接；另一部分是控制室设备与现场仪表包括执行器的连接。接线施工前，施工人员一定要仔细阅读有关施工文件，仔细确认每一个信号的性质（AI，AO，DI，DO）、传感器或变送器的类型、开关量的通断、负载的性质，认真对照各机柜以及机柜内各端子板的位置，确认各接线端子的位置。

① 各控制站的电源已断开，各现场信号线均处于断电状态。

② 各端子上的开关处于断开状态，DCS若没有提供此设施，则将各I/O卡拔出机笼，断开它们与现场的连接。

③ 现场信号线按要求接好。

④ 对照信号端子接线图和信号线上的标签，检查接线的正确性和连接的可靠性。

对照系统与计算机I/O断开的情况下，对各现场信号的现场仪表加电，逐一检查每一路信号性质、量程和开关负载是否正确，做好测试记录。特别提醒以上接线和测试工作均应在各I/O站处理板与信号断开的情况下进行，否则会烧坏模板，甚至烧坏系统。

在接线工作中，还要注意布线合理和美观，每对端子的紧固力度大小要合适。全部正确无误后，才算接线工作已正确完成。

（1）接线前准备工作

仔细阅读施工图中的“接线端子图”“I/O清单”后，确认每个信号的性质、变送器或传感器的类型、开关量的输入状态（电平或干触点）、负载性质、机柜内各卡件和端子板的位置。

根据DCS已经组态的软件I/O卡件配置提供的信息，安装控制柜机笼内的卡件并填写卡件布置表。根据设计要求进行主控卡地址设置、安装并填写表格。

（2）集散控制系统的接线

① 硬件设备之间的连接，指操作站、控制站、辅助操作站、外设、控制柜间的连接。用标准化的插件插接；在确认这些设备的电源开关处于“关”的位置后进行接线。

② 集散控制系统和在线仪表的连接，步骤如下：

a. 确认控制站的电源已关闭，各现场信号均处于断开状态。

b. 各端子上的开关均处于断开状态。

c. 按图纸要求接好现场信号。

d. 检查接线的正确性。

③ 接线时主控室中工作是最大、最烦琐、最易出错的工作，应谨慎、仔细，力求杜绝误差、差错或接插不牢固。分工时一般两人一组：一人负责接线，一人按图纸检查。

6. AE2000过程控制系统的安装案例

(1) 系统配置

系统配置如图 7-64 所示，现场控制站连接操作站电脑和现场模拟信号，机柜包括电源机笼、卡件机笼和通信机笼。

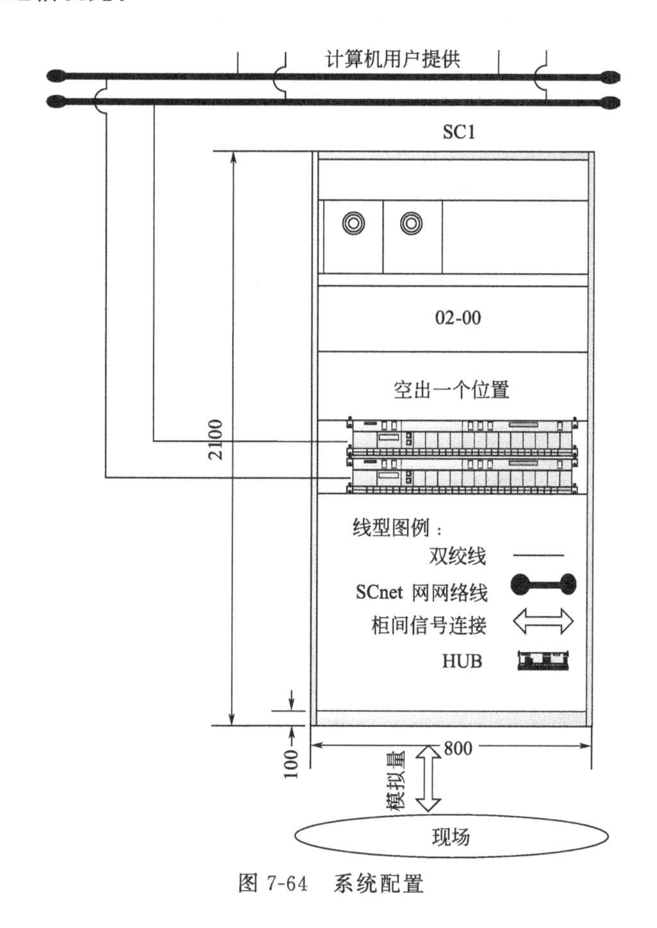

图 7-64　系统配置

(2) 控制站的安装

① 卡件布置。

根据 DCS 已经组态的软件 I/O 卡件配置提供的信息，安装控制站卡件机笼内的卡件并填写卡件布置表，如表 7-50 所示。

表 7-50　卡件布置表

冗余		冗余																	
				0	1	2	3	4	5	6	7	8	9	10	11	12	13	14	15

② 主控卡安装。

根据设计要求进行主控卡地址设置，安装并填写表 7-51。

表 7-51 主控卡地址设置表

型号	地址	地址拨号(MSB—LSB)							
		S1	S2	S3	S4	S5	S6	S7	S8

③ 数据转发卡。

根据设计要求进行数据转发卡地址设置，安装并填写表 7-52。

表 7-52 数据转发卡地址设置表

型号	地址	地址跳线(MSB—LSB)							
		SW8	SW7	SW6	SW5	SW4	SW3	SW2	SW1

④ I/O 卡件安装。

根据“测点清单”设计要求进行 I/O 卡件的跳线、配电跳线、信号类型选择跳线等，确保 I/O 卡件正常工作。

⑤ 端子板安装。

根据设计要求选择匹配的端子板，主要包括选择冗余端子板或非冗余的端子板。

⑥ 信号线接线。

这里需根据卡件型号、通道号及是否配电等将信号线直接或间接连接至端子板。

注意：信号线必须合理扎捆，以保持整洁和便于查找；接入系统的信号线要求使用与线径相匹配的号码管，以便接线和查线；号码管的大小和长度要一致，号码管的下端应该尽量靠近机笼端子，起到隔离和保护作用；信号线在插入机笼端子时，拔出线芯不能太长，也不能太短。电流信号输出卡 XP322 应注意对于已组态但未使用的通道应当进行短接。

7. 项目实施

(1) 制订计划

小组成员通过查询资料、讨论制订计划，确定安装方法，写出安装调试方案，确定安装调试步骤、维护方法，并制定 JX-300XP 的安装调试工作的文件（教师指导讨论），形成以下书面材料：

① 确定安装调试方案；

② 安装调试流程设计：可参考图 7-64 所示的实施流程，确定安装方法和调试方案，划分实施阶段，确定工序集中和分散程度，确定安装调试顺序；

③ 选择安装调试工具等；

④ 成本核算；

⑤ 制订安全生产规划。

项目实施流程如图 7-65 所示，虚框中的内容是主要任务。

(2) 实施计划

根据本组计划，进行 JX-300XP 的安装、调试，并进行技术资料的撰写和整理工作，形成资料，评价时汇报（教师重点指导学生正确使用工具和安全操作，重点观察学生材料的使用能力、规程与标准的理解能力、操作能力）。

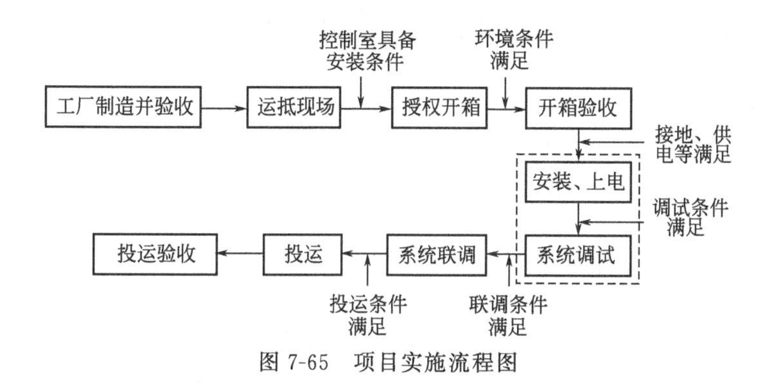

图 7-65　项目实施流程图

(3) 检查评估

根据 JX-300XP 的安装、调试工作结果，逐项分析。各小组推举代表进行简短交流发言，撰写任务报告，提出自评成绩（教师重点指导对不合格项目的分析。重点指导哪些工作可改进，如何改进）。

以小组自评、各组互评、教师评价三者结合的方式，评价任务完成情况，主要检验下列几项：

① 选用的卡件是否合理；

② 安装方法是否合理；

③ 调试的方法是否合理；

④ 对所设故障诊断是否正确，维护是否得当。

若检验不符合要求，根据老师、同学建议，对各步进行修改。

项目二　CENTUM CS3000 安装

通过录像、实物、到现场观察，认识过程控制对象，掌握集散控制系统设备安装与调试方法。完成一个现场控制站、两个操作站、冗余网络、冗余电源系统、安全接地等安装工作，并对老师设置的故障进行诊断、维护。

一、学习目标

1. 知识目标

① 熟悉 CENTUM CS3000 系统的硬件构成；

② 掌握 CENTUM CS3000 组态方法；

③ 初步掌握 CENTUM CS3000 的安装与维护方法；

④ 初步掌握 CENTUM CS3000 调试方法。

2. 能力目标

① 认识过程控制对象；

② 具备完成 DCS 组态的能力；

③ 初步具备集散控制系统设备安装与调试能力；

④ 能对集散控制系统设备的故障进行维护。

二、理实一体化教学任务

理实一体化教学任务参见表 7-53。

表 7-53 理实一体化教学任务

任务	内容
任务一	CENTUM CS3000 集散控制系统硬件组成
任务二	CENTUM CS3000 集散控制系统的组态流程
任务三	CENTUM CS3000 集散控制系统的项目实施

三、理实一体化教学内容

（一）CENTUM CS3000 集散控制系统硬件组成

CENTUM CS3000 集散控制系统是日本横河电机株式会社开发的新一代产品，具有功能性、可靠性、灵活性强的特点，比较适用于大中型过程控制的综合控制系统。它是一种通过 Vnet 将操作站、现场控制站连接在一起的实时控制系统，依靠在操作站和现场控制站上运行相应的软件，实现操作监视和控制功能。也就是说 CENTUM CS3000 集散控制系统主要由操作站、现场控制站、网络通信系统组成，见图 7-66，系统配置如下：

① 操作监视工位数：100000 个。

② 域的最小配置：1 个 FCS、1 个 HIS。

③ 域的最大配置：一个域中可以包含 HIS、FCS、BCV 等设备，总共最多 64 个站，其中 HIS 最多 16 个，8 个操作站以上需要服务器。其他通用的以太网通信设备（PCS，Routers 等）最多 124 个。

④ 扩展系统配置：通过 L3SW 或 BCV 可将域互连，互连的域最多 16 个。在整个多域系统中最多 256 个站。

⑤ 域：由 L3SW 或 BCV 分割的站的集合。

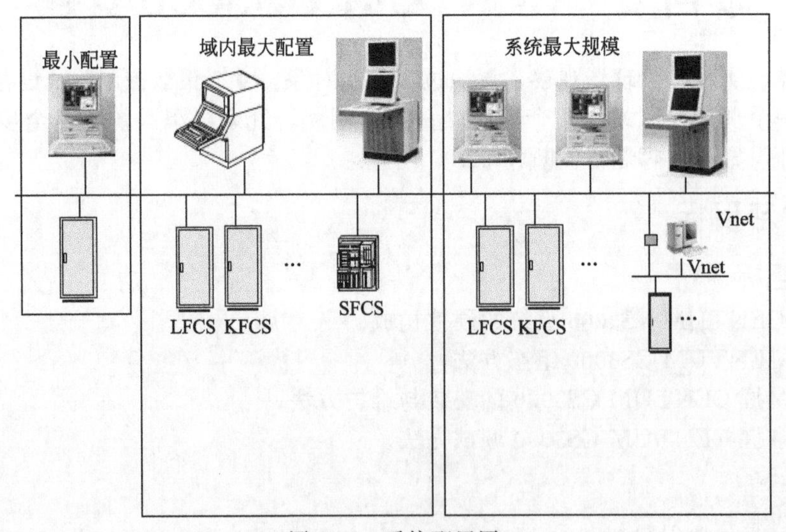

图 7-66 系统配置图

1. 操作站

操作站分为操作员站和工程师站，操作员站（Human Interface Station）简称 HIS，工程师站（Engineering Work Station）简称 EWS，而在有些小型的控制系统中，操作员站也通常作为工程师站使用。操作站采用微软公司的 Windows 2000 或 Windows XP 作为操作系统，使用横河公司指定的工业高性能计算机，具有很强的安全性和可靠性。操作站的硬件配置要求如下：

① CPU：Penrtium 300MHz/600MHz 或更快（Windows 2000/XP 系统）。

② 显示器：1024×768 或更高分辨率；256 色或更高。

③ 内存：128 MB/256MB 或更大（Windows 2000/XP 系统）。

④ 软驱：3.5in。

⑤ 键盘：通用键盘，操作员键盘。

⑥ 网卡：VF701 与 Ethernet。

⑦ 串并口：至少一串（操作员键盘）一并（打印机）。

⑧ 扩展槽：1 个 PCI 插 VF701 卡，另一个 ISA 或 PCI 插以太网卡。

操作员站是操作人员与 DCS 相互交换信息的人机接口设备，是 DCS 的核心显示、操作和管理装置。操作人员通过操作员站监视和控制生产过程，可以在操作员站上观察生产过程的运行情况，了解每个过程变量的数值和状态，判断每个控制回路是否正常工作，并且可以根据需要随时进行手动、自动、串级等控制方式的无扰动切换，修改设定值，调整控制信号，操控现场设备，以实现对生产过程的控制。另外，它还可以打印各种报表，复制屏幕上的画面和曲线等。

工程师站是为了便于控制工程师对 DCS 进行配置、组态、调试、维护而设置的工作站。工程师站的另一个作用是对各种设计文件进行归类和管理，形成各种设计、组态文件，如各种图样、表格等。工程师站上的虚拟测试功能也可以在离线的情况下确认所生成的程序。

选用通用 PC 作为操作站还必须配备 VF701 卡（控制总线接口卡），选配操作员键盘。VF701 卡是安装在通用 PC 机的 PCI 槽上的控制总线接口卡，它用于将 PC 接入实时控制网，使其成为工程师站或者操作员站。VF701 卡上有用来设定站地址的 DIP 开关，DIP 开关位置在 VF701 卡的侧面，有两个，一个是域号的设置，一个是站号的设置，在软件安装前每块卡都必须进行设置。在同一个域中，每个站不管是控制站还是操作站，地址必须是唯一的，也就是说，VF701 卡上的站地址拨号不能重复。通过 DIP 开关设置的站号范围从 1～64，采用奇校验。

2. 现场控制站

现场控制站（Field Control Station）简称 FCS，现场控制站主要接收现场设备送来的信号，然后按照预定的控制规律进行运算，并将运算的结果作为控制信号，送回现场的执行机构上去。现场控制站可以同时实现 I/O 信号输入/输出及处理反馈控制、逻辑控制和顺序控制等功能。CS3000 对应不同需求控制站的类型有标准型、增强型和紧凑型，而标准型和增强型控制站又可分为两类：一类使用 RIO（Remote I/O），由 RIO Bus 连接，简称 LFCS；另一类使用 FIO（Field network I/O），由 ESB Bus 和 ER Bus 连接，简称 KFCS。本项目主要介绍 FIO 标准型控制站，即 KFCS。

CS3000 系统的 KFCS 控制站均分为机柜型和 19in 架装型两种，KFCS 控制站由一个现场控制单元（FCU）通过 ESB Bus 与本地 NODE 连接，或者通过 ER Bus 与远程 NODE 连接。也就是说一个 FIO 总线型现场控制站是由现场控制单元（FCU）、输入输出节点单元（NODE Unit、节点卡）、输入/输出卡件（IOM）、连接总线（ESB Bus/ER Bus）构成的，如图 7-67 所示。

（1）现场控制单元

FCU 是现场控制站（FCS）的中央控制单元，是 DCS 直接与生成过程进行信息交换的 I/O 处理系统，它的主要任务是进行数据采集及处理，对被控对象实施闭环反馈控制、顺序

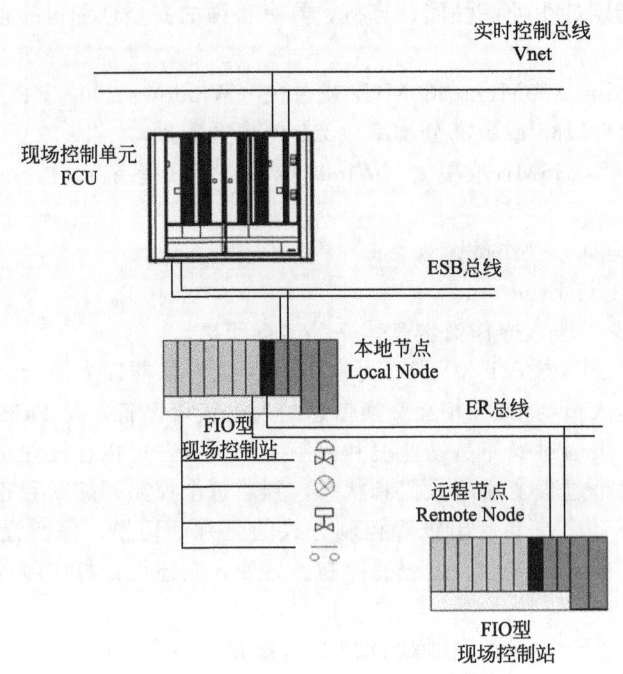

图 7-67　KFCS 构成图

控制和批量控制。横河 CS3000 FCU 在 DCS 领域率先采用了可靠性极高的 4 个 CPU 的"pair&spare"和"Fail Safe"结构设计，实现了完全的容错冗余，解决了过去的单重双重化方式下不能解决的问题。FIO 标准型现场控制站 KFCS 的 FCU 有四种类型：19in 架装型 AFS30S 现场控制单元，19in 架装型 AFS30D 双重化现场控制单元，机柜型 AFS40D 现场控制单元，机柜型 AFS40S 双重化现场控制单元。FCU 的系统配置如下：

① CPU：VR5432（133MHz）；

② 内存后备：72h；

③ NODE：15 个节点（远程＋本地）；

④ NIU：节点接口单（1～15）；

⑤ FIO：输入输出单元（1～8）；

⑥ AI/AO：128 点/Node；

⑦ KFCS：1280/FCS；

⑧ DI/DO：512 点/Node；

⑨ KFCS：4096/FCS；

⑩ 双重化：CPU，电源，通信接口；

⑪ 安装：机柜安装/19in 机架安装。

FIO 总线型现场控制站（KFCS/KFCS2）的 FCU 上，根据所选的类型可安装一个或两个处理器卡。处理器卡上有指示卡件运行状态的指示灯以及设置控制站 DIP 的开关。

处理器卡有两个 DIP 开关，一个用于设置域号（Domain Number），一个用于设置站号（Station Number）。当处理器卡双重化时，两块卡的 DIP 必须设为一样。在设定域地址时，拥有同一控制总线的系统，或者说拥有同一条 V net 的系统，必须设置为同一域号。通过 DIP 开关设置的域号范围从 1～16，DIP 开关的第 2 和第 3 位始终设置为 0，采用奇校验，如图 7-68 所示。在设定站地址时，在同一个域中每个站不管是不是人机界面站，站号必须唯一，也就是说 VF701 卡上的站地址拨号和控制站上的地址拨号不能重复。通过 DIP 开关设置的站号范围从 1～64，采用奇校验。

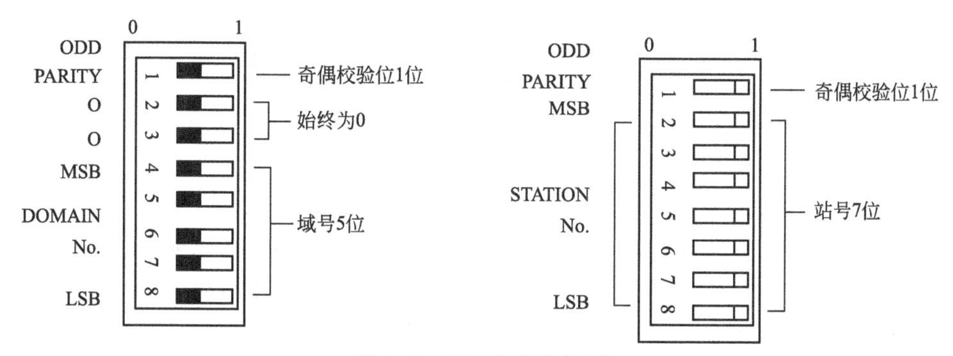

图 7-68　DIP 开关结构图

(2) 输入输出节点单元

NODE 的作用是将输入/输出设备（I/O 模块）的数据传送给 FCU，同时将 FCU 的处理数据传送给输入/输出设备（I/O 模块）。NODE 分为本地和远程（均为 19in 架装）两种：一种是使用 ESB Bus 连接 NODE 与现场控制单元，另一种是使用 ER Bus 连接 NODE 与现场控制单元。使用 ESB Bus 连接的 NODE 叫作本地 NODE，本地型型号 ANB10S/ANB10D。使用 ER Bus 连接的 NODE 叫作远程 NODE，远程型型号 ANR10S/ANR10D。没有本地 NODE 就没有远程 NODE。

一个标准型现场控制站（KFCS）的 FCU 最多可连接 10 个 NODE，如果连接远程 NODE，远程 NODE 数不能超过 9 个。每个 NODE 单元有 12 个槽位，左边 8 个为 I/O 模块槽位，右边 4 个是 Bus 接口模块和供电模块槽位，如图 7-69 所示。

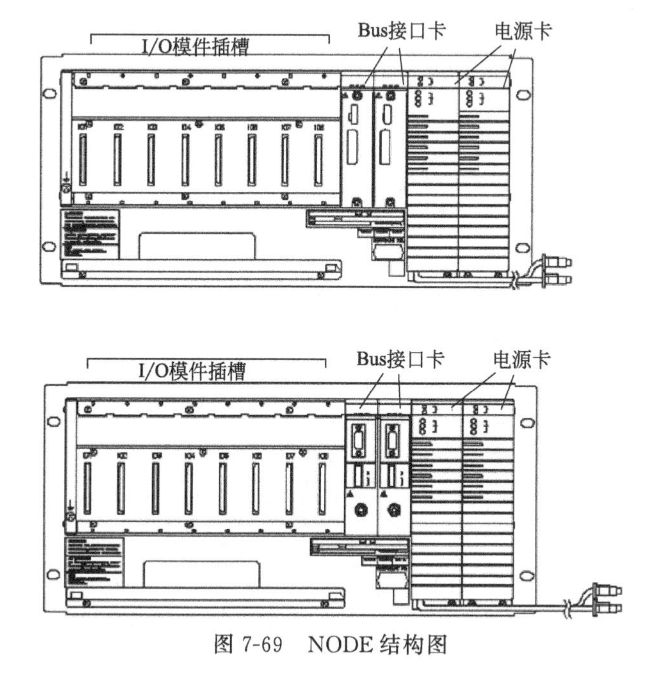

图 7-69　NODE 结构图

I/O 模块安装有双冗余要求时，只能是 IO1-IO2、IO3-IO4、IO5-IO6、IO7-IO8 相互后备，如图 7-70 所示。

Slot name	IO1	IO2	IO3	IO4	IO5	IO6	IO7	IO8	B1	B2	P1	P2
	FIO	FIO	FIO	FIO	FIO	FIO	FIO	FIO	SB401 or EB501	SB401 or EB501	PW481 or PW482 or PW484	PW481 or PW482 or PW484

图 7-70 冗余 NODE 结构图

(3) 输入/输出卡件

I/O 卡件是完成现场设备到控制站、控制站到现场设备数据交换的模块。FIO 标准型控制站卡件可分为三大类，即模拟量输入/输出卡件、数字量输入/输出卡件和通信卡件，各类型卡件见表 7-54～表 7-63。FIO 型的所有模拟量卡件均可实现双重化，数字量卡件也可实现双重化。

表 7-54 模拟 I/O 模件（非隔离类型）

AAI141	16 通道,4～20mA 电流输入
AAV141	16 通道,1～5V 电压输入
AAV142	16 通道,－10～10V 电压输入
AAI841	8 通道,4～20mA 电流输入;8 通道,4～20mA 电流输出
AAB841	8 通道,1～5V 电压输入;8 通道,4～20mA 电流输出
AAV542	16 通道,－10～10V 电压输出
AAP149	16 通道,0～6kHz 脉冲输入

表 7-55 模拟 I/O 模件［隔离（系统和现场）］

AAT141	16 通道,mV,TC 输入(TC:JIS R,J,K,E,T,B,S,N/mV:－100～150mV)
AAR181	12 通道,RTD 输入(RDT:JIS Pt100Ω)
AAI143	16 通道,4～20mA 输入
AAI543	16 通道,4～20mA 输出

表 7-56 模拟 I/O 模件（通道隔离）

AAI135	8 通道,4～20mA 电流输入
AAI835	4 通道,4～20mA 电流输入;4 通道,4～20mA 电流输出
AAP135	8 通道,0～10kHz 脉冲输入
AAT145	16 通道,mV,TC 输入
AAR145	16 通道,RTD 输入

表 7-57 数字 I/O 模件（通用类型）

ADV151	32 通道,接点输入,可双重化
ADV161	64 通道,接点输入,可双重化
ADV551	32 通道,接点输出,可双重化
ADV561	64 通道,接点输出,可双重化
ADV157	32 通道,接点输入
ADV557	32 通道,接点输出

表 7-58　数字 I/O 模件（AC 输入模件）

ADV141	16 通道，100～120V AC 输入，可双重化
ADV142	16 通道，220～240V AC 输入，可双重化

表 7-59　数字 I/O 模件（继电器输出模件）

ADR541	16 通道，继电器输出(24～100V DC，100～200V AC)，可双重化

表 7-60　数字 I/O 模件（CENTUM-ST 兼容型）

ADV859	16 通道输入，16 通道输出(ST2)
ADV159	32 通道输入(ST3)
ADV559	32 通道输出(ST4)
AVD869	32 通道输入，32 通道输出(ST5)
ADV169	64 通道输入(ST6)
ADV569	64 通道输出(ST7)

表 7-61　内置安全栅模拟 I/O 模件［隔离（系统和现场）］

ASI133	8 通道，4～20mA 电流输入
ASI533	8 通道，4～20mA 电流输出
AST143	16 通道，mV，TC 输入
ASR133	8 通道，RTD 输入

表 7-62　内置安全栅数字 I/O 模件［隔离（系统和现场）］

ASD143	16 通道输入
ASD533	8 通道输出

表 7-63　通信 I/O 卡件

ALR111	2 端口 RS-232C 通信卡
ALR121	2 端口 RS-422/RS-485 通信卡
ALE111	1 端口 Ethernet 通信卡
ALF111	4 端口 Foundation 现场总线通信卡
ALP111	1 端口 PROFIBUS-DPV1 通信卡

FIO 型控制站模块接线方式分三种：MIL 方式、压夹方式、KS 电缆方式，见图 7-71。在模块进行双重化安装时，压夹方式和 KS 电缆方式能够很方便地实现。压夹方式使用双重化盖板，KS 电缆方式使用横河专用端子板。

根据输入/输出信号的种类，信号电缆应连接在 I/O 卡件的不同端子上，详细见表 7-64。

表 7-64　电缆连接说明

型号	信号名	输入/输出信号		
AAI141 AAI841 AAI143	IN□A IN□B	二线制变送器输入＋ 二线制变送器输入－ (指针设定：二线制输入)	电流输入－ 电流输入＋ (指针设定：四线制输入)	—

续表

型号	信号名	输入/输出信号		
AAI135 AAI835	IN□A IN□B IN□C	二线制变送器输入＋ 二线制变送器输入－	电流输入－ 电流输入＋	—
AAR181	IN□A IN□B IN□C	电阻温度检测输入A 电阻温度检测输入B 电阻温度检测输入C	—	—
AAR145	IN□A IN□B IN□C	电阻温度检测输入A 电阻温度检测输入B 电阻温度检测输入C	电位计输入，100% 电位计输入，0% 电位计输入，可变	—
AAP135	IN□A IN□B IN□C	二线制供电电源 二线制电源信号	二线制电压，接点＋ 二线制电压，接点－	三线制供电电源 三线制电源＋ 三线制电源－

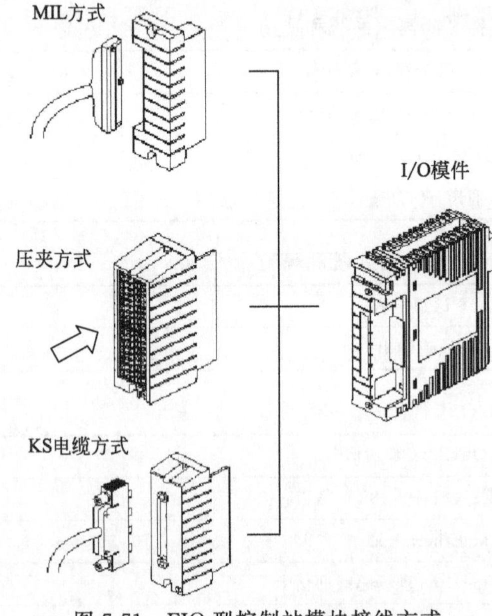

图 7-71　FIO型控制站模块接线方式

(4) 连接总线

ESB 总线（Extendded Serial Backboard Bus）是I/O通信Bus，它是控制站内现场控制单元（FCU）与本地I/O节点之间进行数据传输的双重化实时通信总线。其规格如下：

① 最大连接设备：15 个 NODE/FCU (KFCS)，其中本地10个，远程5个；

② 传输速率：128Mb/s；

③ 传输介质：专用电缆 YCB301；

④ 传输距离：最大10m。

ER 总线（Enhanced Remote Bus）是I/O通信Bus，它是控制站内本地I/O接点与远程I/O节点进行数据传输的双重化实时通信总线。其规格如下：

① 最大连接设备：1个FCS最多4条，1条ER Bus最多连接8个远程NODE；

② 传输速率：10Mb/s；

③ 传输介质：同轴电缆 YCB141/YCB311；

④ 传输距离：YCB141 185m，YCB311 500m。

在这里要注意，远程NODE连接使用的ER Bus为细电缆，长距离连接粗细缆混连时需要使用总线适配器 YCB147/YCB149，同时需要用下面公式计算电缆长度：

$$\text{YCB141的长度} + 0.4 \times \text{YCB311的长度} \leqslant 185\text{m}$$

3. 网络通信系统

(1) 总线转换器（BVC）

总线转换器（BVC）用于连接 CENTUM CS3000 系统到已有的 CENTUM-XL 或 Micro XL 系统上，BVC 也是分配 CENTUM CS3000 到不同的域（Domains）的中间设备。

(2) 通信网关（ACG）

用于连接系统的控制总线和以太网。

（3）Ethernet

用于连接 HIS、EWS、上位管理系统，完成系统与上位管理系统的数据交换，以及 HIS 间的等值化操作。

（4）Vnet

用于连接系统内各部件如 HIS、FCS、BCV 等的双重化实时控制网。相关数据如下：

① 最大站节点：64 站/域，256 站/系统；

② 传输速率：10Mb/s；

③ 连接电缆：YCB111/YCB141（同轴电缆）；

④ 传输距离：YCB111 500m，YCB141 185m。

混合连接时：0.4×YCB111 的长度＋YCB141 的长度≤185m。

（二）CENTUM CS3000 集散控制系统的组态流程

1. 过程控制对象介绍

过程控制对象工艺流程图如图 7-72 所示。

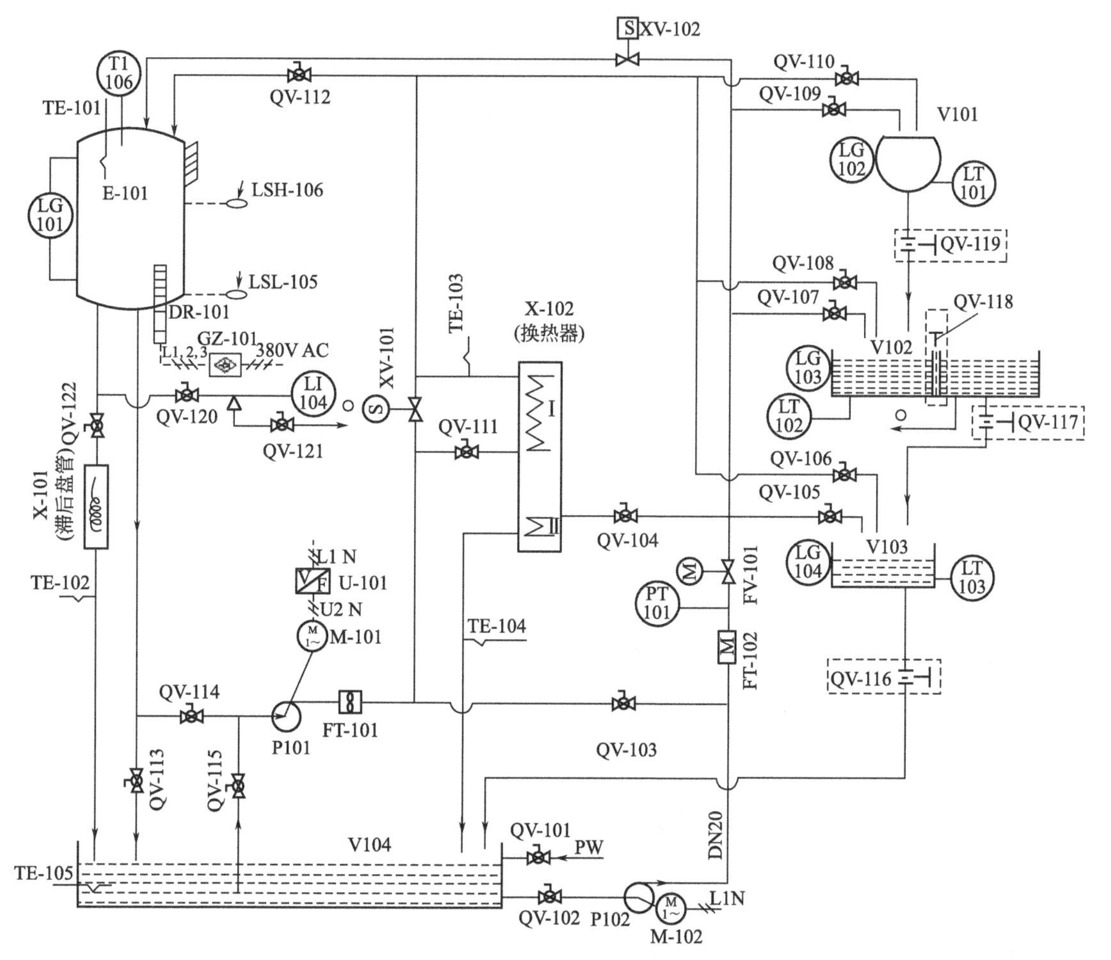

图 7-72　过程控制对象工艺流程图

（1）主要设备

主要设备见表 7-65。

表 7-65 现场仪表规格参数

名称	数量	说明
涡轮流量计	1	◆北京合世兴业 ◆流量范围:0～2m^3/h ◆测量精度:0.5% ◆输出信号:4～20mA DC或1～5V DC
电磁流量计	1	◆一体化电磁流量计(带就地显示) ◆傅里叶流量计 ◆流量范围:0～2m^3/h ◆测量精度:0.5% ◆输出信号:4～20mA DC或1～5V DC
温度计	1	◆双金属温度计 ◆北京合世兴业 ◆0～150℃
温度传感器	4	◆PT_{100} 温度传感器 ◆北京合世兴业 ◆5个温度变送器(放置于控制柜) ◆能够同时支持4～20mA和热电阻小信号输出 ◆精度:0.2%
压力变送器	1	◆扩散硅压力变送器 ◆福光百特 ◆精度:0.5% ◆输出信号:4～20mA DC或1～5V DC
液位变送器	2	◆扩散硅液位变送器 ◆福光百特 ◆精度:0.2% ◆输出信号:4～20mA DC或1～5V DC
液位开关	2	◆北京合世兴业 ◆输出信号:0～5V
电动调节阀	1	◆美国霍尼韦尔 ◆智能型电动调节阀 ◆输入控制信号:4～20mA DC或1～5V DC ◆重复精度:≤±1%
变频器	1	◆德国西门子 ◆功率:0.75kW ◆控制信号输入为4～20mA DC或1～5V DC,220V变频输出
动力单元	2	◆西山泵业 ◆不锈钢增压泵 ◆静音设计 ◆10m扬程,2t/h标准流量
电磁阀	2	◆不锈钢电磁阀 ◆浙江永创,德国技术

续表

名称	数量	说明
电加热功率调节	1	◆三相可控硅调压器 ◆威海星佳 ◆4.5kW 调解功率
现场系统控制箱	1套	◆包含系统驱动控制板，提供光电隔离，继电器驱动，提供信号切换，方便系统维护 ◆12V 开关电源 ◆指示灯显示 ◆三相电和单相电供配电 ◆450V 电压表
紧急停车保护系统	1套	◆电磁阀＋继电器＋液位计＋温度传感器＋PLC＋其他执行器设计 ◆多个继电器组合 ◆模拟工业现场紧急停车保护系统设计，实现该类型完整实验 ◆实现完整的工业超驰控制实验

（2）I/O 清单

过程控制对象中的测点清单如表 7-66 所示。

表 7-66　CS3000 过程控制系统测点清单

工程名称		DCS　I/O 清单						设计	严新亮	宋国栋
CENTUM CS3000 工程								审核		
序号	位号	测点名称	类型	说明	量程	单位	趋势	报警	过程通道地址	备注
1	LT101	上水箱液位	AI	4～20mA DC	0～100	%	1s	HH:90	%Z011104	
2	LT102	中水箱液位	AI	4～20mA DC	0～100	%	1s	HH:90		
3	LT103	下水箱液位	AI	4～20mA DC	0～100	%	1s	HH:90	%Z011102	
4	PT101	给水压力	AI	4～20mA DC	0～150	kPa	1s	HI:0.7	%Z011105	
5	FT101	涡轮流量计-给水流量一	AI	4～20mA DC	0～1	m^3/h	1s	HI:80	%Z011106	
6	FT102	电子流量计-给水流量二	AI	4～20mA DC	0～1	m^3/h	1s	HI:80	%Z011107	
7	TT1001	锅炉温度	AI	4～20mA DC	0～100	℃	1s	HH:90	%Z011108	
8	TE102	滞后管温度	AI	4～20mA DC	0～100	℃	1s	HH:80	%Z011109	
9	TE103	换热器热出温度	AI	4～20mA DC	0～100	℃	1s	HH:80	%Z011110	
10	TE104	换热器冷出温度	AI	4～20mA DC	0～100	℃	1s	HH:40	%Z011111	
11	TE105	储水箱温度	AI	4～20mA DC	0～100	℃	1s	HH:40	%Z011112	
12	U101	变频器	AO	4～20mA DC	0～100	%	1s		%Z012101	
13	FV101	电动调节阀阀位控制	AO	4～20mA DC	0～100	%	1s		%Z012102	
14	GZ101	调压模块-锅炉水温	AO	4～20mA DC	0～100	%	1s		%Z012103	
15	LSL105	锅炉液位极低联锁	DI	NC			1s		%Z013101	
16	LSH106	锅炉液位极高联锁	DI	NC			1s		%Z013102	
17	FS101	电磁阀-给水紧急切断一	DO	NC			1s		%Z014101	
18	FS102	电磁阀-给水紧急切断二	DO	NC			1s		%Z014102	

2. 系统配置图

根据现场工艺要求配置两个操作站，一个控制站，配置见图 7-73。

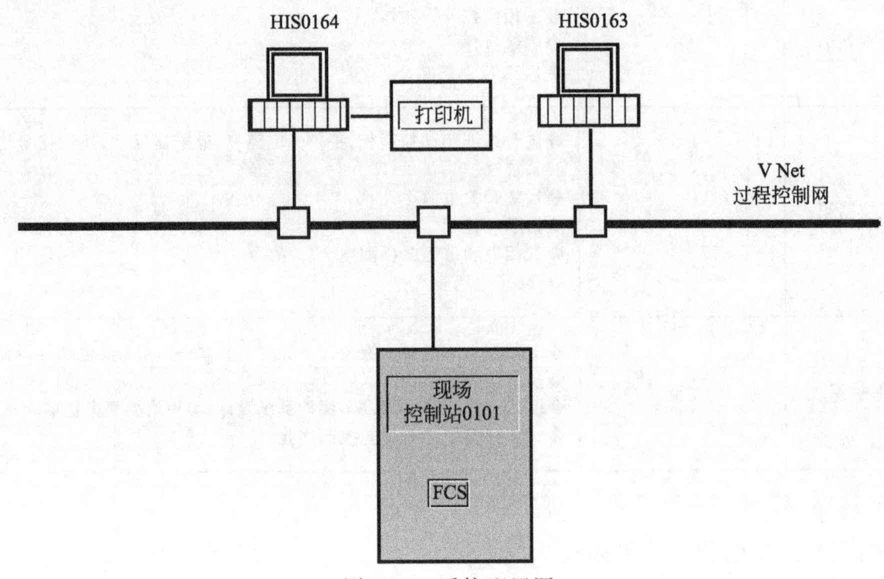

图 7-73　系统配置图

3. 机柜配置图

根据工艺要求选择合理的卡件类型，现场控制站机柜配置图见图 7-74。

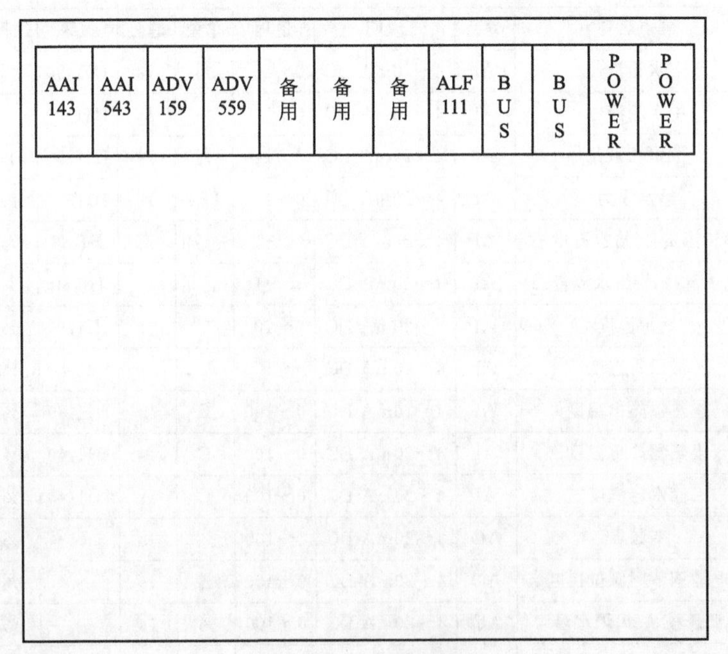

图 7-74　机柜配置图

4. 组态要求

(1) I/O 卡件清单

I/O 卡件清单见表 7-67。

表 7-67　CENTUM CS3000 过程控制系统 I/O 卡件一览表

卡件类别	型号	槽号
模拟量输入卡	AAI143-S	1
模拟量输出卡	AAI543-H	2
数字量输入卡	ADV159-P	3
数字量输出卡	ADV559-P	4
现场总线通信卡	ALF111	8

(2) 控制回路

控制回路见表 7-68。

表 7-68　控制回路

控制回路注释	回路位号	控制方案	PV	MV
下水箱液位控制(调节阀)	LC103	单回路	LT103	FV101
下水箱液位控制(变频器)	LC103A	单回路	LT103	U101
锅炉温度控制	TC1001	单回路	TT1001	GZ101

(3) 总貌画面

总貌画面可以调取任何一个画面，包括流程图画面、控制回路趋势画面、数据一览画面、压力趋势画面、液位趋势画面、流量趋势画面、温度趋势画面、回路控制分组画面、液位分组画面、流量分组画面、温度分组画面、压力分组画面、电子阀控制分组画面、过程报警分组画面、系统报警分组画面等。

(4) 流程图画面

流程图可包括整个工艺流程图，也可将整个工艺流程分割为具体的小流程。

(5) 数据一览画面

数据一览画面包括系统所有参数。

(6) 分组画面

分组画面见表 7-69。

表 7-69　分组画面

数据分组	内容
液位	LT101、LT102、LT103
温度	TT1001、TE102、TE103、TE104、TE105
流量	FT101、FT102
压力	PT101、PT102
电磁阀	FS101、FS102
回路	LC103、LC103A、TC1001

(7) 趋势画面

趋势画面见表 7-70。

表 7-70 趋势画面

趋势名	内容
液位	LT101. PV、LT102. PV、LT103. PV
温度	TT1001. PV、TE102. PV、TE103. PV、TE104. PV、TE105. PV
流量	FT101. PV、FT102. PV
压力	PT101. PV、PT102. PV
回路	LC103. PV、LC103. SV、LC103. MV、LC103A. PV、LC103A. SV、LC103A. MV、TC1001. PV、TC1001. SV、TC1001. MV

（三）CENTUM CS3000 集散控制系统的项目实施

1. 制订计划

小组成员通过查询资料、讨论制订计划，确定安装方法，写出安装调试方案，确定安装调试步骤、维护方法，并制定 CS3000 的安装调试工作的文件（教师指导讨论），形成以下书面材料：

① 确定安装调试方案。

所需的工具条件见表 7-71。

表 7-71 工具表

名称	型号	单位	数量	备注
十字螺丝刀		把	2	
一字螺丝刀		把	2	
内六角扳手		把	1	
尖嘴钳		把	1	
开口扳手		把	1	
剥线钳		把	1	
电烙铁焊锡		套	1	
电笔		把	1	
电工胶带		卷	1	
镊子		个	1	
活扳手	6in	把	1	
万用表		个	1	

② 安装调试流程设计：可参考图 7-75 所示的实施流程，确定安装方法和调试方案，划分实施阶段，确定工序集中和分散程度，确定安装调试顺序。

③ 选择安装调试工具等。

④ 成本核算。

⑤ 制订安全生产规划。

第 1 项：项目整体需求确认。要求确认项目的硬件配置情况，例如包括几个控制站，几个操作站及相关的网络连接；要求确认 I/O 清单及确认项目中所有的监视、控制仪表位号；要求确认基本的控制要求及特殊的控制回路和相关功能；要求确认操作监视画面的基本要求，例如确认工艺流程图、控制分组、趋势分组等相关的界面。

第 2、3 项：整体定义和细节定义。依据提出的控制要求和相关图形界面的要求，做一些软件制作前的准备工作，主要是针对控制方案的详细制订。

第4项：系统生成。做好前面的准备工作以后，就可以进行项目的软件制作了，通常叫做“组态”工作，在组态过程中，先要构造项目的整体结构，再分别定义控制站部分和操作站部分，完成项目的软件组态工作。

第5项：单元测试。完成项目组态工作以后，要进入系统的虚拟测试状态，进行回路功能的检测。通常测试工作在组态的过程中也要进行，目的是及时纠正组态中出现的错误。

第6项：整体测试。它和单元测试的主要区别是，要求带有具体的设备进行功能的测试。相当于做试运行的检验工作。

第7项：生产使用。测试成功以后，就可以进行正常的生产使用了。

第8项：现场维护。要进行一些重要数据的保存工作，例如项目软件的备份，调整参数的备份工作，同时还要检查硬件的运行状态，确保硬件正常工作。

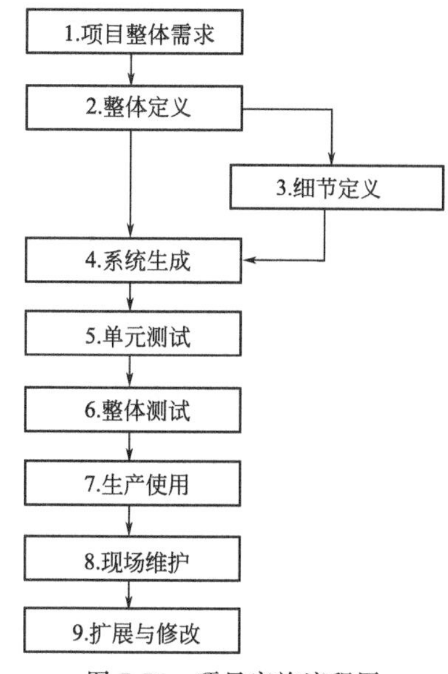

图7-75　项目实施流程图

第9项：扩展与修改。现场实际应用中，经常遇到项目的扩展、拥有多期工程等情况。在平时的日常生产中经常会遇到一些内容的修改，这些都是扩展和修改的相关工作。

2. 实施计划

根据本组计划，进行CS3000的安装、调试，并进行技术资料的撰写和整理工作，形成资料，评价时汇报（教师重点指导学生正确使用工具和安全操作，重点观察学生材料的使用能力、规程与标准的理解能力、操作能力）。

3. 检查评估

根据CS3000的安装、调试工作结果，逐项分析。各小组推举代表进行简短交流发言，撰写任务报告，提出自评成绩（教师重点指导对不合格项目的分析，重点指导哪些工作可改进，如何改进）。

以小组自评、各组互评、教师评价三者结合的方式，评价任务完成情况，主要检验下列几项：

① 选用的卡件是否合理；

② 安装方法是否合理；

③ 组态过程是否正确，数据连接是否正确，画面是否操作方便、美观；

④ 调试的方法是否合理；

⑤ 对所设故障诊断是否正确，维护是否得当。

若检验不符合要求，根据老师、同学建议，对各步进行修改。

学习评价表见表7-72。

表7-72　学习评价表

班级：　　　　　　　　　　　　姓名：　　　　　　　　　　　　学号：

考核点及分值(100)	教师评价	互评	自评	得分
知识掌握(20)	(80%)	(20%)		

续表

考核点及分值(100)		教师评价	互评	自评	得分
计划方案制作(20)		(80%)	(20%)		
操作实施(20)		(80%)		(20%)	
任务总结(20)		(100%)			
公共素质评价	独立工作能力(4)	(60%)	(25%)	(15%)	
	职业操作规范(3)	(60%)	(25%)	(15%)	
	学习态度(4)	(100%)			
	团队合作能力(3)		(100%)		
	组织协调能力(3)		(100%)		
	交流表达能力(3)	(70%)	(30%)		

思考题

1. JX-300XP 控制系统采用几层通信网络结构？试绘制通信网络结构图并说明各层作用。
2. JX-300XP 系统使用操作注意哪些事项？
3. 绘制项目实施流程图。
4. 集散控制系统安装前的准备工作有哪几项？
5. JX-300XP 系统安装工作包括哪几个步骤？
6. DCS 现场仪表的接地连接方法是什么？
7. CENTUM CS3000 系统的最小配置域的组成是什么？
8. CENTUM CS3000 系统中控制站的作用是什么？并简述 KFCS 型控制站的组成。
9. CENTUM CS3000 系统中，简述 NODE、ESB Bus 和 ER Bus 的作用。

参 考 文 献

[1] GB 50093—2002 自动化仪表工程施工及验收规范.
[2] SH 3521—1999 石油化工仪表工程施工技术规范.
[3] HG/T 20505—2000，HG/T 20507～2058—2000 化工自控设计规定（一）.
[4] HG/T 20509～20515—2000 化工自控设计规定（二）.
[5] HG/T 20516—2000，HG/T 20699～20700—2000 化工自控设计规定（三）.
[6] 陈洪全，岳智. 仪表工程施工手册. 北京：化学工业出版社，2009.
[7] 汪兴云. 过程仪表安装与维护. 北京：化学工业出版社，2006.
[8] 于秀丽，张新岭. 仪表识图与安装. 北京：化学工业出版社，2012.
[9] 丁炜，于秀丽. 过程检测及仪表. 北京：北京理工大学出版社，2017.
[10] 张德泉. 仪表工识图. 北京：化学工业出版社，2006.
[11] 朱炳兴，王森. 仪表工试题集（上、下册）. 北京：化学工业出版社，2002.
[12] 乐嘉谦. 仪表工手册. 北京：化学工业出版社，2001.
[13] 张德泉. 集散控制系统原理及其应用. 北京：电子工业出版社，2007.
[14] 施引萱，王丹均，刘源泉. 仪表维修工. 北京：化学工业出版社，2001.